河南省"十四五"普通高等教育规划教材
高等学校信息技术人才能力培养系列教材

数据库原理及应用

Database Principle and Application

赵军民 ◉ 主编　　苏靖枫 杨斌 王辉 ◉ 副主编

人民邮电出版社

北京

图书在版编目（CIP）数据

数据库原理及应用 / 赵军民主编. -- 北京：人民
邮电出版社，2022.11（2024.1重印）
高等学校信息技术人才能力培养系列教材
ISBN 978-7-115-59985-8

Ⅰ. ①数… Ⅱ. ①赵… Ⅲ. ①数据库系统－高等学校
－教材 Ⅳ. ①TP311.13

中国版本图书馆CIP数据核字(2022)第159463号

内 容 提 要

本书使用通俗易懂的语言深入浅出地介绍了数据库系统的基本原理、技术和方法，并结合典型案例，将理论知识融入实践内容，通过实践验证理论，帮助读者掌握数据库相关知识与技术。

本书共9章，全面系统地阐述了数据库原理与应用，主要内容包括数据库系统概述、关系数据库、关系数据库标准语言SQL、关系数据库规范化理论、数据库系统设计、数据库的安全性控制和完整性控制、并发控制、数据库备份与恢复和SQL Server 2019高级应用。本书理论与实践紧密结合，使读者能够通过理论知识的学习和教学案例的实践，进一步加深对数据库系统基本原理、技术和方法的理解。

本书可作为普通高等院校计算机类、电子类、信息管理类等专业相关课程的教材，也可作为软件开发人员、工程技术人员和信息系统管理与维护人员的参考用书。

◆ 主　编　赵军民
　　副主编　苏靖枫　杨　斌　王　辉
　　责任编辑　张　斌
　　责任印制　王　郁　陈　犇
◆ 人民邮电出版社出版发行　　北京市丰台区成寿寺路11号
　　邮编　100164　电子邮件　315@ptpress.com.cn
　　网址　https://www.ptpress.com.cn
　　固安县铭成印刷有限公司印刷
◆ 开本：787×1092　1/16
　　印张：16.25　　　　　　　　　　2022年11月第1版
　　字数：470千字　　　　　　　　 2024年1月河北第3次印刷
　　　　　　　　　定价：59.80元
读者服务热线：(010)81055256　印装质量热线：(010)81055316
反盗版热线：(010)81055315
广告经营许可证：京东市监广登字20170147号

近年来，数据库技术的发展日新月异，数据库应用已遍及社会各个行业，各类人员对数据库基础理论与应用技术的需求也在不断增加。数据库原理及应用课程不仅是计算机类专业的必修核心课程，同时也是信息管理、电子类等相关专业的必修课程。因此，软件开发人员、工程技术人员和信息系统管理与维护人员等掌握数据库知识是非常必要的。

目前，部分数据库教材主要存在两个方面的问题：一是教材内容的理论性偏强，仅适合研究性高校学生使用，不能满足应用型高校的人才培养要求；二是教材缺乏系统视域下对数据库系统的管理和应用的介绍，且案例的系统性、整体性不强。

党的二十大报告中提到，全面提高人才自主培养质量，着力造就拔尖创新人才，聚天下英才而用之。为了培养具有数据库开发实战能力的技术人才，我们编写了本书。本书是以教学为目的，立足于应用型人才培养要求而撰写的。全书以典型案例为驱动，贯穿各章节，将理论知识融入实践内容，通过实践验证理论，加强案例分析，融"教、学、做"为一体，方便读者系统地掌握各个知识点之间的联系及数据库应用系统设计。

本书共 9 章，各章主要内容如下。

第 1 章为数据库系统概述，介绍了数据库系统的基本概念、数据管理技术的产生和发展、数据模型、数据库系统的结构、数据库领域的新技术。

第 2 章为关系数据库，介绍了关系模型、关系的码、关系的完整性、关系代数。

第 3 章为关系数据库标准语言 SQL，包括 SQL 概述、数据库的创建与管理、数据表及其操作、数据查询、视图、索引。

第 4 章为关系数据库规范化理论，介绍了关系规范化的引入、函数依赖、函数依赖的公理系统、关系模式的规范化、多值依赖与 4NF、关系模式分解、关系模式规范化步骤。

第 5 章为数据库系统设计，包括数据库系统设计概述、需求分析、概念结构设计、逻辑结构设计、物理结构设计、数据库实施、数据库运行和维护。

第 6 章为数据库的安全性控制和完整性控制，介绍了数据库的安全性控制、数据库的完整性控制。

第 7 章为并发控制，介绍了事务、并发控制、封锁与封锁协议、活锁与死锁、并发调度的可串行性与两段锁协议、封锁粒度与多粒度封锁、SQL Server 的并发控制机制。

第 8 章为数据库备份与恢复，介绍了数据库故障及恢复策略、数据库恢复的原理及方法、数据库备份操作、数据库恢复操作。

第 9 章为 SQL Server 2019 高级应用，介绍了 T-SQL 编程基础、游标、存储过程、触发器。

本书由河南城建学院赵军民任主编，河南城建学院苏靖枫、杨斌和河南开放大学王辉任副主编。主编负责全书的策划、校对和编者分工工作，并审定全部书稿；副主编协助主编完成策划和审稿工作。本书的编写人员还有河南城建学院娄鑫坡、杜小杰、刘畅、王春丽、张芳芳、孔玉静、张翼飞、李蓓、郝伟、柳运昌、王卓，洛阳师范学院柳菊霞，郑州星爱奇信息技术有限公司刘治营等。

本书提供配套资源及相关习题素材，读者可前往人邮教育社区（www.ryjiaoyu.com）下载。

面对数据库系统的新发展和新应用，编写一本满足新工科应用型人才培养要求的高水平教材的难度很大，加之编者理论水平有限且时间仓促等因素，尽管编者在写作过程中力求准确、完善，但书中不妥或疏漏之处仍在所难免，恳请广大读者批评指正。

编者

2023 年 8 月

目录 CONTENTS

第 1 章　数据库系统概述

　　随着计算机技术的发展，信息已经成为社会上各行各业的重要资源和财富，管理信息的数据库技术也得到了很大发展。如今，数据库技术已被广泛应用到生活中，例如学校的教学管理系统、图书馆的图书借阅系统、车站及航空公司的售票系统、电信公司的计费系统、超市的售货系统、银行的业务系统和工厂的信息管理系统等。

　　数据库技术主要研究如何对数据进行科学管理，从而为人们提供可共享的、安全的、可靠的数据。数据库技术是现代计算机信息系统和计算机应用系统的基础和核心。因此，掌握数据库技术是全面认识计算机系统的重要环节，也是适应信息化时代的重要基础。

　　本章主要介绍数据库系统的基本概念、数据管理技术的产生和发展、数据模型、数据库系统的结构和数据库领域的新技术等。

1.1　数据库系统的基本概念

　　数据库（DataBase，DB）是管理数据的新手段和新工具，使用数据库技术管理数据，可以保证数据的共享性、安全性和可靠性。在讲解数据库知识之前，首先介绍一些数据库技术中常用的术语和基本概念。

1.1.1　数据和信息

1. 数据

　　数据（Data）的概念不仅指狭义的数值数据（如 14、56、\$8、20 等），还包括文字、声音和图形等一切能被计算机接收且能被处理的符号。数据是对现实世界的抽象表示，是描述客观事物特征或性质的某种符号，是客观事实的反映和记录。数据在空间上的传递被称为通信，它以信号方式进行传输。数据在时间上的传递被称为存储，它以文件形式进行存取。单独的数据是没有意义的，只有把数据放到具体的上下文环境中，数据才能显示其含义。

　　例如，杨影同学的"数据库原理及应用"课程考试成绩为 96 分，其中 96 就是数据。

2. 信息

　　信息（Information）是人们消化理解的数据，是反映现实世界事物存在方式或运动状态的集合，是人们进行各种活动所需要的知识。数据与信息既有联系又有区别。信息是一个抽象概念，是反映现实世界的知识，是被加工成特定形式的数据，用不同的数据形式可以表示同样的信息内容。

例如，表达一个人身体健壮的信息时，可以使用文字形式描述，也可采用图像形式表示。

3. 数据和信息的关联

数据是信息的符号表示，是获取信息的原材料，随承载其的物理设备的形式改变而改变；信息是数据的内涵，是数据的语义解释，是对原材料加工、处理的结果，不随承载其的物理设备的形式改变而改变。数据与信息是密切关联的，因此，构成一定含义的有用的一组数据称为信息。信息通过数据进行描述，又是数据的语义解释。

例如："2022—物联网工程—90"是数据，其描述的信息是"2022 年物联网工程专业的招生人数为 90 人"。

尽管数据和信息两者在概念上不尽相同，但在某些不需要严格分辨的场合下，可以把两者不加区分地使用，例如信息处理也可以说成数据处理。

1.1.2　数据库

当人们从不同的角度描述时，数据库就会有不同的定义。例如，有人称数据库是一个"记录保存系统"，该定义强调了数据库是若干记录的集合。又有人称数据库是"人们为解决特定的任务，以一定的组织方式存储在一起的相关数据的集合"，该定义侧重数据的组织。还有人称数据库是存放数据的仓库，只不过这个仓库是在计算机的存储设备上，如磁盘上，而且数据是按一定的格式存放的，数据与数据之间存在关系。

严格地讲，在计算机科学中，数据库是长期存储在计算机内、有组织的、可共享的、大量数据的集合。数据库中的数据按一定的数据模型组织、描述和存储，具有较小的冗余度、较高的数据独立性和易扩展性，并可为各种用户共享。

概括起来，数据库具有永久存储、有组织、可共享三个基本特点。

1.1.3　数据库管理系统

了解了数据和数据库的概念后，下面的问题就是如何科学地组织和存储数据，如何高效地获取和维护数据。完成这个任务的是一个系统软件——数据库管理系统（DataBase Management System，DBMS）。

数据库管理系统是位于用户与操作系统（Operating System，OS）之间的数据管理软件，它为用户或应用程序提供访问数据库的方法，包括数据库的创建、查询、更新及各种数据控制等，它是数据库系统的核心。数据库管理系统一般由计算机软件公司提供，目前比较流行的数据库管理系统有Informix、Sybase、Microsoft Access、Microsoft SQL Server、MySQL、Oracle 等。数据库管理系统的主要功能包括以下几个方面。

1. 数据定义

数据库管理系统提供数据定义语言（Data Definition Language，DDL），用户通过 DDL 可以方便地对数据库中的数据对象进行定义。例如，为保证数据库安全而定义的用户口令和存取权限，为保证正确语义而定义的完整性规则。

2. 数据操纵

数据库管理系统提供数据操纵语言（Data Manipulation Language，DML），实现对数据库的基本操作，包括检索、插入、修改和删除等。DML 分为两类：一类是宿主型 DML，嵌入宿主语言中使用，例如嵌入 VB、C 语言等高级语言中；另一类是自主型或自含型 DML，可以独立使用。

3. 数据组织、存储和管理

数据库管理系统要分类组织、存储和管理各种数据，包括数据字典、用户数据和数据的存取路径等，还要确定以何种文件结构和存取方式在存储设备上组织这些数据，如何实现数据之间的联系。

数据组织和存储的基本目标是提高存储空间的利用率和方便存取，提供多种存取方法（如索引查找、散列查找和顺序查找等），以提高存取效率。

4. 数据库运行管理

数据库在建立、运行和维护时由数据库管理系统统一管理、统一控制。数据库管理系统通过对数据的安全性控制、数据的完整性控制、多用户环境下的并发控制及数据库的备份和恢复，确保数据正确、有效，以及数据库系统的正常运行。

5. 数据库的建立和维护

数据库的建立和维护主要包括数据库初始数据的装入、转换功能，数据库的转储、恢复、重组织，系统性能监视、分析等功能，这些功能通常由一些实用程序或管理工具完成。

本书选择 Microsoft SQL Server 2019 作为案例实现和测试的平台。Microsoft SQL Server 是由微软公司推出的关系型数据库管理系统，是一个全面的数据库平台，使用集成的商业智能工具提供企业级的数据管理。SQL Server 2019 是在 Microsoft Ignite 2019 大会上正式发布的新一代数据库产品，具有使用方便、伸缩性好、相关软件集成程度高等优点，结合了分析、报表、集成和通告功能，并为结构化数据提供了安全可靠的存储功能，用户可以使用其构建和管理用于高性能的数据应用程序。

1.1.4　数据库系统简介

数据库系统（DataBase System，DBS）是以计算机软硬件为工具，把数据组织成数据库形式并对其进行存储、管理、处理和维护的高效能的信息处理系统。

数据库系统一般由数据库、计算机硬件系统、计算机软件系统及用户组成，如图 1.1 所示。

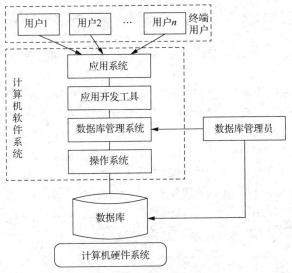

图 1.1　数据库系统的组成

1. 计算机硬件系统

计算机硬件系统指存储和运行数据库系统的硬件设备，包括 CPU、内存、大容量的存储设备和输入/输出设备等。

2. 计算机软件系统

计算机软件系统主要包括支持数据库管理系统运行的操作系统、数据库管理系统、应用系统，以及开发应用系统使用的各种高级语言和相应的编译软件。另外，为了提高应用系统的开发效率，还需要一些表格软件、图形系统等应用开发工具软件。应用系统主要是指实现业务逻辑的应用程序，它必须为用户提供一个友好的、人性化的操作数据的图形用户界面，通过数据库语言或相应的数据访问接口存取数据库中的数据。例如，教务管理系统、图书管理系统、飞机订票系统等。数据库系统的各类用户、应用程序等对数据库的各类操作都是通过数据库管理系统来完成的，因此说数据库管理系统是数据库系统的核心。

3．用户

数据库系统中的用户主要包括系统分析员、数据库设计人员、应用程序员（Application Programmer）、终端用户（End User）和数据库管理员（DataBase Administrator，DBA）。不同的用户涉及不同的数据抽象级别，具有不同的数据视图。

（1）系统分析员：主要负责应用系统的需求分析和规范说明，确定系统的软、硬件配置，并参与数据库系统的概要设计。

（2）数据库设计人员：主要负责用户需求调查和系统分析，数据库中数据的确定和数据库各级模式的设计。

（3）应用程序员：主要负责设计和编写应用系统的程序模块，并进行调试和安装，以便终端用户对数据库进行存取操作。

（4）终端用户：一般为非计算机专业的人员，主要通过应用系统的用户接口使用数据库。常用的接口方式有浏览器、菜单驱动、表格操作、图形显示、报表书写等。终端用户通常只具备领域知识，而不具备数据库和应用程序设计的相关知识，如银行工作人员了解账户操作流程、教师了解教学授课流程等。

（5）数据库管理员：主要负责数据库管理系统和数据库的监管与维护工作，保证数据库管理系统的服务和数据库的可用性、可靠性、安全性和高性能等。数据库管理员不仅要熟悉计算机软、硬件系统，掌握比较全面的数据处理的知识，还要熟悉当前使用的数据库管理系统产品的使用方法。具体职责如下。

① 决定数据库中的信息内容和结构。主要确定数据库中要存储哪些数据，决定数据的逻辑组织，并确定数据库模式。

② 决定数据库的存储结构和存取策略。主要考虑存储空间的利用效率和数据的存取效率两方面。

③ 定义数据的安全性要求和完整性约束。主要包括确定不同的用户对数据的访问权限、数据的保密级别及完整性约束条件等。

④ 定义数据的转储和重载机制。主要决定当系统出现故障时，如何能以最小的代价恢复数据库。

⑤ 监控数据库的使用和运行。主要监视数据库系统的运行状况，及时处理运行过程中的问题，尤其当系统出现故障时，能够以最快的速度使系统恢复到一个正确的状态。

⑥ 定期对数据库进行重组或重构。主要是当需求改变或为了提高系统的性能时，对数据库进行重新组织或调整，以保证适应新的需要，提高系统的性能。

1.2　数据管理技术

数据库技术是应数据处理和数据管理任务的需要而产生的。数据处理是将数据转化成信息的过程，包括对各种数据的收集、存储、加工、分类、检索、传播等一系列活动。数据管理主要完成对数据的分类、组织、编码、存储、检索和维护等功能，这是数据处理的中心问题。因此，数据管理是数据处理过程必不可少的环节，数据管理技术的优劣将直接影响数据处理的效果。

随着计算机软件和硬件技术的发展，在计算机应用需求的推动下，数据管理技术的发展经历了人工管理、文件系统管理、数据库系统管理三个阶段。

在系统地介绍数据管理技术之前，首先介绍数据管理中涉及的一些术语和基本概念。

1.2.1 术语和基本概念

数据管理中涉及的一些术语和基本概念如下。

（1）数据安全性：是指保护数据，防止不合法使用数据造成数据的泄密和破坏，使每个用户只能按照规定对某些数据以某种方式进行访问和处理。

（2）数据共享性：指数据可以被多个用户、多个应用程序共同使用。

（3）数据冗余度：指同一数据重复存储时的重复度。

（4）数据一致性：指同一数据不同副本的值一样。

（5）数据完整性：是指数据的正确性、有效性和相容性。数据的完整性检查是指将数据控制在有效的范围内，或保证数据之间满足一定的关系。

（6）并发控制：指对多用户的并发操作加以控制和协调，防止因相互干扰而得到错误的结果。

（7）数据库恢复：将数据库从错误状态恢复到某一已知的正确状态。

（8）数据独立性：指应用程序和数据结构之间相互独立、互不影响，包括物理独立性和逻辑独立性。物理独立性指数据物理结构的改变不影响应用程序，逻辑独立性指数据全局逻辑结构的改变不影响应用程序。

1.2.2 人工管理阶段

20 世纪 40 年代中期至 50 年代中期，计算机主要用于科学计算，处理的数据量有限，并且数据一般不需要长期存储。硬件存储方面只有纸带、卡片、磁带等，还没有磁盘等直接存取的外部存储设备；软件方面只有汇编语言，还没有操作系统和专门管理数据的软件。这个阶段的数据管理具有如下特点。

1. 数据不保存

计算机主要用于科学计算，一般不需要长期保存数据，只是在要完成某一个计算或课题时才输入数据，不仅不保存原始数据，也不保存计算结果。

2. 应用程序管理数据

数据需要由应用程序自己管理，没有相应的软件系统负责数据的管理工作。用户在编制程序时，必须全面考虑好相关的数据，不仅要规定数据的逻辑结构，而且要设计物理结构，包括存储结构、存取方法、输入方式等，因此程序员的负担很重。

3. 数据不共享

数据是面向应用的，一组数据只能对应一个应用程序。即使多个应用程序涉及某些相同的数据，由于必须各自定义，每个程序中仍然需要各自加入这组数据，都不能省略，数据不可共享，因此应用程序与应用程序之间有大量的冗余数据，浪费了存储空间。

4. 数据不具有独立性

应用程序和数据是一个不可分割的整体，应用程序中包含数据的存储方法、组织方式、输入/输出方式等。因此，数据的逻辑结构或物理结构发生变化后，必须对应用程序访问数据的代码部分做相应的修改，使得应用程序不易维护，这会进一步加重程序员的负担。

在人工管理阶段，应用程序与数据的对应关系可用图 1.2 表示。

1.2.3 文件系统管理阶段

20 世纪 50 年代后期到 60 年代中期，计算机得到了很

图 1.2 人工管理阶段应用程序与数据的对应关系

5

大程度的发展，不再局限于科学计算，已经开始进行信息管理。在应用需求的推动下，数据量快速增长，数据的存储、分类、检索、应用和维护问题成为迫切需求。此时，硬件方面已经有了磁盘、磁鼓等直接存取存储设备，软件方面出现了高级程序设计语言和操作系统，操作系统中有专门进行数据管理的软件，称为文件系统。文件系统把数据组织成相互独立的数据文件，利用"按文件名访问，按记录进行存取"的管理技术，可以对文件中的数据进行存取操作。

在高级程序设计语言出现之后，程序员不仅可以创建文件长期保存数据，还可以编写应用程序处理文件中的数据，即定义文件的结构，实现对文件中数据的插入、删除、修改和查询等操作。当然，应用程序对数据文件的访问，需要通过操作系统中的文件系统来完成，文件系统真正实现对物理磁盘中文件中数据的存取操作，应用程序只需告诉文件系统对哪个文件的哪些数据进行哪些操作，剩下的工作由文件系统完成。一般我们将程序员定义存储数据的文件及文件结构，并借助文件系统的功能编写应用程序，实现对用户文件数据处理的方式，称为文件系统管理。文件系统管理阶段应用程序与数据的对应关系如图 1.3 所示。为了更简洁地描述，在本小节接下来的讨论中，将忽略文件系统，假定应用程序是直接对磁盘文件进行操作的。

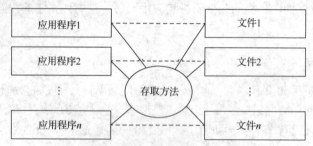

图 1.3　文件系统管理阶段应用程序与数据的对应关系

假设某高校使用文件系统管理学生及学生选课的数据，并基于这些数据文件构建管理系统对学生及选课情况进行管理，此管理系统主要实现学生基本信息管理和学生选课管理两部分功能。各个院系管理本院系学生的基本信息，学校教务处管理学生选课信息。假设学生基本信息管理仅涉及学生的基本信息数据，这些数据保存在文件 F1 中；学生选课管理涉及学生的部分基本信息、课程基本信息和学生选课信息，课程基本信息和学生选课信息的数据分别保存在文件 F2 和文件 F3 中。

设应用程序 A1 实现"学生基本信息管理"功能，应用程序 A2 实现"学生选课管理"功能。图 1.4 所示为用文件存储并管理数据的管理系统的实现示例。

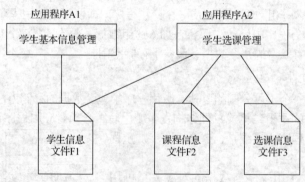

图 1.4　用文件存储并管理数据的实现示例

假设文件 F1、F2 和 F3 分别包含如下信息。

F1 文件：学号、姓名、性别、年龄、联系电话、所在院系、专业、班号。

F2 文件：课程号、课程名、学时、学分、课程类型。

　　F3 文件：学号、姓名、所在院系、专业、课程号、课程名、课程类型、选修时间、考试成绩。

　　我们将文件中包含的每一行数据称为一个"记录"，每个记录的每一个子项称为文件结构中的"字段"或"列"。

　　"学生选课管理"的基本处理过程为：在学生选课管理中，如果有学生选课，则先访问文件 F1，查找文件中是否存在此学生，若查找到则访问文件 F2，查找其所选的课程是否存在，若课程存在，并符合一切规则，就将学生选课信息写到文件 F3 中。

　　与人工管理阶段相比，虽然文件系统管理阶段对数据的管理有了很大进步，但仔细分析就会发现，它并没有彻底解决一些根本问题，主要体现在以下几个方面。

1. 程序员的负担仍然比较重

　　文件系统仅提供了打开、关闭、读、写等几个底层的文件操作命令，对文件中数据的插入、删除、修改和查询操作需通过编程实现，同时程序员必须知道所用文件的逻辑结构及物理结构（文件中包含多少个字段，每个字段的数据类型，采用何种存储结构，例如数组、线性链表和树形结构等）。这样容易造成各个应用程序在功能上的重复，例如图 1.4 中的"学生基本信息管理"和"学生选课管理"都要对文件 F1 进行操作，而共享这两个功能相同的操作却很难。因此，在文件系统管理阶段，程序员的负担仍然比较重。

2. 易产生数据冗余

　　由于应用程序 A2 需要在学生选课信息文件（文件 F3）中包含学生的一些基本信息，例如学号、姓名、所在院系等，而这些信息同样包含在学生信息文件（文件 F1）中，因此，文件 F3 和文件 F1 中存在重复数据，从而产生数据冗余。

　　数据冗余问题不仅会造成存储空间的浪费，更为严重的是容易造成数据不一致。例如，当某个学生所学专业发生了改变，我们通常容易想到在文件 F1 中修改专业信息，而往往容易忘记在文件 F3 中应做同样的修改。因而，容易造成同一名学生在文件 F1 和文件 F3 中的"专业"不一样，也就是数据不一致。当发生数据不一致时，人们很难判定系统中哪个数据是正确的，尤其是存在多处数据冗余时，这样数据就失去了其可信性。文件系统本身并不具备维护数据一致性的功能，这些功能完全要由程序员负责维护。这在简单的系统中还可以勉强应对，但在复杂的系统中，若让程序员来保证数据的一致性，几乎是不可能的。

3. 数据独立性较差

　　在文件系统管理阶段，应用程序对数据的操作依赖于数据文件的逻辑结构和物理结构。程序员在编写程序时，通常都要定义文件和记录的结构，如 C 程序的结构体 struct。当文件和记录结构发生改变时，例如添加字段、删除字段，甚至修改字段的长度（如电话号码从 7 位扩展到 8 位），程序员都要修改应用程序，因为应用程序读取文件中的数据时，必须将文件记录中不同字段的值与应用程序中的变量相对应。当应用环境和需求发生变化时，修改文件和记录的结构不可避免，应用程序就必须做相应修改。当程序员修改应用程序时，首先要熟悉原有应用程序，修改后还需要对应用程序进行测试、安装等工作，应用程序的维护工作非常麻烦。所有这些都是由于应用程序对文件的逻辑结构和物理结构过分依赖造成的，换句话说，用文件系统进行数据管理时，数据独立性较差。

4. 并发控制困难

　　现代计算机系统为了有效利用计算机资源，一般都允许同时运行多个应用程序。文件系统具备简单的锁定功能，即一个用户在操作一个文件时，其他用户不能修改该文件的内容。例如，当一个用户打开了一个 Word 文件，其他用户在第一个用户未关闭此文件前，他只能以只读方式打开此文件，而不能在第一个用户打开的同时对此文件进行修改。再如，如果程序员修改某一个文件数据的应用程序，以写的方式打开文件，对其进行修改，在关闭文件之前，其他应用程序都不允许再次打开此文件。因此，在文件系统管理阶段，不支持多个应用程序同时对同一个文件进行存取操作，难以满足多用户并发操作数据的控制要求，从而很难实现以数据为中心的管理系统，如车站及航空公司的售票系统、银行的业务系统等。

5. 数据之间联系弱

在文件系统管理阶段，文件与文件之间是彼此独立、毫不相干的，文件之间的联系必须通过应用程序来实现，例如对于上述的文件 F1 和文件 F3，文件 F3 中的学生的学号、姓名等基本信息必须是文件 F1 中已经存在的（即选课的学生必须是已经存在的学生）；同样地，文件 F3 中的课程号、课程名等课程基本信息也必须存在于文件 F2 中（即学生选修的课程必须是已经存在的课程），文件系统本身并不具备自动实现这些联系的功能，必须通过编写应用程序实现，这不但增加了程序员编写程序的工作量和复杂度，而且当联系比较复杂时，通过编写程序实现也难以保证数据的正确性。因此，在文件系统管理阶段，数据之间联系弱，很难反映现实世界事物之间客观存在的联系。

6. 难以满足不同用户对数据的需求

不同的用户关注的数据往往不同。例如，学校后勤部门可能只关心学生的学号、姓名、性别和班号，而学校教务处可能关心的是学号、姓名、所在院系和专业。如果多个不同用户关注的学生基本信息不同，就需要为每个用户建立一个文件，这势必造成数据冗余。另外，可能还会有一些用户，所需要的信息来自多个不同的文件，例如，可能有用户希望得到以下信息：班号、学号、姓名、课程名、学分、考试成绩。这些信息涉及文件 F1、文件 F2 和文件 F3 三个文件。当生成结果数据时，必须对从三个文件中读取的数据进行比较，然后组合成一行有意义的数据。例如，将从文件 F1 中读取的学号与从文件 F3 中读取的学号进行比较，学号相同时，才可以将文件 F1 中的"班号"、文件 F3 中的"考试成绩"，以及当前记录所对应的学号和姓名组合成一行数据，接下来，将组合结果再与文件 F2 的内容进行比较，找出课程号相同的课程的学分，再与已有的结果组合起来。如果数据量很大，涉及的文件比较多时，这个过程将变得更加复杂。因此，在文件系统管理阶段，这种复杂信息的查询很难处理。

7. 无安全控制功能

在文件系统管理阶段，很难控制用户对文件的操作权限，例如只允许用户查询和修改数据，但不能删除数据，或者对文件中的某个或者某些字段不能修改等。然而在实际应用场景中，需要用户按照规定对数据进行数据处理，保证数据的安全性。例如，在教务管理系统中，只允许学生查询自己的考试成绩，而不允许他们修改考试成绩；在车票管理系统中，一般用户只能查询自己购买的车票信息，而不被允许修改剩余车票数量。

1.2.4 数据库系统管理阶段

20 世纪 60 年代后期以来，计算机管理的数据规模越来越大，应用范围越来越广泛，数据量急剧增加，多种应用同时共享数据的需求也越来越强烈。随着大容量磁盘的出现，硬件价格不断下降，软件价格不断上升，编制和维护系统软件和应用程序的成本也随之增加。因此，文件系统管理数据的方式已经不能满足计算机的应用需求。为了解决多用户、多应用共享数据的需求，数据库技术应运而生，出现了统一管理数据的专门软件——数据库管理系统。

在文件系统管理阶段，用户对数据的插入、删除、修改和查询等操作是通过直接针对数据文件编写应用程序实现的，这种模式会产生很多问题。在数据库管理系统出现之后，用户对数据的所有操作都是通过数据库管理系统实现的，而且不再针对数据文件编写应用程序。数据库技术和数据库管理系统的出现，从根本上改变了用户操作、管理数据的模式，如图 1.5 所示。

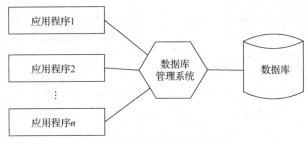

图 1.5　数据库系统管理阶段示意图

例如，对于上述的"学生基本信息管理"和"学生选课管理"两个子系统，使用数据库系统管理数据，其实现方式与文件系统管理数据有很大区别，使用数据库系统管理数据的实现过程如图 1.6 所示。

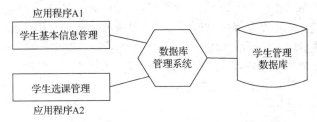

图 1.6　使用数据库系统管理数据的实现过程

通过比较图 1.4 和图 1.6，可以发现以下两点不同。

（1）使用文件系统管理数据时，应用程序直接访问数据文件；使用数据库系统管理数据时，应用程序通过数据库管理系统访问数据。

（2）使用数据库系统管理数据时，用户不再逐一对文件进行数据访问，而是针对存储某个单位或组织全部信息的数据库进行访问，数据文件的存储位置和存储结构等信息被数据库隐藏了，而且数据文件的这些信息由数据库管理系统统一进行管理。

与使用文件系统管理数据相比，使用数据库系统管理数据具有以下特点。

1. 结构化数据及其联系的集合

在使用数据库系统管理数据时，将某个单位或组织需要的各种应用数据按照一定的结构形式（即数据模型）存储在数据库中，作为一个整体定义。也就是说，数据库中的数据不再仅针对某个应用，而是面向整个单位或组织，不仅数据内部是结构化的，整体也是结构化的；不仅描述数据本身，还描述数据之间的有机联系。因此，很容易表达数据之间的关联关系，例如学生基本信息中的"学号"与学生选课管理中的"学号"是有联系的，即学生选课管理中的"学号"的取值范围在学生基本信息的"学号"的取值范围内。在关系数据库中，数据之间的这种联系是通过参照完整性实现的。

2. 数据冗余度低

在数据库系统管理阶段，数据不再仅面向某个应用，而是考虑所有用户的需求，面向整个应用系统。因此，可以从全局考虑，对数据进行合理组织。例如，将 1.2.3 小节中的文件 F1、F2 和 F3 的重复数据挑选出来，合理地进行组织管理，可以形成如下几部分信息。

学生基本信息：学号、姓名、性别、年龄、联系电话、所在院系、专业、班号。

课程基本信息：课程号、课程名、学时、学分、课程类型。

学生选课信息：学号、课程号、选修时间、考试成绩。

关系数据库一般将每一类信息存储在一个关系表中，不重复存储数据。在学生选课管理中，如果需要学生的姓名、所在院系等信息，根据学生选课信息中学生的学号，在学生基本信息中可以很容易地检索到此学号对应的姓名、所在院系等信息。因此，在使用数据库系统管理数据时，消除数据的重复存储并不影响信息检索，同时可以避免由于重复存储数据而造成的数据不一致问题。例如，当一个学生所学的专业发生变化时，只需修改"学生基本信息"中学生对应的专业信息即可。

在关系数据库中，当检索（班号,学号,姓名,课程名,学分,考试成绩）信息时，需要从 3 个关系表中得到这些信息。与 1.2.3 小节的问题一样，这种情况下，也需要对检索的信息进行适当组合。使用文件系统管理数据时，这个工作是由程序员编程实现的，而在使用数据库系统管理数据时，这些烦琐的工作完全由数据库管理系统自动完成。因此，使用数据库系统管理数据的应用系统能够在减少甚至避免数据冗余问题的同时，不再增加程序员的负担。在关系数据库中，避免数据冗余是通过关系规范化理论实现的。

3. 数据独立性高

数据库中的数据定义功能和数据管理功能都由数据库管理系统提供，而不由应用程序来负责，因此数据对应用程序的依赖程度大大降低，数据和应用程序之间具有较高的独立性，这样使得程序员不再关心数据存储方式是否发生变化，例如将链表结构改为散列结构，或者是顺序存储和非顺序存储之间的转换，这些变化不会影响应用程序，因此大大减轻了程序员的负担。

在关系数据库中，数据库管理系统通过将数据库划分为用户逻辑结构、全局逻辑结构和物理结构三个层次结构，来自动保证应用程序与数据相互独立，我们将在 1.4 节详细介绍这三个层次（也称为数据库系统的三级模式结构）。

4. 数据共享性强并能保证数据的一致性

在数据库系统管理阶段，开发人员都是从系统全局的角度出发，进行全面的需求分析，在系统地理解了某个单位或组织的整体业务流程之后，最终设计出合理的数据模型。数据不再面向某一个应用程序，而是面向整个应用系统。多个不同用户或应用程序共享数据库中的数据，可以同时操作数据库中的数据。例如，选课模块和成绩打印模块可能会共享同一份学生信息和课程信息。数据共享性强，自然就降低了数据冗余度，不仅节省了存储空间，而且保证了数据的一致性。当然，这个特点是针对支持多用户的大型数据库管理系统而言的，对于只支持单用户的小型数据库管理系统（例如 Microsoft Access），在任何时候最多只允许一个用户访问数据库，因此不存在数据共享的问题。

多用户数据共享问题是通过数据库管理系统实现的，它对用户是不可见的。数据库管理系统能够对多个用户进行协调，保证多个用户操作同一数据时不会产生矛盾和冲突，能够保证数据的一致性和正确性。例如火车售票系统，如果多个售票点同时对某一天的同一车次火车进行售票，那么必须保证不同售票点卖出的座位不能重复。

数据共享并保证共享数据的一致性是由数据库管理系统的并发控制机制实现的。

5. 数据安全性和可靠性较高

在数据库系统中，数据由数据库管理系统统一进行管理和控制，能够保证数据库中的数据是安全和可靠的。数据的安全控制机制可以有效地防止数据库中的数据被非法使用和非法修改，从而防止数据的泄密和破坏；数据备份和恢复机制能够保证当数据库中的数据遭到破坏时（由软件或硬件故障引起的），通过日志和备份可以很快地将数据库恢复到以前的某个正确状态，并使数据不丢失或只有很少的丢失，从而保证系统能够连续、可靠地运行。

数据安全性是通过数据库管理系统的数据安全控制机制实现的，数据可靠性是通过数据库管理系统的备份和恢复机制实现的。

6. 保证数据完整性

数据库管理系统提供了完备的数据完整性机制，用来保证数据的正确性、有效性和相容性，使得存储到数据库中的数据符合现实世界的实际情况。正确性是指数据的合法性，如考试成绩属于数值型数据，只能包含 0,1,…,9，不能包含字符或特殊符号。有效性是指数据是否在其定义的有效范围内，如考试成绩只能用 0~100 的数值表示。相容性是指表示同一事实的两个数据应相同，否则就不相容，如一个人不能有两个性别。数据的完整性是通过在数据库中建立不同类型的完整性约束实现的，当创建数据完整性约束之后，再向数据库中存储不符合要求的数据时，数据库管理系统能主动拒绝这些数据。

1.3　数据模型

对于现实生活中的具体模型，人们并不陌生，例如一张地图、一组建筑设计沙盘、一架飞机模型等。人们往往能够通过模型联想到现实世界的事物。模型是对事物、对象、过程等客观系统中人们感兴趣的内容的模拟和抽象表达，是理解系统的思维工具。数据模型也是一种模型，是计算机世界对现实世界数据特征的抽象、表示和处理的工具。

数据库模拟现实世界中某个单位或组织所涉及的所有数据的集合，它不仅要反映数据本身的内容，而且要反映数据之间的联系，而这种模拟是通过数据模型实现的。数据模型是数据库的框架，是数据库的核心和基础。任何一个数据库管理系统都是基于某种数据模型的，它的数据结构直接影响着数据库系统的性能，也是数据定义语言和数据操纵语言的基础。因此，了解数据模型的基本概念是学习数据库知识的基础。

1.3.1　两类数据模型

在数据库领域中，数据模型用于表达现实世界中的客观对象，即将现实世界中杂乱的信息用一种规范的、易于处理的方式表达出来，而且这种数据模型既要面向现实世界（表达现实世界的信息），同时又要面向计算机世界（要在计算机上实现）。因此一般要求数据模型满足 3 个方面的要求：能够真实地模拟现实世界；容易被人们理解；能够方便地在计算机上实现。然而，目前还没有一种数据模型能很好地、全面地满足这 3 方面的要求。因此，在数据库系统中，针对不同的使用对象和应用目的，采用不同的数据模型。如同在建筑设计和施工的不同阶段需要不同的图纸一样，在开发实施数据库应用系统时，不同阶段也需要使用不同的数据模型：概念模型、逻辑模型和物理模型。

根据模型应用目的的不同，模型可分为两类，它们分别属于两个不同的层次。第一类是概念模型，第二类是逻辑模型和物理模型。概念模型也称为信息模型，它按用户的观点对数据和信息建模，是对现实世界的事物及其联系的第一层抽象，用于描述某个单位或组织所关心的信息结构，主要用于数据库设计。逻辑模型主要包括层次模型、网状模型、关系模型、面向对象模型等，它们按计算机系统的观点对数据进行建模，是对现实世界的第二层抽象，主要用于数据库管理系统的实现。从概念模型到逻辑模型的转换一般由数据库设计人员完成，也可使用数据库设计工具协助设计人员完成。物理模型是对数据底层的抽象，它描述数据在磁盘或磁带上的存储方式和存取方法，是面向计算机系统的。物理模型的具体实现是数据库管理系统的任务，用户一般不用考虑物理级细节，从逻辑模型到物理模型的转换是由数据库管理系统自动完成的。

1.3.2　不同世界的划分及相关概念

人们在把客观存在的事物以数据的形式存储到计算机的过程中经历了 3 个领域：现实世界、信息世界和计算机世界。

1. 现实世界

现实世界，即客观世界，存在着各种各样的事物及其之间的联系，例如学校里有学生、课程、教师等实体，教师为学生授课，学生选修课程并取得成绩；图书馆里有图书、读者和管理人员，读者借阅图书，管理人员对图书和读者进行管理及服务等。现实世界中的每个事物都有自己的特征或性质。然而，人们总是选用感兴趣的最能表征一个事物的若干特征描述该事物。例如，要描述一门课程，通常选用课程号、课程名、课程类型、学时等特征，有了这些特征就能区分不同的课程。现实世界中，事物之间可能存在着多个方面的联系，但人们通常选择那些感兴趣的联系来表示事物之间的关系，例如在教务管理系统中，通常选择"选修"表示学生和课程之间的关系。

2. 信息世界

信息世界是现实世界在人们头脑中的反映，是对现实世界的认识和抽象描述，按用户的观点对数据和信息进行建模。在信息世界中，与数据库技术相关的主要概念和术语如下。

（1）实体（Entity）：客观存在并且可以相互区别的事物称为实体。实体可以是具体的人、事、物，如一个学生、一门课程、一个教师，也可以是抽象的概念或联系，如学生选修课程、学生和班级的隶属关系、教师和院系的工作关系等。

（2）属性（Attribute）：实体所具有的某一特性称为属性，一个实体可以由若干个属性刻画。例如，学生实体有学号、姓名、性别、年龄、院系等若干个属性。属性有"型"和"值"之分。"型"即为属性名，如姓名、性别、院系等都是属性的型；"值"即为属性具体的值，如（S01,韩耀飞,男,20,计算机与数据科学学院），这些属性组合起来表示一个学生实体。

（3）实体型（Entity Type）：具有相同属性的实体必然具有共同的特征和性质，用实体名及其属性名集合抽象和刻画同类实体，称为实体型。例如，学生（学号,姓名,性别,年龄,所在院系）就是一个实体型。

（4）实体集（Entity Set）：同一类型的实体集合称为实体集。例如，全体学生、全部课程、所有教师都是一个实体集。

（5）码（Key）：在实体型中，唯一标识一个实体的属性或属性集称为实体的码。例如，学号是学生实体的码、课程号是课程实体的码。

（6）域（Domain）：某一属性的取值范围称为该属性的域。例如，姓名的域是长度为 10 的字符串集合，性别的域为（男，女）。

（7）联系（Relationship）：在现实世界中，事物内部及事物之间是有联系的，这些联系在信息世界中反映为实体（型）内部的联系和实体（型）之间的联系。实体（型）内部的联系通常是指组成实体的各属性之间的联系；实体（型）之间的联系通常是指不同实体集之间的联系。实体之间的联系有一对一、一对多和多对多 3 种类型。

一对一联系（1:1）：如果对于实体集 A 中的每一个实体，实体集 B 中至多有一个（也可以没有）实体与之联系，反之亦然，则称实体集 A 与实体集 B 具有一对一联系，记为 1:1。例如，在学校里，一个班长只能隶属于一个班级，一个班级只能有一个班长，则班级和班长的联系是一对一联系。

一对多联系（1:n）：如果对于实体集 A 中的每一个实体，实体集 B 中有 n 个实体（$n \geq 0$）与之联系，反之，对于实体集 B 中的每一个实体，实体集 A 中至多只有一个实体与之联系，则称实体集 A 与实体集 B 具有一对多联系，记为 1:n。例如，在学校里，一个班级中有若干名学生，每个学生只在一个班级中学习，班级和学生的联系是一对多联系。

多对多联系（$m:n$）：如果对于实体集 A 中的每一个实体，实体集 B 中有 n 个实体（$n \geq 0$）与之联系，反之，对于实体集 B 中的每一个实体，实体集 A 中也有 m 个实体（$m \geq 0$）与之联系，则称实体集 A 与实体集 B 具有多对多联系，记为 $m:n$。例如，一个学生可以同时选修多门课程，而一门课程同时有若干个学生选修，则学生和课程之间的联系是多对多联系，记为 $m:n$。

信息世界采用概念模型进行建模。概念模型是现实世界到信息世界的第一层抽象，是数据库设计人员进行数据库设计的工具，也是数据库设计人员和业务领域的用户之间进行交流的工具。因此，概念模型不仅应该具有较强的语义表达能力，能够方便、直接地表示出上述信息世界的常用概念和术语，而且还应该简单、清晰、易于用户理解。概念模型的表示方法很多，其中最常用的是陈品山（P. P. S. Chen）于 1976 年提出的实体-联系方法（Entity-Relationship Approach）。该方法采用 E-R 图表示概念模型，又称 E-R 模型。有关如何认识和分析现实世界，从中抽取实体和实体之间的联系，建立概念模型，画出 E-R 图的方法等内容将在第 5 章讲解。

3. 计算机世界

计算机世界又称为数据世界，是信息世界中信息的数据化。在计算机世界中，将信息世界中的信息用字符和数值等数据表示，以便于在计算机中进行存储，并由计算机进行识别和处理。在计算机世界中，与数据库技术相关的主要概念和术语如下。

（1）字段（Field）：标记实体属性的命名单位称为字段，又称为数据项。字段名往往和属性名相同。例如，学生有学号、姓名、性别、年龄和院系等字段。

（2）记录（Record）：字段的有序集合称为记录，一条记录描述一个实体。例如，一个学生（S01,韩耀飞,男,20,计算机与数据科学学院）为一个记录。

（3）文件（File）：同一类记录的集合称为文件，一个文件描述一个实体集。例如，全体学生的记录组成了一个"学生"文件。

（4）关键字（Key）：能唯一标识文件中每个记录的字段或字段集称为记录的关键字。例如，在一个"学生"文件中，学生的学号可以唯一标识一个学生记录，因此，学号可以作为学生记录的关键字。

在计算机世界中，信息模型被抽象为逻辑模型，用记录表示实体，字段表示实体的属性，用记录之间的联系表示实体之间的联系。

现实世界是信息之源，是数据库设计的出发点，概念模型和逻辑模型是客观世界事物及其联系的二级抽象，而逻辑模型是实现数据库系统的基础。通过上述描述，可以得出不同世界中各概念和术语的对应关系，如表 1.1 所示。

表 1.1　不同世界中各概念和术语的对应关系

现实世界	信息世界	计算机世界
事物总体	实体集	文件
事物个体	实体	记录
特征	属性	字段
事物间的联系	概念模型	逻辑模型

由此可以看出，现实世界中客观事物及其联系是信息之源，是组织和管理数据的出发点。为了把现实世界中的具体事物抽象、组织为某一数据库管理系统支持的数据模型，人们通常首先将现实世界抽象为信息世界，然后将信息世界转换为计算机世界。也就是说，首先把现实世界中的客观对象抽象为某一种信息结构，即概念模型，它与具体的计算机系统无关，不是某一个数据库管理系统支持的数据模型，然后把概念模型转换为计算机上某一数据库管理系统支持的逻辑模型。现实世界中客观事物及其联系的抽象过程如图 1.7 所示。

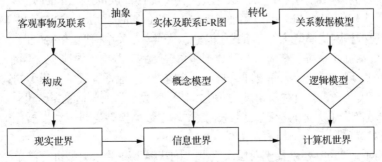

图 1.7　现实世界中客观事物及其联系的抽象过程

1.3.3　数据模型的组成要素

一般来讲，数据模型是对现实世界中客观事物的抽象描述，这种抽象描述能确切地反映事物、事物的特征和事物之间的联系，形成一组严格定义的概念的集合。这些概念精确地描述了系统的静态特性、动态特性和完整性约束条件。因此，数据模型主要由数据结构、数据操作、数据的完整性约束条件三要素组成。

1.　数据结构

数据结构，即数据的组织结构，主要描述数据库的组成对象及对象之间的联系。数据结构主要描述两方面的内容：一是与数据类型、内容、性质有关的对象，例如，关系模型中的域、属性、元组、关系等；二是与数据之间联系有关的对象，例如，关系模型中的外键（Foreign Key）。

数据结构是数据模型最重要的组成部分，描述的是数据库的静态特征，不同的数据模型采用不同的数据结构。例如，在关系模型中，用关系、元组、分量、域等描述数据对象，并以关系结构的形式组织数据。因此，在数据库系统中，人们通常按照其数据结构的类型命名数据模型，层次结构、网状结构和关系结构 3 种数据结构对应的数据模型分别命名为层次模型、网状模型和关系模型。

2.　数据操作

数据操作是指对数据库中各种对象（型）的实例（值）允许执行的操作的集合，包括操作及有关的操作规则，是对系统动态特性的描述。

数据库主要包括检索和更新两大类操作，更新操作一般又包括插入、删除和修改 3 类操作。数据模型必须定义这两大类操作的确切含义、操作符号、操作规则（如优先级）及实现操作的语言。

3.　数据的完整性约束条件

数据的完整性约束条件是一组完整性规则的集合。完整性规则是给定的数据模型中数据及其联系所具有的制约和依存规则，用以限定符合数据模型的数据库状态及状态的变化，以保证数据的正确、有效和相容。数据模型应该反映和规定本数据模型必须遵守的基本的、通用的完整性约束条件。

例如，在关系模型中，任何关系必须满足实体完整性和参照完整性两个条件（第 2 章和第 6 章将详细介绍这两个完整性约束条件）。

此外，数据模型还应该提供定义完整性约束条件的机制，以反映具体应用所涉及的数据必须遵守特定的语义约束条件。例如，在学校的教务管理数据库系统中，规定物联网工程专业的学生选修课程学分不能少于 175 学分，学生选修课程成绩必须在[0,100]范围内。

1.3.4　常用的逻辑模型

逻辑模型是对现实世界进行抽象的工具，它按计算机系统的观点对数据建模，用于提供数据库系统中信息表示和操作手段的形式框架，主要用于数据库管理系统的实现，是数据库系统的核心和基础。

在数据库领域中常用的逻辑模型主要有层次模型（Hierarchical Model）、网状模型（Network Model）、关系模型（Relational Model）和面向对象模型（Object-Oriented Model）4 种。

其中，层次模型和网状模型统称为格式化模型，又称为非关系模型。在 20 世纪 70 年代至 80 年代初，非关系模型的数据库系统非常流行，在数据库系统产品中占据主导地位。然而，非关系模型的数据库系统的使用和实现要涉及数据库物理层的复杂结构，目前已逐渐被关系模型的数据库系统取代。

20 世纪 80 年代以来，面向对象的方法和技术在程序设计语言、信息系统设计、计算机硬件设计等计算机各个领域产生了深远的影响，促进了数据库中数据模型的研究和发展，出现了一种新的数据模型——面向对象模型。

本节通过数据模型的三要素分别对层次模型、网状模型和关系模型进行简单介绍，同时简单介绍面向对象模型的基本概念。

1. 层次模型

层次模型是数据库系统中最早出现的数据模型，采用层次模型的数据库的典型代表是 IBM 公司的 IMS（Information Management System，信息管理系统）数据库管理系统。此系统是 IBM 公司于 1968 年推出的第一个大型的商用数据库管理系统，曾得到广泛的推广。

（1）层次模型的数据结构

现实世界中，由于实体之间的联系都表现出一种很自然的层次关系，如家族关系、行政机构，因此层次模型采用树形数据结构（有向树）表示各类实体及实体之间的联系。

层次模型中的树形结构由节点和节点之间的连线构成，每个节点表示一个记录类型，每个记录类型可以包含若干个字段，记录类型描述的是实体，字段描述的是实体的属性，各个记录类型及字段都必须命名。节点间带箭头的连线表示记录类型之间的联系，连线上端的节点是父节点或双亲节点，下端的节点是子节点或子女节点，同一双亲的子女节点称为兄弟节点，没有子女节点的节点称为叶子节点。虽然层次模型可以方便、直接地表示实体之间的联系，但是层次模型有以下两方面的限制。

① 有且只有一个节点没有双亲节点，这个节点称为根节点。

② 根节点以外的其他节点有且只有一个双亲节点。

图 1.8 是一个院系层次模型实例。该层次模型有 4 个记录类型。记录类型院系是根节点，由院系编号、院系名称、办公地点 3 个字段组成。它有教研室和学生两个子女节点。记录类型教研室是院系的子女节点，同时又是教师的双亲节点，它由教研室编号、教研室名，教研室主任 3 个字段组成。记录类型学生由学号、姓名、性别、年龄、专业 5 个字段组成。记录类型教师由教工号、姓名、职称 3 个字段组成。学生与教师是叶子节点，它们没有子女节点。由院系到教研室、由教研室到教师、由院系到学生都是一对多的联系。

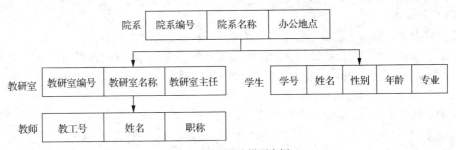

图 1.8　院系层次模型实例

图 1.9 是图 1.8 层次模型对应的一个值。该值是 JDS01 学院（计算机学院）记录值及其所有子女记录值组成的一棵树。JDS01 学院有 3 个教研室子女记录值 D01、D02、D03 和 3 个学生记录值 S01、S02、S03。教研室 D02 有 3 个教师记录值 T01、T02 和 T03；教研室 D03 有两个教师记录值 T04 和 T05。

层次模型有一个基本特点是必须指定从根节点到某节点的完整路径才能获得该节点对应的记录类型的值，一个记录值不能脱离其父记录而独立存在。例如，在图 1.9 中，如果要查看教师记录值 T01，只能按照院系 JDS01→教研室 D02→教师 T01 整个层次路径检索，才能显示它的全部意义。

（2）层次模型的数据操作与完整性约束条件

层次模型的数据操作主要包括插入、删除、更新和查询 4 种。进行插入、删除、更新操作时要满足层次模型的完整性约束条件。

进行插入操作时，不允许插入没有相应双亲节点值的子女节点值。例如，在图 1.9 的层次模型中，若新来一名教师，但尚未分配到某个教研室，这时就不能将该教师插入数据库中。

15

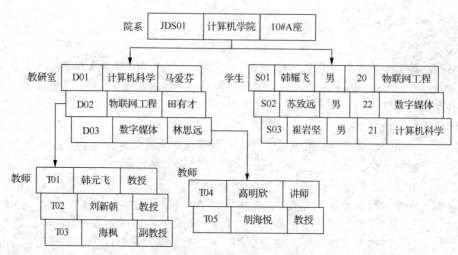

图 1.9　院系层次模型的一个值

进行删除操作时，如果删除双亲节点值，则相应的子女节点值也将被同时删除。例如，在图 1.9
的层次模型中，若删除物联网工程教研室，则该教研室的所有教师都将被删除。

进行更新操作时，应更新所有相应记录，以保证数据的一致性。

（3）层次模型的优缺点

层次模型的优点如下。

① 层次模型的数据结构比较简单，易于在计算机内实现。

② 层次模型的查询效率高。层次模型中从根节点到树形结构中任一节点都存在一条唯一的层次
路径，当要查询某个节点的记录值时，数据库管理系统沿着这条路径能很快找到该记录值。

③ 层次模型提供了良好的完整性支持。

层次模型的缺点如下。

① 不适合表示非层次的联系，而现实世界中很多联系是非层次性的。

② 不能直接表示两个以上实体型之间的复杂联系和实体之间的多对多联系，只能通过引入冗余
节点或创建虚拟节点实现，易产生不一致数据，对插入和删除操作的限制比较多。

③ 查询子女节点必须通过双亲节点。

④ 由于结构严密，层次命令趋于程序化。

2.　网状模型

在现实世界中事物之间的联系更多的是非层次关系，使用层次模型不能直接方便地表示非层次
关系，网状模型则可以克服这一弊端。20 世纪 70 年代，数据系统语言研究会（Conference On Data
System Language，CODASYL）下属的数据库任务组（DataBase Task Group，DBTG）提出了一个系
统方案，即 DBTG 系统，又称 CODASYL 系统，是网状模型的典型代表。

（1）网状模型的数据结构

网状模型采用图形数据结构（有向图）表示各种实体及实体之间的联系，是一种比层次模型更
具普遍性的结构，它克服了层次模型的两个限制，允许一个以上的节点无双亲，一个节点可以有多
个双亲节点。此外，它还允许两个节点之间有多种联系（称之为复合联系）。网状模型可以更直接地
描述现实世界，而层次模型实际上是网状模型的一个特例。

与层次模型一样，网状模型中每个节点表示一个记录类型（实体），每个记录类型可包含若干个
字段（实体的属性），节点间的带箭头的连线表示记录类型（实体）之间的一对多联系。如图 1.10 所
示为一个简单的网状模型实例，其中"课程"节点有 3 个双亲节点"专业""教师""学生"，"学院"

节点没有双亲节点，并且为了区分两个节点之间的复合联系，所有节点之间的联系都进行了命名，例如，"教师"和"课程"及"专业"和"课程"之间的联系分别命名为"任课"和"开设"。

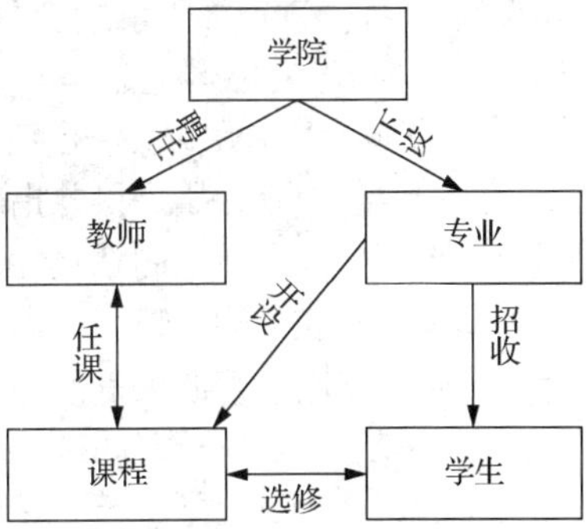

（2）网状模型的数据操作与完整性约束条件

网状模型的数据操作主要包括插入、删除、更新和查询 4 种。进行插入、删除、更新操作时要满足网状模型的完整性约束条件。

进行插入操作时，如果没有相应的双亲节点值也能插入它的子女节点值。例如，若新来一名教师，但尚未分配到某个教研室，这时仍然能将该教师插入数据库中。

进行删除操作时，允许只删除双亲节点值。例如，若删除某个教研室，则该教研室所有教师数据仍然保存在数据库中。

进行更新操作时，只需更新指定记录即可。

图 1.10　网状模型实例

（3）网状模型的优缺点

网状模型的优点如下。

① 能够更为直接地描述现实世界，可表示实体之间的多种联系。

② 具有良好的性能，存取效率较高。

网状模型的缺点如下。

① 结构比较复杂，而且随着应用环境的扩大，数据库的结构变得越来越复杂，最终用户很难掌握。

② 网状模型的 DDL 和 DML 非常复杂，用户不易掌握和使用。

③ 由于记录之间的联系实际上是通过存取路径实现的，应用程序在访问数据库中的数据时必须指定合适的存取路径，因此程序员必须了解系统结构的细节，加重了编写应用程序的负担。

3. 关系模型

关系模型是目前最常用的一种数据模型。关系数据库系统采用关系模型作为数据的组织方式。

1970 年，美国 IBM 公司的研究员埃德加·弗兰克·科德（Edgar Frank Codd）首次提出了数据系统的关系模型，标志着数据库系统新时代的来临，开创了数据库关系方法和关系数据理论的研究，为数据库技术奠定了理论基础。由于科德的杰出工作，他于 1981 年荣获 ACM 图灵奖。

1980 年后，各种关系数据库管理系统的产品迅速出现，如 Oracle、Sybase、Informix 等，关系数据库系统统治了数据库市场，数据库的应用领域迅速扩大。

关系模型的概念简单、清晰，并且具有严格的数据基础，形成了关系数据理论，操作也直观、容易，因此易学易用。无论是数据库的设计和建立，还是数据库的使用与维护，都比较简便。

（1）关系模型的数据结构及概念

关系模型建立在严格的数学概念的基础之上，数学基础是关系代数。关系模型是目前最重要的一种数据模型，它的数据结构是一个规范化的二维表。它由表名、表头和表体三部分构成，表名为二维表的名称，表头为二维表的结构，表体为二维表中的数据。每一个二维表在关系数据库中称为关系，例如图 1.11 就是一个二维表，即学生关系。关系数据库是表（关系）的集合。关系模型的定义及相关概念将在第 2 章进行详细介绍。

学生表

SNo	SN	Sex	Age	DNo
S01	韩耀飞	男	20	08
S02	苏致远	男	22	08
S03	崔岩坚	男	21	08
S04	黄海冰	男	20	08
S05	杨影	女	19	07
…	…	…	…	…

图 1.11　学生关系二维表

（2）关系模型的数据操作及完整性约束条件

关系模型的数据操作主要包括插入、删除、更新和查询 4 种。进行插入、删除、更新操作时要满足关系模型的完整性约束条件。关系模型的完整性包括三大类：实体完整性、参照完整性和用户自定义完整性。其具体含义将在 2.3 节中介绍。

关系模型中的数据操作是集合操作，操作对象和操作结果都是关系；另外，关系模型把存取路径向用户隐蔽起来，用户只要指出"干什么"或"找什么"，不必详细说明"怎么干"或"怎么找"，因此大大地提高了数据的独立性，提高了用户的操作效率。

（3）关系模型的优缺点

与层次、网状等非关系模型相比，关系模型的优势非常明显，主要表现在以下三个方面。

① 关系模型具有较强的数学理论根据，是建立在严格的数学基础之上的。

② 关系模型具有单一的数据结构。无论是事物还是事物之间的联系，在关系模型中都是用关系表示的。对用户来说，无论是原始数据还是用户检索到的数据，数据的逻辑结构都只是表，也就是关系。

③ 关系模型的存取路径对用户透明，从而具有更高的数据独立性、更好的安全保密性，也简化了程序员的工作和数据库开发建立的工作。

因此，关系模型诞生以后发展迅速，深受用户的欢迎。

当然，关系模型也有缺点，例如，由于存取路径对用户是隐蔽的，与非关系模型相比，查询效率较低。为了提高查询效率，数据库管理系统必须优化用户的查询请求，因此增加了开发数据库管理系统的难度。

4. 面向对象模型

虽然关系模型比层次模型和网状模型简单灵活，但是关系模型对复杂对象的表示能力较差，缺乏灵活丰富的建模能力。因此，关系模型很难表示一些数据库应用领域的复杂数据结构，如 GIS 数据、CAD 数据等，这类数据需要更高级的数据库技术进行描述表示。

面向对象的基本概念在 20 世纪 70 年代被首次提出，随后迅速渗透到计算机科学的各个分支领域，如系统工程、人工智能、数据库等。面向对象数据库是面向对象概念与数据库技术相结合的产物，比较知名的有 Object Store、ONTOS 等。

面向对象模型是用面向对象的思维方式将现实世界中的一切实体都模型化为对象的数据模型，它用类表示实体集，用对象表示实体，用对象之间的关联表示实体之间的联系。

（1）面向对象的基本概念

对象（Object）是现实世界中实体的模型化，包含数据和操作方法的独立模块，是数据和行为的统一体。如一个学生、一门课程均可作为对象。对于一个对象，一般应具有以下三个特征。

① 以一个唯一的对象标识表明其存在的独立性。

② 以一组描述对象特征的属性表明对象在某一时刻的状态。

③ 以一组表示对象行为的操作方法改变对象的状态。

类（Class）是共享同一属性和方法集的所有对象的集合。一个对象是类的一个实例，如把课程定义为一个类，则某门课程（数据库原理及应用、数据结构等）是课程类的一个对象。类是抽象概念，是"型"，对象是类的具体的"值"。类的属性域可以是基本数据类型，也可以是类，或由上述值域组成的记录或集合。也就是说，类可以有嵌套结构。系统中所有的类组成一个有根的有向无环图，为类层次，上层为超类，下层为子类。一个类从类层次中的直接或间接超类里继承所有属性和方法。

（2）面向对象模型的核心技术

① 分类

类是具有相同属性结构和操作方法的对象的集合，属于同一类的所有对象具有相同的属性结构和操作方法。分类是把一组具有相同属性结构和操作方法的对象归纳或映射为一个公共类的过程。

对象和类的关系是"实例"（Instance-of）的关系。

同一个类的所有对象的操作都是相同的。对象的属性结构即属性的表现形式尽管相同，但属性值可能不同。因此，在面向对象数据库中，仅仅需要为每个类定义一组操作，供类的所有对象共同使用，而类的每个对象的属性值都不完全相同，要分别进行存储。例如，在面向对象的地理数据库中，城镇建筑可按行政区、商业区、文化区和住宅区等定义若干个类。以住宅区类而论，每栋住宅对象都有门牌号、地址、电话号码等属性，属性结构相同，但具体的门牌号、地址、电话号码等不同。当然，每栋住宅对象的操作方法都相同，如查询操作。

② 概括

概括是把某些类（子类）中部分具有相同特征的属性和操作方法抽象出来，形成一个更高层次、更具一般性的超类的过程。子类是超类的一个特例，子类和超类之间的关系是"即是"（is-a）关系。构成超类的子类还可进一步抽象概括，一个类可能是超类的子类，也可能是另外子类的超类。因此，概括可能有任意多个层次。例如，建筑物是住宅的超类，住宅是建筑物的子类。如果将住宅抽象概括划分为城市住宅和农村住宅，那么住宅又是城市住宅和农村住宅的超类。概括技术可避免说明和存储上的大量冗余，如住宅地址、门牌号、电话号码等既是"住宅"类的属性，又是超类"建筑物"类的属性。概括技术的实现需要一种能自动地从超类的属性和操作中获取子类对象的属性和操作的机制，即继承机制。

③ 聚集

聚集是将多个不同性质类的对象组合成一个更高层次的复合对象的过程。"复合对象"用于描述更高级的对象。"成分"是复合对象的组成部分，"成分"与"复合对象"的关系是"部分"（Parts-of）的关系，反之"复合对象"与"成分"的关系是"组成"的关系。例如，一辆轿车由车轮、方向盘、底盘和发动机等"成分"聚集而成。每个"成分"对象是复合对象的一个部分，都有自己的属性数据和操作方法。"成分"对象的属性和操作方法并不能为复合对象公用，但复合对象可以从它们那里派生得到"成分"对象的某些信息。复合对象都有自己的属性值和操作，它只从具有不同属性的对象中提取部分属性值，复合对象的操作与其"成分"对象的操作并不兼容。

④ 联合

联合是将同一类对象中的几个具有部分相同属性值的对象组合起来，形成一个更高水平的"集合对象"的过程。有联合关系的对象称为成员，"成员"与"集合对象"的关系是"成员"（Member-of）的关系。在联合中，强调的是整个集合对象的特征，而忽略成员对象的具体细节。集合对象通过成员对象产生集合数据结构，集合对象的操作由其成员对象的操作组成。例如，一个农场主有三个池塘，使用同样的养殖方法，养殖同样的水产品。由于农场主、养殖方法和水产品三个属性都相同，故可以联合成一个包含这三个属性的集合对象。

联合与概括的概念不同。概括是对类进行抽象概括，而联合是对属于同一类的对象进行抽象联合。

尽管面向对象模型能完整地描述客观世界的复杂数据结构，具有丰富的表达能力，但操作语言过于复杂，不容易得到程序开发人员的认可，加上面向对象数据库想要完全替代关系数据库管理系统的思路增加了企业系统升级的负担，因此面向对象数据库产品终究没有在市场上获得成功。

1.4 数据库系统的结构

数据库系统的结构，是数据库系统的一个总体框架，可以从不同的层次或角度进行考察。从数据库应用程序员角度看，数据库系统通常采用三级模式结构，这是数据库系统的内部体系结构。从数据库最终用户角度看，数据库系统的结构分为单用户结构、主从式结构、分布式结构、客户-服务器结构、浏览器-应用服务器/数据库服务器多层结构等，这是数据库系统的外部体系结构。

本节主要介绍数据库系统的内部体系结构，即三级模式结构。

1.4.1 三级模式结构

1. 模式

数据模型中有"型"（Type）和"值"（Value）的概念。型是指对某一类数据的结构和属性的说明，值是型的一个具体赋值。例如，在描述一个学生的信息时，学生信息可以定义为(学号,姓名,性别,年龄,院系)，即为学生记录型，而(S01,韩耀飞,男,20,计算机与数据科学学院)为该记录型的一个记录值。

模式（Schema）又称为概念模式或逻辑模式，是对数据库中全体数据的逻辑结构和特征的描述，采用数据库管理系统支持的数据模型定义数据库中的数据。它仅仅涉及型的定义，不涉及具体的值。模式的一个具体值称为模式的一个实例（Instance），同一个模式可以有多个实例。

例如，学生选课数据库模式包括学生实体、课程实体和学生选课关系的定义，而某学年学生选课数据库的实例包括该学年学校全体在校学生记录、开设的全部课程记录和所有选课记录，在该学年中，可能有学生入学，可能有学生转专业，还有可能有学生退学。因此，学生选课数据库的实例可能随时发生变化，而数据库模式基本保持不变。

模式是相对稳定的，而实例是相对变化的，因为数据库中的数据可能时刻都在发生改变。模式反映的是数据库中数据的结构及其联系，而实例反映的是数据库某一时刻的状态。

虽然数据库管理系统产品多种多样，支持不同的数据模型，在不同的操作系统上工作，使用不同的数据库语言，数据的存储结构也不相同，但它们在系统结构上一般都采用三级模式结构（早期微机上的小型数据库系统除外），即外模式、模式和内模式，并提供两级映像功能，如图 1.12 所示。

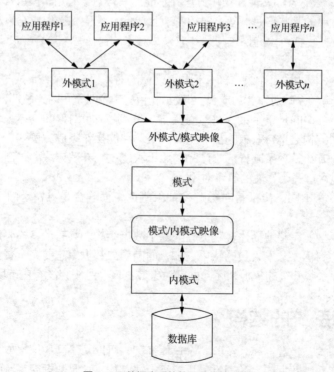

图 1.12　数据库系统的三级模式结构

模式处于数据库系统三级模式结构的中间层，既不涉及数据的物理存储细节和硬件环境，也与具体的应用程序、所使用的应用开发工具和程序设计语言无关。

实际上,模式综合考虑了所有用户的需求,为数据库中的数据定义了一个全局逻辑视图。一个数据库中只有一个模式。模式的定义不仅包括数据逻辑结构的定义,例如数据记录由哪些数据项组成,数据项的名称、数据类型和取值范围等,而且包括数据之间联系的定义、数据完整性约束定义和数据安全性定义。

在关系数据库系统中,模式主要描述数据库中的所有关系。在学生选课数据库中,不仅用关系表示学生和课程实体,而且用关系表示学生和课程之间的选课联系。学生选课数据库模式定义了学生、课程和选课三个关系,每个关系都包括关系名、属性名称、属性类型和关系的主键等。学生、课程和选课三个关系如下所示,其中有下画线的属性为关系的主键。

学生(学号:String,姓名:String,性别:char,年龄:integer,院系编号:String);

课程(课程号:String,课程名称:String,课程类型:char,学时:integer,学分:integer);

选课(学号:String,课程号:String,成绩:integer);

数据库管理系统提供模式数据定义语言(Schema Data Definition Language,模式 DDL)严格定义模式,例如 CREATE TABLE。

2. 外模式

外模式又称子模式或用户模式,是对数据库中局部数据的逻辑结构和特征的描述,是用户与数据库系统的接口,是数据库用户的数据视图,是与某个具体应用相关联数据的逻辑表示。

外模式通常是模式的子集,一个数据库可以有多个外模式。同一个外模式可以被某一用户的多个应用程序使用,但一个应用程序只能使用一个外模式。不同用户对数据的需求不同,关心的数据就不相同。因此,不同用户对外模式的描述不同。

实际上,外模式是保证数据库安全性的一种方式,数据库用户只能访问和操作其对应的外模式中的数据,数据库中的其余数据是不可见的。

在关系数据库系统中,外模式主要通过定义视图实现。例如,在学生选课数据库中,定义视图"学生选课成绩"如下:

学生选课成绩(学号:String,姓名:String,课程号:String,课程名称:String,成绩:integer)

在该视图中,学号和姓名来自学生关系,课程号和课程名称来自课程关系,成绩来自选课关系。关系数据库中只存储视图的定义,不存储视图的数据,视图的数据来自一个或多个数据表(关系),是根据视图的定义动态计算得到的。视图就是关系数据库管理系统提供的外模式。

数据库管理系统提供外模式数据定义语言(External Schema Data Definition Language,外模式 DDL)严格定义外模式,例如 CREATE VIEW。

3. 内模式

内模式也称为存储模式或物理模式,是数据物理结构和存储方式的描述,是数据在数据库内部的表示方式。一个数据库只有一个内模式。例如,记录的存储方式是堆存储(无顺序),还是按照某个(些)属性值的升序或降序存储,或按照属性值聚簇存储;索引的组织方式是什么,是 B+树索引还是散列索引;数据是否压缩存储,是否加密存储等。

在关系数据库系统中,内模式主要通过指定存储结构和定义索引方式实现。如学生选课数据库的内模式的定义如下。

学生关系按照学号升序存储;

课程关系用堆文件存储;

学生选课关系用堆文件存储;

在学生关系的属性"学号"上创建聚簇 B+树索引;

在课程关系的属性"课程号"上创建聚簇 B+树索引;

在学生选课关系的属性组合{"学号""课程号"}上创建非聚簇散列索引；
……

数据库管理系统提供内模式数据定义语言（Internal Schema Data Definition Language，内模式 DDL）来严格定义内模式，例如 CREATE INDEX。

在数据库系统中，模式和内模式只能各有一个，而外模式可以有多个。内模式是数据库实际存储结构和存储方式的表示，模式是数据库全局数据结构和特征的抽象表示，而外模式是模式的某一部分的抽象表示。模式和外模式都是逻辑上的、抽象的，而内模式是实际存在的。

在数据库系统中，模式是数据库的中心和关键，它独立于外模式和内模式。因此，设计数据库时首先要确定数据库的逻辑模式。

内模式依赖于模式，独立于外模式，与具体的存储设备无关。它将模式中定义的数据结构及其联系按照一定的物理存储策略进行组织，以达到较好的时间效率和空间效率。

外模式面向具体的应用程序，定义在逻辑模式之上，但独立于内模式和存储设备。当应用需求发生较大变化，外模式不能满足要求时，就要发生改变。因此，设计外模式时应充分考虑到应用的扩充性。

1.4.2 二级映像和数据独立性

数据库系统的三级模式结构是对数据的三个抽象级别，它把数据的具体组织细节交给数据库管理系统处理，使得用户能在抽象的逻辑层面上处理数据，而不必关心数据在计算机中的实际表示和存储，从而减轻了用户使用数据库系统的负担。数据库管理系统在三级模式之间提供了二级映像，以实现这三个抽象级别的联系和转换，从而保证数据的独立性。

1. 二级映像

数据库管理系统提供的二级映像是指外模式/模式映像和模式/内模式映像。正是该二级映像确保了数据库系统的较高的数据独立性，即数据的逻辑独立性和物理独立性。

（1）外模式/模式映像

模式描述了数据的全局逻辑结构，而外模式描述的是数据的局部逻辑结构，一个模式可以推导出多个外模式。对于每一个外模式，数据库系统都定义一个外模式/模式映像，描述模式和外模式的映射关系，这些映像的定义一般放在各自的外模式中描述。

（2）模式/内模式映像

该映像用于定义模式和内模式之间的映射关系，该映像存在于模式和内模式之间，一般放在内模式中描述。数据库系统只有一个模式，也仅有一个内模式。因此，模式/内模式映像是唯一的，它定义了数据的全局逻辑结构与存储结构之间的对应关系。

2. 数据独立性

数据库系统的三级模式结构与二级映像的存在使得应用程序和数据结构之间相互独立，不受影响，确保了数据库系统较高的数据独立性。数据独立性分为逻辑独立性和物理独立性。

（1）逻辑独立性

当模式改变时，例如在学生关系(学号,姓名,性别)中增加新属性"年龄"，学生关系改变为(学号,姓名,性别,年龄)，数据库管理员只需对各个外模式/模式的映像做相应改变，就可以使外模式保持不变。应用程序是根据外模式编写的，从而应用程序不必修改，实现了数据与应用程序的逻辑独立性，简称数据的逻辑独立性。

（2）物理独立性

当数据库的存储结构发生变化时，例如从顺序存储改变为链式存储，数据库管理员通过调整模式和内模式之间的映像，使得模式不变，从而外模式和应用程序不用改变，实现了数据与应用程序的物理独立性，简称数据的物理独立性。

数据库系统的二级映像能保证数据与应用程序之间的独立性，使得数据的定义和描述可以与应用程序相分离。另外，数据库管理系统负责数据的存取，从而简化了应用程序的编写，减少了应用程序的维护成本，减轻了程序员的负担。

1.5　数据库领域的新技术

随着数据库应用领域的扩展、应用需求的不断变化及数据对象的多样化，传统的数据库技术开始暴露出不足，如对复杂对象的表示能力较差，对时间、空间、声音、图像和视频等数据对象的处理能力较差等。为此，人们开始借鉴计算机领域的新兴技术，从中吸取新的思想、原理和方法，从而形成数据库领域的新技术，以解决传统数据库技术存在的问题。

1.5.1　数据仓库和数据挖掘技术

计算机系统中数据处理可以分成两大类：操作型处理和分析性处理，又称为联机事务处理（On-Line Transaction Processing，OLTP）和联机分析处理（On-Line Analytical Processing，OLAP）。OLTP 是传统的关系数据库的主要应用，主要是基本的、日常的事务处理，例如银行交易、证券交易。然而，随着数据库应用领域的扩展和变化，每个企业的数据量每 2～3 年就会成倍增长，这些数据蕴含着巨大的商业价值，而企业所关注的通常只占总数据量的 2%～4%，联机事务处理已经不能满足企业的这种要求。因此，企业希望最大化地利用已存在的数据资源，对自身业务运作及整个市场相关行业的态势进行分析，做出最佳的商业决策，以提高市场竞争力。这种基于业务数据的决策分析成为 OLAP，它是数据仓库（Data Warehouse，DW）系统的主要应用，支持复杂的分析操作，通常是对海量的历史数据查询和分析，如金融风险预测预警系统、证券股市违规分析系统等，侧重决策支持，并且提供直观易懂的查询结果。

1. 数据仓库

数据仓库是近年来数据库领域发展的一种新技术，它建立在原有数据库的基础之上，是一个面向主题的、集成的、不可更新的、随时间不断变化的数据集合，用于支持企业（或组织）商业决策的制订过程。

（1）数据仓库的基本特征

从数据仓库的定义描述可以得出，它主要包括四个特征：面向主题、集成、稳定且不可更新，以及随时间不断变化。

① 面向主题

操作型数据库的数据组织面向事务处理任务，而数据仓库中的数据是按照一定的主题域进行组织的。主题是指用户使用数据仓库进行决策时所关心的重点方面，一个主题通常与多个操作型应用系统相关。主题是一个抽象的概念，是在较高层次上将企业信息系统中的数据综合、归类并进行分析利用的抽象；在逻辑意义上，它对应企业中某一宏观分析领域所涉及的分析对象。面向主题的数据组织方式根据分析要求将数据组织成一个完备的分析领域，即主题域。例如，一家超市要分析各类商品的销售情况，制订营销策略，分析的主题应包括商品、供应商、顾客等对象。而面向业务处理要求进行数据组织，则可能包括采购子系统、销售子系统、库存管理子系统等。面向业务处理的应用系统中的数据一般抽象程度不高，仅仅适用于事务处理操作，不适用于数据分析处理。因此，通常在数据仓库中需要将应用系统中的数据模式抽象为面向主题的数据模式，去除应用系统中那些不必要、不适用于数据分析的信息，提取那些对主题有用的信息，以形成某个主题的完整且一致的数据集合。

② 集成

数据仓库中的数据是从不同的数据源中抽取出来的，而不同数据源中的数据通常是分散的、异构的、不一致的。因此，如果要将不同数据源中的数据合并到数据仓库中，必须按照统一的结构和格式、相同的语义将这些数据进行加工和集成、统一和综合，消除数据的不一致，以保证数据仓库中的数据是面向主题的、全局的、一致的信息。例如，对于"性别"的编码，不同的数据源使用不同的方式，有的使用"F/M"表示，有的使用"男/女"表示，而在数据仓库中"性别"编码必须统一。

③ 稳定且不可更新

操作型数据库中的数据因业务操作通常不断地发生变化，实时更新。数据仓库主要用于决策分析，主要涉及数据查询和加载操作，一般不进行更新操作。数据仓库存储的是相当长一段时间内的历史数据，是对不同时间点的数据库快照进行抽取（Extracting）、清洗（Cleaning）、转换（Transformation）和装载（Loading）等操作导出的数据的集合，不是联机处理的数据。一旦数据被加工处理存放到数据仓库中，一般情况将作为数据档案长期保存，不能进行修改和删除操作，数据不可再更新。

④ 随时间不断变化

数据仓库中的数据不可更新，是指用户使用数据仓库进行数据分析处理时是不可进行数据更新操作的，并不是说在数据仓库中的数据集合不会随时间发生变化。用户虽然不能更改数据仓库中的数据，但随着时间变化，数据仓库系统会进行定期刷新，不断添加新数据到数据仓库，以随时导出新的综合数据和统计数据，同时系统会删除一些旧数据。此外，数据仓库中的很多综合数据与时间相关，如数据按照某一时间段进行综合，这些数据就会随着时间变化不断地进行重新综合。因此，数据仓库中数据的标识码都包含时间项，以标明数据的历史时期。

数据仓库尽管有很多定义，但数据仓库的最终目的是将不同数据源中的数据集中到一个单独的知识库，使得用户能够在这个知识库上进行数据分析和处理。因此，数据仓库是一种数据管理和数据分析的技术。

（2）数据仓库系统的体系结构

数据仓库系统以企业、事业单位（组织）积累的大量业务数据为基础，定期对业务数据进行抽取、清洗和转换等操作的整理、归纳和重组，为用户提供统一的数据视图，并对数据进行综合分析和处理后，提供给管理决策人员，以改善业务经营决策策略。一个典型的数据仓库系统一般由后台工具、数据仓库服务器、OLAP 服务器和前台工具等几部分组成，如图 1.13 所示。

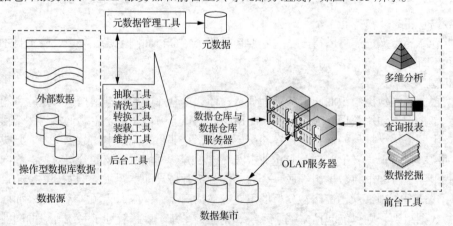

图 1.13　数据仓库系统的体系结构

后台工具主要包括抽取、清洗、转换、装载和维护工具等，记作 ECTL 工具或 ETL 工具。这些工具可以对不同数据源中的数据进行整理、归纳和重组，然后加载到数据仓库中，一般由一些专门程序组成。

数据仓库服务器负责数据仓库中数据的存储管理和数据存取，并为 OLAP 服务器和前台工具提供数据存取接口（如 SQL 查询接口）。数据仓库中的数据一般分为 3 个级别，即细节数据、轻度综合数据和高度综合数据。数据源中的数据进入数据仓库时首先是细节级，然后根据不同的具体需求进行综合处理，从而进入轻度综合级，最后到高度综合级。数据仓库中的绝大部分查询都是基于一定程度的综合数据，只有很少部分查询涉及细节数据。因此，通常将综合数据存储在高性能设备（例如磁盘）上，以提高查询性能。目前，数据仓库服务器一般是数据库厂商在传统的数据库管理系统基础上的扩展与修改，使其能更好地支持数据仓库的功能。

OLAP 服务器负责按照多维数据模型对数据进行重组，透明地为前台工具和用户提供多维数据视图。用户不必关心数据的存储位置和存储方式，就可以多层次、多视角分析数据，发现数据规律和趋势。

前台工具包括查询报表工具、多维分析工具、数据挖掘工具和分析结果可视化工具等，负责为用户提供多种层次的分析数据。

数据仓库是计算机领域中近年来迅速发展起来的数据库新技术。数据仓库系统能充分利用已有的各种数据资源，对数据进行分析，从而转换成信息，从中挖掘、提炼出知识，为企业提供决策依据，最终创造出效益。因此，越来越多的企业开始认识到数据仓库应用带来的好处。

2. 数据挖掘

（1）数据挖掘的定义

数据挖掘（Data Mining，DM），是从大量数据中发现并提取隐藏在内的、人们事先不知道的但又可能有潜在利用价值的信息和知识的一种新技术。从定义描述中，我们得出数据挖掘包含以下几层含义。

① 数据是真实的、大量的。

② 发现的是用户感兴趣的知识。

③ 发现的知识支持特定的问题，要可理解、可运用。

数据挖掘的目的是帮助决策者寻找数据间潜在的关联，发现经营者忽略的要素，而这些要素对预测趋势、决策行为也许是十分有用的信息。

一个典型的数据挖掘系统的体系结构如图 1.14 所示。

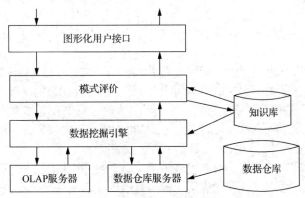

图 1.14　数据挖掘系统的体系结构

在进行数据挖掘之前首先要明确挖掘的具体任务，例如对数据分类、聚类或寻找关联规则等；然后根据具体任务从 OLAP 服务器和数据仓库服务器中选择数据并进行预处理，之后选择具体的挖掘算法进行挖掘；最后要对挖掘出来的模式进行评价，去除其中重复的部分，并将最终的结果展现出来。数据挖掘技术从一开始就是面向应用的，能够解决一些典型的商业问题，如数据营销、客户群体划分等，在银行、电信、保险、交通、零售等领域有着非常广泛的应用前景。

（2）数据挖掘方法

数据挖掘的主要方法包括分类和预测、关联分析、聚类和偏差检测等。

① 分类和预测。分类和预测类似于人类的学习过程，仔细观察某种现象，然后得出该对象特征的描述或模型。分类和预测可以对数据进行分析，找到一定的函数或者模型描述和区分数据类之间的不同，并用这些函数和模型对未来进行预测。

② 关联分析。数据关联是数据之间存在的一类重要的可被发现的知识。若两个或多个变量的取值之间存在某种规律性，就称为关联。关联包括相关关联和因果关联。通过发现数据之间的关联，可以获取有价值的知识，从而为决策提供依据。

③ 聚类。聚类将数据划分为多个有意义的子集（类），使得类内部数据之间的差异最小，而类之间数据的差异最大。聚类增强了人们对客观现实的认识，是偏差分析的先决条件。

④ 偏差检测。数据库中通常会有一些异常数据，从数据库中检测这些偏差非常有意义。偏差包括很多潜在的知识，例如分类中的反常实例，不满足规则的特例、观测结果与模型预测值的偏差、量值随时间的变化等。

数据挖掘技术涉及数据库、人工智能、机器学习、统计分析等多种技术，它使决策支持系统（Decision Support System，DSS）跨入了一个新阶段。

1.5.2 大数据技术

1. 大数据产生的背景

现代信息技术产业已经经过 70 多年的发展历程，先后出现了三次信息化浪潮。第一次信息化浪潮发生在 1980 年前后，其标志是个人计算机的产生，当时信息技术面对的主要问题是数据处理。第二次信息化浪潮发生在 1995 年前后，其标志是互联网的普及，当时信息技术面对的主要问题是数据传输。第三次信息化浪潮发生在 2010 年前后，其标志是物联网、云计算和大数据的普及，信息技术面对的主要问题是数据爆炸。随着存储设备性能的提高、网络带宽的不断增长及物联网和云计算技术的普及，人类积累的数据在互联网、通信、金融、商业、医疗等诸多领域不断地增长和累积。互联网搜索引擎支持的数十亿次 Web 搜索每天都会处理大量数据。遍及世界各地的大型商场的海量的门店每周都要处理数亿次交易。现代医疗行业如医院、药店等每天也都产生庞大的数据量，如医疗记录、病人资料、医疗图像等。总之，我们进入了一个以数据为中心的时代——大数据时代。

从数据库技术的发展过程来看，大数据并非一个全新的概念，它与数据库技术的研究和发展密切相关。

20 世纪 70 年代中期，数据库研究人员就提出了"超大规模数据库"（Very Large DataBase，VLDB）的概念，并在 1975 年召开了第一次 VLDB 国际会议，目前该会议在数据库领域仍具有较高的影响力。21 世纪初，"海量数据"的概念被提出，它用来表示更大的数据集和更加丰富的数据类型。20 年后，随着物联网和云计算技术不断地融入人们的生活，数据库研究人员发现处理的数据呈现爆炸式增长，他们开始探索研究大数据技术，以发现大数据不可忽视的商业价值。

大数据是一次对国家宏观调控、商业战略决策、服务业务和管理方式及每个人的生活都具有重大影响的一次数据技术革命。大数据的应用与推广将给市场带来巨大的收益，这被称为数据带来的又一次工业革命。

2. 大数据的特征

所谓"大数据"，是指无法在合理的时间范围内用主流软件工具进行捕捉、管理和处理的数据集合，是需要新处理模式才能具有更强的决策力、洞察发现力和流程优化能力的海量、高增长率和多样化的信息资产。具体来说，大数据具有 4 个基本特征：巨量（Volume）、多样（Variety）、快变（Velocity）、价值（Value）。

（1）巨量

大数据的首要特征是数据量巨大，而且会持续、急剧地膨胀。国际知名的咨询公司 IDC 的研究报告称，2020 年全球数据总量约 40 ZB，人均约 5.2 TB。这些大规模数据主要来源于科学研究、计算机仿真、互联网应用、传感器数据、移动设备数据及无线射频识别数据等。

（2）多样

大数据的多样性通常是指异构的数据类型、不同的数据表示和语义解释。现在，越来越多的计算机应用领域产生的数据类型不再仅仅是纯粹的关系数据（结构化数据），更多的是半结构化和非结构化的数据，如订单、日志、网页、博客、音频、视频和微博等。计算机应用领域的非结构化数据呈现大幅增长的特点，企业中 20%的数据是结构化的，80%的数据是非结构化的。目前全球结构化数据的增长率约为 32%，而非结构化数据的增长率约为 63%。

（3）快变

大数据的快变性也称为实时性。一方面，社会、经济、文化等各个领域每分钟都产生大量的数据，数据的到达速度快；另一方面，大数据时代很多应用要求对数据实时响应，因此能够进行数据处理的时间很短。这是大数据区分于传统数据挖掘最显著的特征。

（4）价值

大数据的价值是潜在的、巨大的。大数据不仅具有经济价值和产业价值，还具有科学价值。这是大数据最重要的特点，也是大数据的魅力所在。大数据的价值密度较低，只有通过对大数据及数据之间蕴含的联系进行复杂的数据分析、反复深入的挖掘，才能获得数据蕴含的巨大价值。

3. 大数据的关键技术

大数据技术是指从各种类型的数据中快速获得有价值信息的技术，涵盖大数据存储、处理、应用等多个方面。根据大数据的处理过程，可将大数据处理的关键技术分为大数据采集技术、大数据预处理技术、大数据存储及管理技术、大数据分析和挖掘技术、大数据展示和应用技术等。

（1）大数据采集技术

数据采集是指通过传感器和智能设备、社交网络和移动互联网等获取各种类型的结构化、半结构化及非结构化的海量数据的过程，是大数据知识服务模型的根本。因为数据源种类多，数据类型繁杂，数据量大，产生速度快，所以大数据采集技术也面临着许多技术挑战，必须保证数据采集的可靠性和高效性，同时还要避免重复数据。

（2）大数据预处理技术

数据预处理主要是指完成对已接收数据的辨析、抽取、清洗、填补、平滑、合并、规格化及检查一致性等操作的过程。大数据预处理技术主要包括数据清理、数据集成、数据归约和数据变换等。

① 数据清理：通过填写缺失值、光滑噪声数据、识别或者删除离群点，以及解决不一致性进行"数据清理"。简单来说，就是对数据通过过滤"去噪"，清洗掉有问题的数据，提取出标准的、干净的、连续的有效数据。

② 数据集成：将来自多个不同数据源的数据集成到一起，存放在一个一致的数据存储（如数据仓库）中，一般要解决实体识别问题、冗余问题和数据值的冲突和处理问题。

③ 数据归约：从数据库或数据仓库中选取并建立使用者感兴趣的数据集合，然后从数据中过滤掉一些无关、偏差或重复的数据。数据归约包括维归约和数值归约。

④ 数据变换：通过对数据进行规范化、数据离散化和概念分层等，使得数据的挖掘可以在多个抽象层面上进行。数据变换操作是提升数据挖掘效果的附加预处理过程。

（3）大数据存储及管理技术

大数据存储与管理就是用存储设备把采集到的数据存储起来，建立相应的数据库，并进行管理和调用。在大数据时代，来自多个数据源的原始数据常常缺乏一致性，其数据结构不同，并且数据不断增长，因此，即使不断提升硬件配置，单机系统的性能也很难提高，这导致传统的数据处理和存储技术失去可行性。大数据存储及管理技术重点研究复杂结构化、半结构化和非结构化大数据的管理与处理技术，解决大数据的可存储、可表示、可处理、可靠性及有效传输等几个关键问题。

（4）大数据分析和挖掘技术

大数据处理的核心就是对大数据进行分析，只有通过分析才能获取很多智能的、深入的、有价值的信息。越来越多的计算机应用涉及大数据，这些大数据的数量、速度、多样性等属性都引发了大数据不断增长的复杂性。因此，大数据分析和挖掘技术在大数据领域显得尤为重要，是决定最终信息是否有价值的决定性因素。数据分析和挖掘技术主要包括分类、回归分析、聚类、关联规则等，它们分别从不同的角度对大数据进行挖掘。

（5）大数据展示和应用技术

在大数据时代，数据井喷似的增长，分析人员将这些庞大的数据汇总并进行分析，将分析结果以更便于沟通和理解的方式（如图表、动态图等）展现给用户，减少用户的阅读和思考时间，以便用户更好地做出决策。在大数据时代，新型的数据可视化产品必须满足大数据需求，能快速收集、筛选、分析、归纳、展现决策者所需要的信息，并根据新增数据进行实时更新。因此，在大数据时代，数据可视化工具必须具有实时性、操作简单、有更丰富的展现和多种数据集成支持方式等特性。

4. **大数据的应用**

大数据无处不在，大数据已广泛应用于各个行业，包括金融、医疗、零售和教育等在内的行业都已经融入了大数据的印迹。

（1）金融行业

在金融行业中，金融企业纷纷成立大数据研发机构，开始利用金融市场产生的海量数据来挖掘用户需求、评价用户信用、管理融资风险，大幅提高金融风险定价的效率，降低定价成本，使得对每个用户的信用信息、消费倾向、理财习惯等有效分析成为可能。大数据在高频交易、社交情绪分析和信贷风险分析三大金融创新领域发挥了重大作用。大数据在金融行业的应用范围较广，例如，花旗银行利用 IBM 计算机为客户推荐产品；招商银行通过分析客户刷卡、存取款、电子银行转账和微信评论等行为数据，定期给客户发送针对性的广告信息。

（2）医疗行业

医疗行业已经逐渐开展数字医疗，对病例、病理报告、治愈方案和药物报告等大量数据数字化，建立针对疾病特点的数据库。通过对医疗大数据的挖掘分析，医院能够精准地分析病人的体征、治疗费用和疗效数据，可避免过度及副作用较为明显的治疗，还可以利用这些数据实现计算机远程监护，对慢性病进行管理等。医疗行业的大数据应用一直在进行，但是数据没有打通，都是孤岛数据，没有办法进行大规模应用。我国目前已经开始开展智慧医疗云平台建设，旨在将公共卫生、医疗服务、医疗保障、药品供应和综合管理等业务数据统一收集、存储和管理，为人类健康造福。

（3）零售行业

零售行业的大数据应用主要体现在两个方面，一方面是可以了解客户消费喜好和趋势，进行商品的精准营销，降低营销成本；另一方面是依据客户购买的商品，为客户提供可能购买的其他商品，扩大商品销售额。另外，零售行业可以通过大数据掌握未来消费趋势，有利于热销商品的进货管理和过季商品的处理。零售行业的大数据应用的经典案例是"啤酒和尿布"的搭配，两种看似不相关的商品，但通过分析客户购买记录发现，购买啤酒的客户通常会购买尿布，如果将两种商品就近摆放，则可综合提高它们的销售数量。

（4）教育行业

我国教育行业已经开展了教育大数据方面的研究工作，主要用于发现教育教学规律、制定教育重大决策和教育教学改革方面。教育部门通过对学习者的个体特征和学习状况等教育大数据的分析，为适用性教学提供支持，可以根据学习者的学习状态定制教学内容、教学方法和教学过程。在大数据的驱动下，教育研究者通过挖掘分析教育大数据，可以量化学习过程，表征学习状态，发现影响因素，从而揭示教育教学规律。在大数据时代，高校可以及时掌握教育咨询，洞察网络舆情发展，实现校园智能化管理。

以上各个行业的大数据应用表明，大数据技术已经渗透到人们的日常生活中，并正在逐渐改变人们的生活方式。未来，大数据技术与各个应用领域的结合将更加紧密，任何决策和研究成果必须通过数据进行表达，数据将成为驱动各行各业健康、有序发展的重要动力。

1.5.3　区块链技术

数据库最初发展的起点是文件系统，以银行为代表的金融机构的快速记账、支持高并发数据写入和访问等现实需求，导致了关系模型的产生和快速发展，出现了数据库领域中的关系模型、事务处理、查询优化等三大成就，产生了一系列关系数据库产品。

随着互联网行业的快速发展和应用，非结构化数据的数据量已经远超结构化数据的数据量，传统的数据库产品已经不能满足需求，从而导致了 NoSQL 数据库系统的发展，产生了一系列的 NoSQL 数据库产品。

如今，随着数字货币和去中介的共享经济的快速发展，如何以一种规模化的方式解决数据真实性和有效性已成为现实需求。区块链作为一种去中心化的分布式数据库系统，有效地解决了可信的价值传输问题。因此，区块链将成为共享经济业务的理想数据库平台。

1. 区块链的定义

区块链（Blockchain）技术仍然处在快速发展阶段，目前还没有统一的规范和标准。对于区块链的定义，其中一个说法是区块链是一个用来管理以时间为记录顺序的数据并保证数据不可篡改的分布式数据库，其数据结构是由以时间顺序排列的数据块组成，每个数据块都包含了一段时间内的交易信息，并加盖时间戳，同时有指向上一个区块的指针。

2016 年发布的《中国区块链技术和应用发展白皮书》中将区块链定义为一种分布式数据存储、点对点传输、共识机制、非对称加密算法等计算机技术的新型应用模式。狭义来讲，区块链是一种按照时间顺序将数据区块以顺序项链的方式组合成一种链式数据结构，并以密码学方式保证不可篡改和不可伪造的分布式账本。广义来讲，区块链是利用块链式数据结构验证与存储数据、利用分布式节点共识算法生成和更新数据、利用密码学的方式保证数据传输和访问安全、利用由自动化脚本代码组成的智能合约来编程和操作数据的一种全新的分布式基础架构与计算范式。

实际上，区块链技术并不是一种单一的、全新的技术，而是将加密算法、P2P 文件传输等技术和数据库技术相结合，形成的一种新的数据记录、传递、存储与呈现的方式。简单地说，区块链技术就是一种去中心的，大家共同参与数据记录和数据存储的技术。过去，人们将数据记录、存储的工作交给中心化机构（如支付宝）完成，而区块链技术让系统中的每个人都可以参与数据的记录、存储工作。区块链技术在没有中央控制节点的分布式对等网络下，使用密码学中的非对称加密算法，保证数据的完整性和一致性，即使一部分参与者作弊也无法改变区块链的完整性，也无法篡改区块链中的数据。

2. 区块链的核心技术

区块链技术重新定义了互联网中信用的生成方式，在系统中，参与者无须了解其他参与者的背景资料，也不需要借助第三方机构担保。区块链技术能保障系统对价值转移活动进行记录、传输和存储，并且最后的操作结果一定是可信的。

如果要在互联网上建立一套全球通用的安全可靠的数据库系统，我们将面临三个需要解决的问题：①如何建立一个严谨的存储海量数据的数据库，使得该数据库能在没有中心化结构的体系下保证数据的完整性；②如何记录并存储这个数据库，使得即使参与数据记录的某些节点出现故障，仍能保证整个数据库系统的正常运行与数据完备；③如何使这个数据库在互联网中可信赖，使得无实名认证情况下不会发生诈骗。针对上述三个问题，区块链使用"区块+链"、分布式结构、非对称加密算法等构建了一整套完整的数据库技术解决方案来达成目的，解决上述三个问题的技术就是区块链的核心技术。此外，为了保证区块链技术的可进化性与可扩展性，区块链系统设计者还引入了"脚本"的概念。

（1）区块+链

区块链技术将数据库的结构进行创新，把数据分成不同的区块，每个区块通过特定的信息连接到上一区块的后面，前后顺序连接起来，呈现一套完整的数据链，以这种方式组织的数据库称之为区块链数据库。在区块链技术中，数据以电子记录的形式被永久储存下来，存放这些电子记录的文件称为"区块（Block）"。区块是按时间顺序一个一个先后生成的，每一个区块记录了它在被创建期间发生的所有价值交换活动，所有区块汇总起来形成一个记录合集。区块中会记录区块生成时间段内的交易数据，区块主体实际上就是交易信息的合集。区块结构上一般分为块头（Header）和块身（Body）两部分。块头用于连接到前面的块并且为区块链数据库提供完整性的保证，块身则包含了经过验证的、块创建过程中发生的价值交换的所有记录。区块结构有两个非常重要的特点：第一，每一个区块上记录的交易是上一个区块形成之后、该区块被创建前发生的所有价值交换活动，这个特点保证了数据库的完整性；第二，在绝大多数情况下，一旦新区块完成并被加入区块链的最后，则此区块的数据记录就再也不能改变或删除。这个特点保证了数据库的严谨性，即数据无法被篡改。

（2）分布式结构

在中心化的系统中，数据都是集中记录并存储于中央控制节点上，而区块链是让每一个参与数据交易的节点都记录并存储下所有的数据。区块链构建一整套协议机制，让全网每一个节点在参与记录的同时也来验证其他节点记录结果的正确性。只有当全网大部分节点（甚至所有节点）都同时认为这条记录正确时，或者所有参与记录的节点都比对结果一致通过后，记录的真实性才能得到全网认可，记录数据才允许被写入区块中。另外，区块链构建一个分布式结构的网络系统，让价值交换的信息通过分布式传播发送给全网，通过分布式记账确定信息数据内容，盖上时间戳后生成区块数据，再通过分布式传播发送给各个节点，实现分布式存储，让数据库中的所有数据都实时更新并存放于所有参与记录的网络节点中。这样即使部分节点损坏或被黑客攻击，也不会影响整个数据库的数据记录与数据更新。

（3）非对称加密算法

在区块链系统内，非对称加密算法是所有权验证机制的基础。常用的非对称加密算法包括 RSA、Elgamal 和 ECC 等。在非对称加密算法中，每个参与者都拥有自己的公私钥对，用接收者的公钥加密过的密文，只有用接收者的密钥才能解密出来，从而保证信息的机密性。非对称加密算法还提供一种机制来验证交易的完整性和真实性，同时可以保证交易公开性，从而可以在彼此不了解或彼此不信任的用户之间实现信任关系。

使用区块链系统进行金融交易时，非对称加密算法有两种应用场景，一是使用公钥对价值信息加密，使用对应的私钥对价值信息解密。私钥拥有者解密后可以获得价值信息。二是使用私钥对价值信息签名，使用对应的公钥验证签名，以保证价值信息的来源是正确的。

（4）脚本

脚本可以理解为一种可编程的智能合约。在一个去中心化的环境下，所有的协议都需要提前取得共识，引入脚本非常必要，它使得区块链系统能够处理一些无法预见到的交易模式，增加了技术的实用性。一个脚本本质上是众多指令的列表，这些指令记录在每一次的价值交换活动中，价值交换活动的接收者如何获得价值，以及花费掉自己曾收到的留存价值需要满足的附加条件。通常，发送价值到目标地址的脚本，要求价值的持有人提供一个公钥和一个相应的签名，才能使用自己之前收到的价值。

脚本具有可编程性。脚本在发送价值时可以灵活地附加一些价值再转移的条件，例如脚本系统可以约定某笔发送出去的价值以后只能用于支付手续费，或支付给政府等。脚本还可以灵活地改变花费留存价值的条件，例如脚本系统可能会同时要求两个私钥或无须任何私钥。

3. 区块链的应用场景

虽然一项技术能否最终存活下来，有很多决定因素，但是其中最关键的因素便是它能否找到合适的应用场景。区块链在不引入第三方中介信任机构的前提下，可以保证去中心、不可篡改、安全可靠等。因此，所有直接或间接依赖于第三方担保信任机构的活动，均可能从区块链技术中获益。目前，国内已经有很多企业开展区块链技术研究，有些企业已经结合自身业务摸索出了自己的应用场景，但仍有不少企业处于不断摸索和反复迷惑状态。未来几年，可能深入应用区块链的场景主要包括以下几个方面。

① 金融服务。区块链技术在该领域主要用于降低交易成本，减少跨组织交易风险等。该领域的区块链应用将会最快成熟起来，银行和金融交易机构将是区块链技术的主力推动者。

② 征信和权属管理。征信和权属的数字化管理是大型社交平台和保险公司都期待的，但目前还缺乏足够的数据来源、可靠的平台支持及有效的数据分析和管理。该领域创业的门槛极高，需要自上而下推动。

③ 资源共享。在该领域中，区块链技术可以极大降低管理成本。这个领域的创业门槛低，主题集中，会受到投资热捧。

④ 投资管理。无论公募还是私募基金，都可以应用区块链技术降低管理成本和管控风险，但该领域的需求还未成熟。

⑤ 物联网与供应链。物联网是非常适合的一个应用领域，特别是租赁、物流等特定场景。但物联网自身的发展局限将导致短期内较难出现大规模应用。

区块链是第一个不用借助第三方中介信任机构，自带信任化和防止篡改的分布式数据库系统，能实现全球数据信息的分布式记录和存储。随着更多商业应用场景的出现，区块链技术将在未来的金融和信息技术领域占据一席之地。

本章小结

本章首先介绍了数据库系统的基本概念，如数据、信息、数据库、数据库管理系统和数据库系统等。

数据管理技术是应数据处理和数据管理任务的需要而产生的，经历了 3 个发展阶段。本章介绍了数据管理技术发展的三个阶段及各自的优缺点，说明了使用数据库系统管理数据的优势。

数据模型是数据库的核心和基础。本章主要介绍了组成数据模型的 3 个要素及其内涵，并对层次模型、网状模型、关系模型和面向对象模型这 4 种常见的数据模型进行了重点介绍。关系模型将在后续章节中详细介绍。

数据库系统的结构包括三级模式和二级映像。数据库系统的这种结构保证了它能具有较高的逻辑独立性和物理独立性。

随着计算机领域相关技术的发展和影响，数据库领域出现了数据仓库和数据挖掘、大数据和区块链等新兴技术，能从不同层次和不同方面解决现实问题。

本章的概念较多，要深入而透彻地掌握这些基本概念需要一个循序渐进的过程，读者可以在后面章节的学习中不断加深对本章知识的理解。

习题

一、选择题

1. 数据库、数据库系统和数据库管理系统之间的关系是（　　　）。

    A. 数据库系统包括数据库和数据库管理系统

    B. 数据库管理系统包括数据库和数据库系统

    C. 数据库包括数据库系统和数据库管理系统

    D. 数据库就是数据库系统，也是数据库管理系统

2. 数据库系统的核心是（　　　）。

    A. 数据库管理员　　　　B. 数据库　　　　　C. 数据模型　　　　D. 数据库管理系统

3. 数据库管理系统提供的数据操纵语言主要用于实现（　　　）功能。

    A. 数据库中数据的检索、插入、修改和删除等操作

    B. 数据库中数据对象的定义

    C. 数据库中数据的分类组织、存储和管理

    D. 数据库中数据的安全性

4. （　　　）是长期存储在计算机内、有组织的、可共享的、大量数据的集合。

    A. 数据库　　　　　B. 数据库管理系统　　　C. 数据库系统　　　D. 信息

5. 下列四项不属于数据库系统特点的是（　　　）。

    A. 数据共享性强　　　　　　　　　　　　B. 数据安全性和可靠性较高

    C. 数据冗余度高　　　　　　　　　　　　D. 数据独立性高

6. 一个学生可以借阅多本图书，每本图书可以由多个学生借阅，学生和图书之间的联系是（　　　）。

    A. 一对一　　　　　　B. 一对多　　　　　C. 多对多　　　　D. 多对一

7. 用图形结构表示实体之间联系的模型是（　　　）。

    A. 层次模型　　　　　B. 网状模型　　　　C. 关系模型　　　D. 概念模型

8. 下面有关数据模型的说法错误的是（　　　）。

    A. 数据模型是对现实世界中的客观对象的抽象

    B. 数据模型描述了系统的静态特性、动态特性和完整性约束条件

    C. 层次模型的数据结构比较复杂，不易于在计算机内实现

    D. 关系模型的数据结构是一个规范化的二维表（关系）

9. 描述数据库全体数据的全局逻辑结构和特性的是（　　　）。

    A. 模式　　　　　　B. 内模式　　　　　C. 外模式　　　　D. 用户模式

10. 在数据库中，数据的逻辑独立性是指（　　　）。

    A. 数据库与数据库管理系统之间相互独立

    B. 应用程序和数据库管理系统之间相互独立

    C. 应用程序与存储在磁盘上的数据之间相互独立

    D. 用户程序与数据的逻辑结构之间相互独立

二、填空题

1. 数据管理技术经历了_____、_____和_____三个阶段。

2. 数据库是长期存储在计算机内、有_____的、可_____的大量数据的集合。

3. 数据独立性可分为_____和_____。

4. 数据模型是由_____、_____和_____三要素组成。

5. 数据库体系结构按照＿＿＿＿＿＿＿＿＿＿、＿＿＿＿＿＿＿＿＿＿和＿＿＿＿＿＿＿＿＿＿三级模式结构进行组织。

6. 一个项目具有一个项目经理，一个项目经理可以管理多个项目，则实体"项目经理"与实体"项目"之间的联系属于＿＿＿＿＿＿＿＿＿＿。

7. 数据库系统一般由＿＿＿＿＿＿＿＿＿＿、＿＿＿＿＿＿＿＿＿＿、软件系统（含操作系统、数据库管理系统、应用程序开发工具、应用系统）及＿＿＿＿＿＿＿＿＿＿组成。

8. 数据库中数据的物理结构发生改变，如存储设备的更换、物理存储结构的改变等，都不影响数据库的逻辑结构，从而不引起应用程序的变化，称为＿＿＿＿＿＿＿＿＿＿。

9. 在信息世界中，某一属性的取值范围称为该属性的＿＿＿＿＿＿＿＿＿＿。

10. 对现实世界进行第一层抽象的模型，称为＿＿＿＿＿＿＿＿＿＿；对现实世界进行第二层抽象的模型，称为逻辑模型。

三、简答题

1. 什么是数据和信息？二者有何区别和联系？
2. 数据管理技术的发展经历了哪些阶段？各个阶段的特点是什么？
3. 数据库管理系统主要具有哪些功能？
4. 什么是实体、联系、属性、码？
5. 数据库系统是如何保证数据独立性的？
6. 什么是数据挖掘？数据挖掘常见的方法有哪些？
7. 大数据有哪些基本特征？
8. 区块链由哪些核心技术组成？

02

第 2 章　关系数据库

关系数据库是建立在关系模型基础上的数据库,其借助于集合代数等概念和方法处理数据库中的数据,并将数据组织成采用某种规范性描述的表格,通过表格装载数据项,同时还可以将这些表格中的数据以多种不同的方式进行存取或显示,不需要重新组织数据库表格。因此,关系数据库的定义可以表示为一个元数据表格或表格、列、范围和约束的正式描述。如每个表格(也称为一个关系)包含用列表示的单个或多个数据种类,每行包含一个唯一的数据实体,数据实体以列定义种类。因此,当创建一个关系数据库时,需对定义列的值的可能取值范围及可能应用于哪个数据值进一步约束。

纵观当今的商用数据库市场,关系数据库已成为时代的主流数据库,并得以广泛应用。常见的主流关系数据库有 Informix、Sybase、Microsoft Access、Microsoft SQL Server、MySQL、Oracle 等。然而,一个较优的关系数据库设计需要建立在扎实的理论基础之上,因此,本章重点研究关系数据库的相关理论基础。

本章主要介绍关系模型、关系的码、关系的完整性和关系代数,为第 4 章关系数据库规范化理论提供坚实的理论支撑。

2.1　关系模型

目前,主流的关系数据库是以关系模型为基础,采用数学方法处理数据的数据库。其中关系模型涉及集合论和数理逻辑,具有严格的数学形式化定义。

关系模型的概念最早是在 CODASYL 1962 年提出的 "信息代数" (Information Algebra)中出现的。之后,1968 年,大卫·查尔德(David Child)在 IBM 7090 机上实现了集合论数据结构,但系统化提出关系模型理论的是 IBM 公司的研究员科德博士。1970 年,科德发表了论文 *A Relational Model of Data for Shared Data Banks*,文中首次提出了数据库的关系模型的概念,开启了数据库系统发展史的新纪元。此后,科德又先后发表了一系列关系模型的研究论文,为关系数据库的发展奠定了坚实的理论基础。

20 世纪 70 年代以来,关系理论和软件系统的研究成果丰硕,关系数据库取得了辉煌成就。1974 年,IBM 公司启动 System R 项目,历时 6 年成功研制了关系数据库实验系统 System R;与 System R 同期,美国加州大学伯克利分校也研制了 INGRES 关系数据库实验系统,并由 INGRES 公司发展成为 INGRES 数据库产品;1979 年,第一个商业关系数据库 Oracle 发布;1981 年,IBM 公司发布了具有 System R 全部特征的 SQL/DS 数据库软件产品;

1983 年，世界了上第一个开放式商品化关系数据库管理系统 Oracle 被推出；同年，IBM 公司推出了自己的关系数据库产品 DB2；1987 年，Sybase 公司推出了大型关系数据库管理系统 Sybase；1988 年，微软公司推出了 SQL Server 数据库，当时只能在 OS/2 操作系统上运行；1996 年，第一款开源数据库产品 MySQL 发布。

关系模型是数据库最常用的模型，它用"关系"（Relation）——二维表来描述数据。

2.1.1　关系数据结构

数据结构是计算机存储、组织数据的一种方式，关系模型的数据结构简称"关系"，即一个"二维表"。

1. 关系

在关系模型中，关系是现实世界中实体及实体间存在的各种联系。从用户的角度来看，关系模型中数据的逻辑结构是一种包含"行""列"的二维表结构，在数据库中表现为存储数据的二维表，如表 2.1～表 2.3 所示。其中，表 2.1 和表 2.2 分别描述了学生实体和课程实体，表 2.3 描述了学生实体和课程实体间的联系——选课关系。

表 2.1　学生表

学号	姓名	性别	年龄	院系编号
S01	韩耀飞	男	20	08
S02	苏致远	男	22	08
S03	崔岩坚	男	21	08
S04	黄海冰	男	20	08
S05	杨影	女	19	07
S06	敬云飞	男	20	07

表 2.2　课程表

课程号	课程名	课程类型	学时	学分
C01	数据库原理及应用	必修	48	3.0
C02	Java Web 程序设计	选修	64	4.0
C03	数据结构	必修	48	3.0
C04	给排水工程	选修	40	2.5
C05	数字电子技术	必修	48	3.0

表 2.3　选课表

学号	课程号	分数
S01	C01	82
S01	C02	85
S01	C03	77
S02	C01	90
S02	C04	75

从表 2.1 来看，关系就是一个"二维表"，由水平方向的行和垂直方向的列组成，其中列简称"属性"，行简称"元组"。而对于一个具体的二维表来说，列的数量是有限的，而行的数量是任意的。

2. 属性

由表 2.1～表 2.3 可知，描述关系的二维表具有结构化，表的第一行（也称为表头）指明了表中列的名字，如学生表中列名分别为"学号""姓名""性别""年龄""院系编号"，这些列名构成了学生表的列表结构。在关系模型中，这些二维表中的列称为属性（Attribute）（或字段），其列名称为属性名。

关系模型中，二维表中列的数目称为关系的元数。如某二维表有 n 列，则称其为 n 元关系。表 2.1 所示的学生关系中有"学号""姓名""性别""年龄""院系编号"5 个属性，称学生关系为 5 元关系。

3. 域

二维表中每个属性的取值范围称为域（Domain），域是一组具有相同数据类型的值的集合，是对数据取值的一种限制。常见的域有整数集、实数集、自然数集、字符串集、全体学生集合、{男,女}、{0,1}等。在表 2.1 中，"姓名"列域的取值为字符串集，"性别"列域的取值为{男,女}，"年龄"列域的取值为大于 0 的整数集。域中对应集合元素的个数称为域的基数（Cardinal Number），如性别域{男,女}的基数是 2。

4. 元组

属性是从列的角度对关系的定义，从行的角度看，除第一行（表头）之外，构成二维表的每一行称为关系的一个元组（Tuple）（又称记录）。如表 2.1 的学生关系中，元组如下。

(S01,韩耀飞,男,20,08)

(S02,苏致远,男,22,08)

(S03,崔岩坚,男,21,08)

(S04,黄海冰,男,20,08)

(S05,杨影,女,19,07)

(S06,敬云飞,男,20,07)

可见，学生关系由以上 6 个元组构成，每个元组用来描述一个学生实体。元组中的每一个属性值称为元组的一个分量，n 元关系中，每个元组有 n 个分量，分量与属性是一一对应关系，一个元组的分量数目与属性数一一对应。如元组(S02,苏致远,男,22,08)，包含 5 个分量，分别对应"学号""姓名""性别""年龄""院系编号"5 个属性。

2.1.2 关系模型的形式化定义

关系模型是建立在集合论基础上的数学模型，本节将从集合论的角度对关系模型进行形式化定义。

1. 笛卡儿积

关系是笛卡儿积的子集，笛卡儿积的形式化定义如下。

定义 2.1 假设给定一组域 $D_1, D_2, \cdots, D_n$（允许部分或全部相同），则 $D_1, D_2, \cdots, D_n$ 的笛卡儿积为：

$$D_1 \times D_2 \times D_3 \times \cdots \times D_n = \left\{ (d_1, d_1, \cdots, d_n) \mid d_i \in D_i, i = 1, 2, \cdots, n \right\}$$

其中，每一个元素 $(d_1, d_1, \cdots, d_n)$ 称为一个元组，元组中的 d_i 为一个分量，如元组 $(d_1, d_1, \cdots, d_n)$ 中包含 n 个分量，称为 n 元组。

如果 $D_i (i = 1, 2, \cdots, n)$ 为有限集，其基数为 $m_i (i = 1, 2, \cdots, n)$，笛卡儿积 $D_1 \times D_2 \times D_3 \times \cdots \times D_n$ 的基数用 M 表示，则有：

$$M = \prod_{i=1}^{n} m_i$$

例如：

D_1={苏致远,黄海冰,杨影}

D_2={男,女}

D_3={计算机学院,艺术学院}

则 D_1、D_2、D_3 的笛卡儿积为：

$D_1 \times D_2 \times D_3 = \{$

(苏致远,男,计算机学院),(苏致远,男,艺术学院)

(苏致远,女,计算机学院),(苏致远,女,艺术学院)

(黄海冰,男,计算机学院),(黄海冰,男,艺术学院)

(黄海冰,女,计算机学院),(黄海冰,女,艺术学院)

(杨影,男,计算机学院),(杨影,男,艺术学院)

(杨影,女,计算机学院),(杨影,女,艺术学院)

$\}$

笛卡儿积 $D_1 \times D_2 \times D_3$ 的基数为 D_1、D_2、D_3 基数的乘积，即 $3 \times 2 \times 2=12$，共有 12 个元组。如果将这些元组按列放置，再加上表头，可形成一个二维表，如表 2.4 所示，由此可知，笛卡儿积的运算结果是一个二维表。

表 2.4 D_1、D_2、D_3 的笛卡儿积

姓名	性别	院系
苏致远	男	计算机学院
苏致远	男	艺术学院
苏致远	女	计算机学院
苏致远	女	艺术学院
黄海冰	男	计算机学院
黄海冰	男	艺术学院
黄海冰	女	计算机学院
黄海冰	女	艺术学院
杨影	男	计算机学院
杨影	男	艺术学院
杨影	女	计算机学院
杨影	女	艺术学院

2. 关系

定义 2.2 域 $D_1,D_2,D_3,\cdots,D_n$ 上的关系 R 是笛卡儿积 $D_1 \times D_2 \times D_3 \times \cdots \times D_n$ 的子集，表示为 $R(D_1,D_2,\cdots,D_n)$。

其中，R 是关系的名称，n 是关系的目或度（Degree），当 $n=1$ 时，关系 R 为一元关系；当 $n=2$ 时，关系 R 为二元关系。

根据关系的定义可知，关系是笛卡儿积的有限子集，因此关系也是一个二维表，每一行对应一个元组，每一列对应一个属性。

对比表 2.4 与表 2.1 可知，表 2.4 中包含了一些没有意义的元组，对于学生苏致远来说，只能有一个性别，且只能属于一个院系。因此，在一系列域 $D_1,D_2,\cdots,D_n$ 的笛卡儿积中，会出现没有现实意义的元组，而在笛卡儿积中，只有有意义的子集才能形成关系，如表 2.5 所示。

表 2.5 D_1、D_2、D_3 笛卡儿积的子集

姓名	性别	院系
苏致远	男	计算机学院
黄海冰	男	计算机学院
杨影	女	艺术学院

表 2.5 为 D_1、D_2、D_3 笛卡儿积的一个具有现实意义的子集。如元组（苏致远,男,计算机学院）、（黄海冰,男,计算机学院）、（杨影,女,艺术学院）是关系数据实际存在的数据。

在关系数据库中，将关系划分为三种类型：基本表（又称基本关系）、查询表、视图表。

（1）基本表：物理存在的表，是实际存储数据的逻辑表示。

（2）查询表：执行查询操作的结果表，是根据查询条件筛选结果对应的表。

（3）视图表：又称导出表（或虚表），由基本表和其他视图表导出，不是实际存储的数据。

2.1.3 关系的性质

关系的性质包括同质性、无序性、唯一性和原子性。

1. 同质性

关系中的列是同质的，即每一列中对应的分量必须同属一个数据类型，来自同一个域。如表 2.1 中年龄属性的取值必须是大于 0 的整数，若出现带小数点的数据，或者是表示日期的数据 "1990-9-24" 等不是同一数据类型的值，即报错。另外，关系中不同的列也可以来自同一个域，但不同的列应赋予不同的属性名。

如属性名为姓名和专业的列，虽不属于同一属性，但其域来自同一个字符串集合。

姓名（Name）={林晓枫,苏致远,黄海冰,杨东旭,杨影}

专业（Specialty）={计算机应用,艺术设计}

在表 2.6 学业指导关系中，导师属性和学生属性的值都来自"姓名"域，但必须定义导师属性和学生属性两个不同的属性名，否则两个属性域值将产生混淆。

表 2.6　学业指导表

导师	学生	专业
林晓枫	苏致远	计算机应用
林晓枫	黄海冰	计算机应用
杨东旭	杨影	艺术设计

2. 无序性

关系中的列和行的顺序满足交换律，即列和行的次序可以任意交换。因此，若在关系数据库对应的表格中增加新的属性，默认在最后一列添加显示。同时因关系中行的无序性，使得查询功能多样化，且能根据实际需要改变元组在表中的位置。

3. 唯一性

唯一性要求关系中不能存在两个完全相同的元组，每一个元组在关系中都是唯一存在的，即任意两个元组的候选码的域值不能相同，候选码是标识元组的属性或属性组。

4. 原子性

关系要求分量必须取原子值，所谓原子值就是每一个分量都必须是不可再分的数据项。

关系模型要求关系必须满足规范化，其规范化理论将在第 4 章讲解，关系模型中规范化的最低要求是每一个分量都必须是不可再分的数据项，即关系中所有属性都是原子属性，不存在复合属性。表 2.7 中"课程信息"属性包含课程类型、学时、学分三个属性，不满足关系的原子性要求，即"表中还有表"，违反了关系模型规范化的要求，因此，表 2.7 的课程信息表不是规范化的关系。为了使表 2.7 符合关系模型规范化的要求，可将"课程信息"分量用"课程类型""学时""学分"3 个分量代替。

表 2.7 课程信息表

课程号	课程名	课程信息		
		课程类型	学时	学分
C01	数据库原理及应用	必修	48	3.0
C02	Java Web 程序设计	选修	64	4.0
C03	数据结构	必修	48	3.0

2.1.4 关系模式

下面介绍关系模式的定义以及关系模式与关系的区别和联系。

1. 关系模式的定义

定义 2.3 关系模式是描述关系本身的数据，可以形式化地表示为：$R(U,D,DOM,F)$。其中，R 是关系名，U 为关系 R 的属性名集合，D 为 U 中的属性取值所来自的域，DOM 为属性向域的映射关系集合，F 为属性之间数据的依赖关系集合。本章介绍的关系模式仅涉及关系名、属性名、域名、属性向域的映像，而不涉及属性间数据的依赖关系，其形式化表示可简化为：$R(U,D,DOM)$。属性之间数据的依赖关系将在第 4 章介绍。

根据关系模式的定义，如表 2.1 所示，关系的模式可形式化地表示为：

学生信息表(U,D,DOM)

其中：

$U=\{$学号,姓名,性别,年龄,院系编号$\}$；

$D=\{$字符串,整数$\}$；

$DOM=\{DOM($学号$)=$字符串,

$\qquad DOM($姓名$)=$字符串,

$\qquad DOM($性别$)=$字符串,

$\qquad DOM($年龄$)=$整数,

$\qquad DOM($院系编号$)=$字符串$\}$。

若不考虑域和属性向域的映射关系，关系模式可以进一步简化为 $R(U)$ 或 $R(A_1,A_2,\cdots,A_n)$，其中 $A_1,A_2,\cdots,A_n$ 为属性名。

2. 关系模式与关系的区别与联系

关系模式是关系模型中的重要概念，描述了关系模型的框架结构，即关系模式就是二维表的表结构或表头，它指明了关系的组成属性、属性的域、属性向域的映射关系，以及属性间的数据依赖关系等。

在计算机语言中，有"型"和"值"的概念，在数据库中也有型和值之分。关系数据库中，关系模型描述了关系的结构。关系是元组的集合，关系模式是型，关系是值。对于学生(U,D,DOM)关系模式来说，它指明了属性的构成、属性来自的域及属性向域的映射关系，即元组分量信息。而表中所有元组的集合构成了关系。

关系模式是静态的，相对稳定，而关系是动态的，随着关系操作的执行而不断变化。对于一个具体应用来说，关系模式不会经常变化，除非应用系统不再满足需求，对数据库系统进行升级，增加新的功能时才有可能改变关系模式。而关系是随时变化的，如当有新学生转入时，学生表就需要插入新的元组以描述转入学生的信息；某个学生的名字需变更时，就必须在数据库中执行更新操作等。

2.2 关系的码

在特定的关系中，不同属性的地位也不同，有些属性能够唯一地标识关系中的元组，而有些属性则不具备这种功能，能唯一标识元组的属性或属性组称为码，同时，为了更方便地描述关系及关系的操作，关系中又定义了候选码、主码、全码和外码的概念。

2.2.1 候选码

定义 2.4　设关系 R 有 n 个属性 $A_1,A_2,\cdots,A_n$，其属性集 $K=(A_i,A_j,\cdots,A_k)$，当且仅当满足唯一性和最小性两个特性时，K 被称为候选码（Candidate Key），又称为候选键。

（1）唯一性：关系 R 的任意两个不同元组，其属性集 K 的值是不同的。

（2）最小性：组成关系候选码的属性集中，任意一个属性都不能从属性集 K 中删掉，否则将破坏唯一性的性质。

从定义来看，候选码可以由单属性或者多属性构成。如在学生关系中，学号能唯一地标识每一个学生，即"学号"是学生关系的候选码，为主属性；再如在选课关系中，属性组合"学号+课程号"能唯一地区分每一条选课记录，因此该关系的候选码是"学号"和"课程号"的组合属性。

2.2.2 主码

定义 2.5　从多个候选码中选择其中一个作为查询、插入、删除元素的操作变量，被选中的候选码称为主码（Primary Key），又称为主键或主属性。

通过学习，大家可以思考一下，在学生关系中，哪些属性可以作为主码呢？

通过观察表 2.1 可发现，"学号"和"姓名"都没有重复的属性值，因此"学号"和"姓名"属性都可以作为"学生关系"的候选码，故而"学号"和"姓名"都可作为主码。若选择学号属性作为操作变量，学号即"学生关系"的主码；反之，若选择姓名属性作为操作变量，姓名即"学生关系"的主码。但是，因姓名有重复的可能性，在多数数据库中，姓名不重复是一个不成立的假设，故在一般情况下，"学号"会作为学生关系的主码。

同样地，"学号+课程号"的组合是选课关系的主码。

有了主码的概念，下面引入主属性和非主属性的概念。包含在任何候选码中的各个属性，我们称之为主属性。不包含在任何候选码中的属性，称为非主属性或非主码属性。学生关系中，若"姓名"不重复，"学号"和"姓名"都是主属性，"性别""年龄"和"院系"为非主属性。选课关系中主属性是"学号"和"课程号"，"分数"是非主属性。

2.2.3 全码

若关系中所有属性组合在一起才能唯一地标识一个元组，则称该关系的码为全码（All Key）。

如在"学生选课-教师授课"关系中，学生和课程之间是多对多的关系，一个学生可选多门课，一门课可以被多个学生来选。同样地，教师和课程之间也是多对多的关系，一个教师可以教授多门课程，一门课程可以由多个教师来教授。如表 2.8 所示，在学生选课-教师授课表中，包含"学号""教师号"和"课程号"3 个属性，任何 1 个属性或 2 个属性的组合都不能唯一地标识一个元组，只有将这 3 个属性组合在一起，才能够唯一地标识学生选课-教师授课表中的元组。

在这个关系中，所有属性组合在一起构成了候选码，称该关系的主码为全码。

表 2.8　学生选课–教师授课表

学号	教师号	课程号
S01	T02	C01
S01	T02	C02
S02	T01	C01
S02	T05	C04
S02	T04	C05
S02	T02	C01

2.2.4　外码

定义 2.6　给定关系 R_2 的一个或者一组属性 X，X 不是 R_2 的主码，而是另一个关系 R_1 的主码，则 X 为关系 R_2 的外码（Foreign Key），又称外键。

此时称 R_2 为参照关系，R_1 为被参照关系。由外码的定义可知，被参照关系上的主码和参照关系上的外码，其属性值来自同一个域，因此必须定义在同一个域上。

表 2.1 的学生关系中包含"学号""姓名""性别""年龄""院系编号"5 个属性，其中，"学号"是主码。院系关系如表 2.9 所示，包含"院系编号""院系名""位置""电话"4 个属性，其中，"院系编号"是主码。依据外码的定义，学生关系中包含了院系关系的主码"院系编号"，且不是学生关系的主码，因此"院系编号"是学生关系的外码，它的取值将参照院系关系中的院系编号域，指定学生属于哪一个院系。这里学生关系是参照关系，院系关系是被参照关系，学生关系中"院系编号"的取值必须是院系关系中存在的属性值，其表达的语义信息是学生只能在学校开设的学院学习。

表 2.9　院系表

院系编号	院系名	位置	电话
01	土木与交通工程学院	理工校区 10#教学楼 C 座	2022201
02	管理学院	理工校区 8#教学楼 B 座	2022202
03	市政与环境工程学院	理工校区 9#教学楼 A 座	2022203
04	建筑与城市规划学院	理工校区 3#教学楼 A 座	2022204
05	能源与建筑环境工程学院	理工校区 3#教学楼 B 座	2022205
06	测绘与城市空间信息学院	理工校区 5#教学楼 A 座	2022206
07	艺术设计学院	文管校区 3#教学楼 A 座	2022207
08	计算机与数据科学学院	理工校区 10#教学楼 A 座	2022208
09	电气与控制工程学院	理工校区 2#教学楼 B 座	2022209

2.3　关系的完整性

关系的完整性是关系中数据遵循的某种约束规则，也是关系数据库反映现实世界中数据正确语义的要求。在数据库系统整个生命周期中，进行插入、删除和更新等操作时，必须满足完整性约束规则，否则关系数据库中数据的正确性、有效性和一致性将无法得到保证。

例如，在学生关系中，"学号"必须是唯一的，"性别"只能是"男"和"女"；在选课关系中，学生所选的课程必须是学校开设的课程等。因此，数据库是否满足数据完整性要求关系到数据库系统能否真实地反映现实世界。

关系模型中的完整性主要包含三类：实体完整性、参照完整性和用户自定义完整性。其中，实体完整性和参照完整性是关系模型必须满足的完整性约束，是关系模型本身对数据的要求，是任何关系数据库都必须支持的两类约束，是系统级的约束。用户自定义完整性是根据具体关系数据库系统的不同应用，由用户定义的特殊的约束条件，是应用级的约束，体现了具体应用领域中业务逻辑相关的语义约束。

2.3.1 实体完整性

定义 2.7 假设给定关系 R，则关系 R 中必须有主码 K，其值唯一且不能为空。当主码 K 由多个属性 $A_1,A_2,\cdots,A_n$ 组成时，组成主码 K 的所有属性均不能部分为空，也不能每个属性均取空。

实体完整性是针对基本关系而言的，现实世界中，一个实体集对应一个基本关系，而现实世界中的实体是可区分的，即每个实体都具有唯一标识，这就要求关系中的主码值必须唯一。另外，主码值不能取空，如若主码取空，则说明存在某个不可标识的实体，这与现实世界中实体的可区分性相矛盾。

如在学生关系中，"学号"为主码，则"学号"属性不能取空值，且其每个取值必须唯一。如在表 2.10 中，第 1 行和第 4 行的主码值为空值，这样会导致关系中存在两个不可标识的学生元组，这与现实世界是不符的。同时会产生两种不同的理解：一是计算机学院中存在名字、年龄、性别完全相同的两个学生；二是表中重复存储了学生韩耀飞的信息。

表 2.10　缺少主码的学生表

学号	姓名	性别	年龄	院系编号
	韩耀飞	男	20	08
S02	苏致远	男	22	08
S03	崔岩坚	男	21	08
	韩耀飞	男	20	08
S04	黄海冰	男	20	08

如果为其添加表 2.11 所示的主码值，则可以判定计算机学院存在两个姓名、年龄、性别完全相同的学生。

表 2.11　主码值不重复的学生表

学号	姓名	性别	年龄	院系编号
S01	韩耀飞	男	20	08
S02	苏致远	男	22	08
S03	崔岩坚	男	21	08
S07	韩耀飞	男	20	08
S04	黄海冰	男	20	08

如果为其添加表 2.12 所示的主码值，说明表中存在重复元组，这与关系的定义不符，数据库中重复存储的数据是没有意义的。

表 2.12　主码值重复的学生表

学号	姓名	性别	年龄	院系编号
S01	韩耀飞	男	20	08
S02	苏致远	男	22	08
S03	崔岩坚	男	21	08
S01	韩耀飞	男	20	08
S04	黄海冰	男	20	08

如在选课关系中，属性"学号"和"课程号"共同组成了选课关系的主码，其值不能同时或部分为空值。如表 2.13 所示，第一行数据只能描述学号为 S01 的学生，有门课程的成绩是 82 分，不能确定课程名称；第二行数据只能描述课程号为 C02 的课程，成绩是 85 分，不能确定选修这门课程的学生的学号；第四行说明表中存在这样的元组：有成绩，但不知道是哪个学生、哪门课程的成绩。这与现实世界矛盾。以上情况均由主码为空或部分为空导致的。

表 2.13 选课表

学号	课程号	成绩
S01		82
	C02	85
S01	C03	77
		90
S02	C04	75

2.3.2 参照完整性

关系数据库中，实体之间往往存在着某种联系，通过外码的学习可知，一个关系中某个属性的取值要参照另一个关系中的某个属性的取值。参照完整性就是定义外码和主码之间引用时遵循的约束规则的。

定义 2.8 参照完整性：假设给定属性 X_2 是基本关系 R_2 的外码，它与基本关系 R_1 的主码 X_1 相对应（基本关系 R_1 和 R_2 可以为同一个关系），则 R_2 中每个元组在 X_2 上的取值必须满足以下条件：要么取空值（X_2 的每个属性值均为空值，不能部分为空）；要么取值与关系 R_1 中某个元组的主码的取值相等。参照完整性如图 2.1 所示。

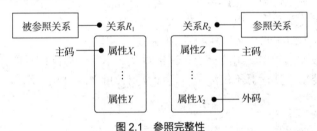

图 2.1 参照完整性

如表 2.14 所示，表中每个元组的"专业编号"属性只能取表 2.15 中的专业编号，即参照关系"学生"中的专业编号必须参照被参照关系"专业"中的专业编号，表示该学生必须被分配到一个学校开设的专业中。第 7 个元组的"专业编号"属性为空，说明尚未给该学生分配专业，如目前大类招生政策，大学一年级学生是没有专业的。

表 2.14 学生表

学号	姓名	性别	年龄	专业编号
S01	韩耀飞	男	20	02
S02	苏致远	男	22	02
S03	崔岩坚	男	21	02
S04	黄海冰	男	20	02
S05	杨影	女	19	04
S06	敬云飞	男	20	04
S23	刘诗诗	女	23	

表 2.15 专业表

专业编号	专业名
01	物联网工程
02	计算机应用
03	数字媒体技术
04	艺术设计
05	电气自动化

再如，关系模式：学生(学号,姓名,性别,年龄,班长)。在这个关系模式中，"学号"是主码，"班长"属性表示该学生所在班级的班长，这个属性的取值就参照了该关系中"学号"属性的取值，即"班长"必须对应学生关系中确实存在的一个学生。该例中，学生关系既是参照关系又是被参照关系。

2.3.3 用户自定义完整性

实体完整性和参照完整性是关系模型的内在要求，任何关系数据库都必须支持，而用户自定义完整性是针对具体应用领域的，根据用户的需求来定义的约束条件，它反映了某一具体应用所涉及的数据必须满足的语义要求。例如，某个属性取值必须唯一，某些非主属性也不能取空值（如学生的姓名）等。有些还对属性输入格式进行了某种限制，在学生关系中，有些数据库应用系统规定成绩取 0~100 的实数，而有些成绩的取值则是"优、良、中、及格、不及格"。

2.4 关系代数

关系代数是关系数据库的数学基础，它是一种抽象的查询语言，通过对关系进行运算来表达查询。与其他运算一样，关系代数涉及运算对象、运算符和运算结果三个要素。关系代数的运算对象和运算结果都是关系，关系运算采用一次一集合的操作方式。

关系代数的运算分为传统的集合运算和专门的关系运算两大类。

传统的集合运算把关系看作元组的集合，其运算从"水平"方向即行的角度进行。专门的关系运算主要表达查询的要求，其运算不仅涉及行还涉及列，可以同时从"水平"和"垂直"两个方向表达查询。

2.4.1 关系代数的运算符

关系代数的运算符主要涉及 4 类：传统的集合运算符、专门的关系运算符、比较运算符和逻辑运算符，其中比较运算符和逻辑运算符是配合专门的关系运算符来构造表达式的。

（1）传统的集合运算符：∪（并运算）、−（差运算）、∩（交运算）、×（广义笛卡儿积运算）。

（2）专门的关系运算符：σ（选取）、∏（投影）、⋈（连接）、÷（除）。

（3）比较运算符：>（大于）、≥（大于等于）、<（小于）、≤（小于等于）、=（等于）、≠（不等于）。

（4）逻辑运算符：∧（与）、∨（或）、¬（非）。

2.4.2 传统的集合运算

传统的集合运算是二元运算，两个关系在进行传统的集合运算时，把关系看作元组的集合，能够进行集合运算的两个关系需要有相同的关系模式，即列数相同，对应列来自相同的域。

下面以关系 R 和关系 S 为例，介绍集合运算。

1. 并运算

关系 R 与 S 的并运算记作：

$$R \cup S = \{t \mid t \in R \vee t \in S\}$$

关系 R 与 S 执行并运算后，其运算结果为属于 R 或者属于 S 的元组构成的新关系。简单地说，就是先将关系 R 和 S 的所有元组合并在一起，然后删除重复元组中的一个，剩余的元组就构成了新的关系。

2. 差运算

关系 R 与 S 的差运算记作：

$$R-S=\{t\,|\,t\in R\wedge t\notin S\}$$

关系 R 与 S 执行差运算后，其运算结果是由属于 R 且不属于 S 的元组构成的新关系，即从关系 R 中删除 S 中存在的元组后形成的新关系，其仍为 n 元关系。

3. 交运算

关系 R 与 S 的交运算记作：

$$R\cap S=\{t\,|\,t\in R\wedge t\in S\}$$

关系 R 与 S 执行交运算后，其运算结果是由既属于 R 又属于 S 的元组构成的新关系，即新关系是由那些同时出现在关系 R 和 S 中的元组组成的。

并运算和差运算是基本运算，交运算不是基本运算，可以由差运算导出。交运算可以理解为把 R 的元组分成两部分，一部分为同时出现在两个关系中的元组：$R\cap S$，另一部分为没有出现在 S 中的元组：$R-S$，根据差运算的定义可得：$R\cap S=R-(R-S)$。

4. 笛卡儿积运算

关系 R 与 S 的笛卡儿积运算记作：

$$R\times S=\{t_rt_s\,|\,t_r\in R\wedge t_s\in S\}$$

以上笛卡儿积运算严格来讲应该是广义笛卡儿积运算，m 元关系 R 有 r_1 个元组，n 元关系 S 有 r_2 个元组，其笛卡儿积运算结果是列数为 $m+n$ 的元组形成的新关系，其元组的前 m 列来自关系 R，后 n 列来自关系 S，新关系元组的数量为关系 R 和关系 S 元组数的乘积 $r_1\times r_2$。

以上四种运算中，除了笛卡儿积运算外，并、差、交运算都要求运算对象的关系模式相同。并运算、差运算和笛卡儿积运算，分别为关系数据库中记录的插入、删除和关系的连接操作提供了理论基础。

2.4.3 专门的关系运算

专门的关系运算包括选择运算、投影运算、连接运算、除运算，其中选择运算和投影运算是一元运算，在一个关系上进行操作，连接运算和除运算是二元运算，在两个关系间进行操作。

1. 选择运算

选择运算记作：

$$\sigma_F(R)=\{t\,|\,t\in R\wedge F(t)=\text{“真”}\}$$

其中，σ 是选取运算符，R 是关系名，t 是元组，F 是逻辑表达式，取逻辑"真"值或"假"值。F 的基本形式为 $X\theta Y$，θ 代表比较运算符，X、Y 或为属性名，或为常量，或为简单函数，还可以在基本的条件上进行逻辑运算构成复合逻辑表达式，表达更复杂的查询。

选择运算是从水平方向进行的操作，执行的结果是从关系 R 中选取的那些使逻辑表达式 F 为真的元组形成的新关系。

【例 2.1】查询表 2.14 中院系编号为"02"的学生。

$$\sigma_{\text{院系编号}='02'}(student)$$

其中，院系编号也可以用属性名在关系中出现的次序代替，即 $\sigma_{5='02'}(student)$。

【例 2.2】查询表 2.2 中学分大于 3 的课程。

$$\sigma_{\text{Credit}>'3'}(课程表) \text{ 或 } \sigma_{5>'3'}(课程表)$$

2. 投影运算

投影运算记作：

$$\prod_A (R) = \{t[A] \mid t \in R\}$$

其中，$\prod$是投影运算符，R是操作的关系，A是R中的属性或属性组。$t[A]$表示元组中对应属性A的分量。

投影运算执行的结果是从关系R中选取的指定属性A组成的新关系。投影运算从"水平"和"垂直"两个方向进行操作，操作结果中去掉了某些不需要的列，同时，可能会因为去掉某些属性列后导致重复行的出现，根据关系的定义，应消除重复的行。

【例2.3】查询表2.16学生表中学生年龄的分布，即查询关系student在年龄属性上的投影。

$$\prod_{年龄} (student)$$

关系 *student* 中有6个元组，执行投影操作之后只有4个元组，取消了重复的年龄，剩下的即为关系 *student* 中学生年龄的分布，如表2.17所示。

表2.16　学生表

学号	姓名	性别	年龄	院系编号
S01	韩耀飞	男	20	08
S02	苏致远	男	22	08
S03	崔岩坚	男	21	08
S04	黄海冰	男	20	08
S05	杨影	女	19	07
S06	敬云飞	男	20	07

表2.17　年龄投影

年龄
20
22
21
19

3. 连接运算

连接运算记作：

$$\frac{R \bowtie S}{A\theta B} = \{t_r {}^\wedge t_s \mid t_r \in R \wedge t_s \in S \wedge t_r[A]\theta t_s[B]\}$$

其中，$\bowtie$是连接运算符，θ是比较运算符，$R \bowtie S$表示关系R与关系S的连接运算，A和B分别是关系R和S中属性个数相等且可比的属性组。

连接又称θ连接，是二元运算，其运算结果是从关系R和S的笛卡儿积中选取的属性A、B满足θ条件的元组组成的新关系。

根据比较运算符θ的不同，可产生不同的连接结果，其中等值连接和自然连接是两种最重要也是最常用的连接运算。

当θ为"$=$"时连接运算为等值连接。

$$\frac{R \bowtie S}{A = B} = \{t_r {}^\wedge t_r \mid t_r \in R \wedge t_s \in S \wedge t_r[A] = t_s[B]\}$$

等值连接运算结果是从关系R和S的广义笛卡儿积中选取属性A、B值相等的那些元组组成的新关系，其属性的个数为原关系R和S的属性数量之和。

自然连接是特殊的等值连接，它在执行连接操作时要求比较属性 A 和 B 相同，即 A、B 属性其实为同一属性，其运算结果是将两个相同的列去掉一个。

从以上定义可以看出，一般的等值连接是从"水平"方向上进行的操作，而自然连接是同时在"水平"和"垂直"两个方向上进行的操作。

【例 2.4】假设关系 R、S 如图 2.2（a）和图 2.2（b）所示，求 $R\underset{C>D}{\bowtie}S$，$R\underset{R.B=S.B}{\bowtie}S$，$R\bowtie S$。

根据连接运算的要求及连接运算的表达式，其运行结果分别如图 2.2（c）、（d）、（e）所示。

R

A	B	C
a1	b1	7
a1	b2	6
a2	b3	3
a3	b4	2
a4	b5	2

(a)

S

B	D	E
b1	5	e1
b2	8	e2
b3	7	e3
b3	9	e4
b4	4	e5

(b)

$R\underset{C>D}{\bowtie}S$

A	B	C	B	D	E
a1	b1	7	b1	5	e1
a1	b1	7	b4	4	e5
a1	b2	6	b1	5	e1
a1	b2	6	b4	4	e5

(c)

$R\underset{R.B=S.B}{\bowtie}S$

A	$R.B$	C	$S.B$	D	E
a1	b1	7	b1	5	e1
a1	b2	6	b2	8	e2
a2	b3	3	b3	7	e3
a2	b3	3	b3	9	e4
a3	b4	2	b4	4	e5

(d)

$R\bowtie S$

A	B	C	D	E
a1	b1	7	5	e1
a1	b2	6	8	e2
a2	b3	3	7	e3
a2	b3	3	9	e4
a3	b4	2	4	e5

(e)

图 2.2　连接运算

4. 除法运算

在介绍除法运算（也叫除运算）之前，先了解象集的定义。

定义 2.9　假设给定关系 $R(X,Z)$，X 和 Z 为关系 R 的属性组，当存在关系 R 的分量 X 等于 x 的元组，即 $t[X]=x$ 时，x 在关系 R 中的象集表示为：

$$Z_x=\{t[Z]|t\in R,t[X]=x\}$$

象集是关系 R 中属性组 X 分量上值为 x 的各元组在 Z 分量上的值组成的集合。

给定关系 $R(X,Y)$ 和 $S(Y,Z)$，X、Y、Z 为属性组，其中属性组 Y 来自相同的域，但可以有不同的属性名。

除运算记作：

$$R\div S=\{tr[X]\,|\,tr\in R\wedge\textstyle\prod_Y(S)\in Y_x\}$$

其中，$\prod_Y(S)$ 为关系 S 在 Y 属性组上的投影，Y_x 为 x 在关系 R 中的象集。

$R(X,Y)$ 和 $S(Y,Z)$ 执行除运算 $R\div S$ 得到一个新的关系，该关系由关系 R 中满足下列条件的元组在 X 属性列上的投影组成，即 X 分量值 x 的象集 Y_x 包含关系 S 在 Y 上投影的元组集合。

除运算也是同时在"水平"和"垂直"两个方向上进行操作，适合包含"全部""至少"之类的查询。

【例 2.5】给定关系 R、S，如图 2.3（a）和（b）所示，求 $R\div S$ 的结果。

根据除运算的表达式，其运算结果分别如图 2.3（c）所示。

	R	
A	B	C
a1	b3	c1
a2	b1	c1
a1	b3	c2
a3	b4	c3
a4	b5	c1
a2	b2	c2
a2	b3	c3

(a)

	S	
B	C	D
b1	c1	d1
b2	c2	d2
b3	c3	d3

(b)

$R \div S$

A
a2

(c)

图 2.3 除运算

关系 R 中分量 A 可取 {a1,a2,a3,a4} 4 个值,根据象集的定义可得到如下结果。

a1 的象集为:{(b3,c1),(b3,c2)};

a2 的象集为:{(b1,c1),(b2,c2),(b3,c3)};

a3 的象集为:{(b4,c3)};

a4 的象集为:{(b5,c1)};

对关系 S 的 B、C 属性进行投影可得 {(b1,c1),(b2,c2),(b3,c3)}。

根据关系的除运算定义,a2 的象集为 {(b1,c1),(b2,c2),(b3,c3)},能够包含关系 S 在属性 B、C 的投影,故 $R \div S = $ {a2},如图 2.3(c)所示。

【例 2.6】查询选修了全部课程的学生学号和姓名。

该例的查询结果包含学号和姓名属性,其将涉及学生关系 S、课程关系 C 和选课关系 SC 3 个关系,如表 2.1~表 2.3 所示。根据除运算的定义,可先在选课关系 SC 和课程关系 C 间进行除运算,可得选择了全部课程的学生的学号,再进行自然连接运算,将学生关系中的姓名属性与学号匹配。其查询表达式为:

$$\Pi_{\text{SNO, CNO}}(SC) \div \Pi_{\text{CNO}}(C) \bowtie \Pi_{\text{SNO, SN}}(S)$$

【例 2.7】查询至少选修了 C01 和 C02 两门课程学生的学号。

该例的查询结果不涉及学生姓名属性,可对选课关系 SC(见表 2.3)和课程关系 C(见表 2.2)进行除运算得到结果。根据查询要求需要一个包含课程编号 C01 和 C02 的关系 P,然后与选课关系 SC 进行除运算,可得查询结果。其查询表达式为:

$$\Pi_{\text{SNO, CNO}}(SC) \div \Pi_{\text{CNO}}(\sigma_{\text{CNO='C01'} \vee \text{CNO='C03'}}(C))$$

本章小结

关系数据库系统以其结构简单、通俗易懂、使用方便等特点,深受广大用户的欢迎,是目前广泛使用的数据库系统。本章系统地介绍了关系模型、关系的码、关系的完整性及关系代数。其中,关系数据结构、关系模型的形式化定义和关系模式是关系数据库的数据库结构的基础支撑,关系的码为关系数据库中各关系之间的联系提供了依据,关系的完整性约束是关系数据库完整性和一致性的保障,关系代数为关系数据查询优化提供了数学理论支撑。

习题

一、选择题

1. 在通常情况下，下面的表达中不可以作为关系数据库的关系的是（　　）。

    A. R_1(学号,姓名,性别)　　　　　　　　　　B. R_2(学号,姓名,班级号)

    C. R_3(学号,姓名,宿舍号)　　　　　　　　　　D. R_4(学号,姓名,简历)

2. 关系数据库中的码是指（　　）。

    A. 能唯一表示关系的字段　　　　　　　　　　B. 不能改动的专用保留字

    C. 关键的、重要的字段　　　　　　　　　　　D. 能唯一表示元组的属性或属性集合

3. 根据关系的完整性约束规则，一个关系中的"主码"（　　）。

    A. 不能有两个　　　　　　　　　　　　　　　B. 不能成为另外一个关系的外码

    C. 不允许为空　　　　　　　　　　　　　　　D. 可以取值

4. 在关系 R(R#,RN,S#)和关系 S(S#,SN,SD)中，R 的主码是 R#，S 的主码是 S#，则 S# 在 R 中称为（　　）。

    A. 外码　　　　　　　B. 候选码　　　　　　　C. 主码　　　　　　　D. 超码

5. 关系模型中，一个码是（　　）。

    A. 可由多个任意属性组成

    B. 至多由一个属性组成

    C. 可由一个或多个其值能唯一标识该关系中任意元组的属性组成

    D. 以上都不是

6. 关系数据库管理系统应能实现的专门的关系运算包括（　　）。

    A. 排序、索引、统计　　　　　　　　　　　　B. 选择、投影、连接

    C. 关联、更新、排序　　　　　　　　　　　　D. 显示、打印、制表

7. 同一个关系模型的任意两个元组值（　　）。

    A. 不能全同　　　　　B. 可全同　　　　　　C. 必须全同　　　D. 以上都不是

8. 自然连接是构成新关系的有效方法。一般情况下，当对关系 R 和关系 S 使用自然连接时，要求关系 R 和关系 S 含有一个或多个共有的（　　）。

    A. 元组　　　　　　　B. 行　　　　　　　　C. 记录　　　　　D. 属性

9. 设存在关系 R(A,B,C)和关系 S(B,C,D)，下列各关系代数表达式不成立的是（　　）。

    A. $\prod_A(R)\bowtie\prod_D(S)$　　　　　　　　　　B. $R\cup S$

    C. $\prod_B(R)\cap\prod_B(S)$　　　　　　　　　　D. $R\bowtie S$

10. 有两个关系，关系 R 和关系 S，分别包含15个和10个元组，则在 $R\cup S$、$R-S$、$R\cap S$ 中不可能出现的元组数目的情况是（　　）。

    A. 15，5，10　　　　B. 18，7，7　　　　　C. 21，11，4　　　D. 25，15，0

11. 取出关系中的某些列，并消去重复元组的关系代数运算称为（　　）。

    A. 取列运算　　　　　B. 投影运算　　　　　C. 连接运算　　　D. 选择运算

12. 设 $W=R\bowtie S$，且 W、R、S 的元组个数分别为 p、m、n，那么三者之间满足（　　）。

    A. $p<(m+n)$　　　　B. $p\leq(m+n)$　　　　C. $p<(m\times n)$　　D. $p\leq(m\times n)$

13. 设关系 R 和关系 S 的属性个数分别为 r 和 s，那么 $R\times S$ ($i\theta j$)与下式（　　）等价。

    A. $\sigma_{i\theta(r+j)}(R\times S)$　　B. $\sigma_{i\theta j}(R\times S)$　　　C. $\sigma_{i\theta(r+j)}(R\bowtie S)$　　D. $\sigma_{i\theta j}(R\bowtie S)$

14. 参加差运算的两个关系（　　）。

    A. 属性个数可以不同   B. 属性个数必须相同

    C. 一个关系包含另一个关系的属性   D. 属性名必须相同

15. 两个关系在没有公共属性时，其自然连接操作表现为（　　）。

    A. 结果为空关系   B. 笛卡儿积操作

    C. 等值连接操作   D. 无意义的操作

16. 有关系 $R(A,B,C)$（主码为 A）和关系 $S(D,A)$（主码为 D，外码为 A），关系 S 中的 A 属性参照于 R 的 A 属性。关系 R 和关系 S 如图 2.4 所示。

关系 R		
A	B	C
1	2	3
2	1	3

关系 S	
D	A
1	2
2	NULL
3	3
4	1

图 2.4　关系 R 和关系 S

关系 S 中违反完整性约束规则的元组是（　　）。

    A.（1，2）　　　　B.（2，NULL）　　　　C.（3，3）　　　　D.（4，1）

17. 设有属性 A、B、C、D，以下表示中不是关系的是（　　）。

    A. $R(A)$ B. $R(A,B,C,D)$ C. $R(A*B*C*D)$ D. $R(A,B)$

18. 关系运算中花费时间相对较长的运算是（　　）。

    A. 投影运算   B. 选择运算   C. 笛卡儿积运算   D. 除运算

二、填空题

1. 关系操作的特点是_____。

2. 关系模型的完整性约束包括_____、_____和_____。

3. 连接运算是由_____和_____操作组成的。

4. 自然连接运算由_____、_____和_____组成。

5. 关系模型由_____、_____和_____组成。

6. 关系模式是关系的_____，相当于_____。

7. 传统的集合运算施加于两个关系时，这两个关系的_____必须相等，相对应的属性值必须取自同一个域。

8. 在关系中能唯一标识元组的属性或属性集称为关系模式的_____。

9. 关系数据库模式是_____的集合。

10. 实体完整性约束规则定义了关系中_____，不存在没有被标识的元组。

11. 关系代数中 4 类传统的集合运算分别为_____、_____、_____和广义笛卡儿积运算。

12. 关系代数中专门的运算操作包括_____、_____、_____和除运算 4 种操作。

三、简答题

1. 简述关系模型的三要素。

2. 简述关系模式、关系、关系数据库的区别与联系。

3. 关系数据库的完整性约束有哪些? 试举例说明。

4. 关系代数运算有哪两大类? 试说明每种运算的操作含义。

5. 关系代数的基本运算有哪些? 请用基本运算表示非基本运算。

四、应用题

1. 设有图 2.5 所示的关系 R、关系 W 和关系 D,完成以下计算。

(1) $R1 = \prod_{Y,T}(R)$

(2) $R2 = \sigma_{P>5 \wedge I=e}(R)$

(3) $R3 = R \bowtie W$

(4) $R4 = \prod_{[2],[1],[6]}\left(\sigma_{[3]=[5]}(R*D)\right)$

(5) $R5 = R \div D$

关系 R

P	Q	T	Y
2	b	c	d
9	a	e	f
2	b	e	f
9	a	d	e
7	g	e	f
7	g	c	d

关系 W

T	Y	B
c	d	m
c	d	n
d	f	n

关系 D

T	Y
c	d
e	f

图 2.5　关系 R、关系 W 和关系 D

2. 设有图 2.6 所示的关系 S、关系 C、关系 SC,试用关系代数表达式表示下列查询语句。

关系 S

S#	SNAME	AGE	SEX
1	李强	23	男
2	刘丽	22	女
3	张友	22	男

关系 C

C#	CNAME	TEACHER
K1	C 语言	王华
K5	数据库原理	程军
K8	编译原理	程军

图 2.6　关系 S、关系 C 和关系 SC

关系 SC

S#	C#	GRADE
1	K1	83
2	K1	85
5	K1	92
2	K5	90
5	K5	84
5	K8	80

图 2.6　关系 S、关系 C 和关系 SC（续）

（1）检索"程军"老师所授课程的课程号（C#）和课程名（CNAME）。

（2）检索年龄（AGE）大于 21、性别（SEX）为男的学生的学号（S#）和姓名（SNAME）。

（3）检索至少选修"程军"老师所授全部课程的学生姓名（SNAME）。

（4）检索"李强"同学没有选修的课程的课程号。

（5）检索至少选修两门课程的学生学号（S#）。

（6）检索全部学生都选修的课程的课程号（C#）和课程名（CNAME）。

（7）检索选修课程包含"程军"老师所授课程之一的学生学号（S#）。

（8）检索选修课程号（C#）为 K1 和 K5 的学生学号（S#）。

（9）检索选修全部课程的学生姓名（SNAME）。

（10）检索学号为 2 的学生所修课程的课程号（S#）。

（11）检索选修 C 语言课程的学生学号（S#）和姓名（SNAME）。

3. 已知一个关系数据库的关系模式如下。

S (SNO,SNAME,SCITY)

P (PNO,PNAME,COLOR,WEIGHT)

J (JNO,JNAME,JCITY)

SPJ (SNO,PNO,JNO,QTY)

供应商 S 由供应商代码（SNO）、供应商姓名（SNAME）、供应商所在城市（SCITY）组成；零件 P 由零件代码（PNO）、零件名（PNAME）、颜色（COLOR）、重量（WEIGHT）组成；工程项目 J 由工程项目代码（JNO）、工程项目名（JNAME）和所在城市（JCITY）组成；供应情况 SPJ 由供应商代码（SNO）、零件代码（PNO）、工程项目代码（JNO）和供应数量（QTY）组成。

用关系代数表达式表示下面的查询要求。

（1）找出向北京的供应商购买重量大于 30 的零件名。

（2）求供应工程 J1 零件的供应商代码。

（3）求供应工程 J1 零件 P1 的供应商代码。

（4）求供应工程 J1 零件为红色的供应商代码。

（5）求没有使用天津供应商生产的红色零件的工程项目代码。

（6）求至少使用了供应商 S1 所供应的全部零件的工程项目代码。

4. 设有关系模式 STUDENT(SNO,SNAME,AGE,SEX,DNO)，其中，SNO 表示学号，SNAME 表示姓名，AGE 表示年龄，SEX 表示性别，DNO 表示院系号；

关系模式 SC(SNO,CNO,GRADE)，其中，SNO 表示学号，CNO 表示课程号，GRADE 表示成绩；

关系模式 COURSE(CNO,CNAME)，其中，CNO 表示课程号，CNAME 表示课程名。

请用关系代数表达式表示下列查询。

（1）检索年龄小于 16 的女学生的学号和姓名。

（2）检索成绩大于 85 分的女学生的学号、姓名。

（3）检索选修课程号为 C1 或 C2 的学生的学号。

（4）检索至少选修了课程号为 C1 和 C2 的学生的学号。

（5）检索选修课程号为 C1 的学生的学号、姓名、课程名和成绩。

（6）检索选修了全部课程的学生的学号、姓名和年龄。

5. 设有学生-课程关系数据库，它由三个关系组成，它们的关系模式分别是：学生 S(学号 SNO, 姓名 SN,所在系 DEPT,年龄 AGE)；课程 C(课程号 CNO,课程名 CN,选修课号 CPNO)；SC(学号 SNO, 课程号 CNO,成绩 SCORE)。

请用关系代数表达式写出下列查询。

（1）检索学生的所有情况。

（2）检索学生年龄大于或等于 20 岁的学生姓名。

（3）检索选修课号为 C2 的课程号。

（4）检索选修了课程号 C1 并且成绩为 A 的所有学生姓名。

（5）检索学号为 S1 的学生选修的所有课程的课程名及选修课号。

（6）检索年龄为 23 岁的学生所选修的课程名。

（7）检索至少选修了学号为 S5 的学生选修的一门课的学生的姓名。

（8）检索选修了学号为 S4 的学生所选修的所有课程的学生的姓名。

（9）检索选修了所有课程的学生的学号。

（10）检索未选修任何课程的学生的学号。

03 第3章 关系数据库标准语言 SQL

结构化查询语言（Structured Query Language，SQL）是关系数据库管理的标准语言，具有数据定义、数据查询、数据操纵和数据控制四个方面的功能。SQL 结构简单，功能齐全，是目前广泛应用的关系数据库查询语言。

本章主要介绍 SQL Server 2019 数据库管理系统各种工具的使用和 SQL 的使用。

3.1 SQL 概述

下面将从 SQL 的发展、SQL 的特点和 SQL 的组成 3 个方面对 SQL 进行介绍。

3.1.1 SQL 的发展

SQL 的相关发展历程如下。

1970 年，科德发表了关系数据库理论，从此奠定了关系数据库的理论基础。

1974 年，博伊斯（Boyce）和钱伯林（Chamberlin）在关系数据库理论的基础上，提出了结构化英语查询语言（Structure English Query Language，SEQUEL）。

1975—1985 年，IBM 公司首先研制了关系数据库原型 System R，该系统实现了对 SEQUEL 的支持。进而，IBM 公司推出了商业数据库 SQL/DS，极大地推动了 SQL 的发展。

1986 年 10 月，美国国家标准协会（American National Standards Institute，ANSI）首先推出了关系数据库标准 SQL-86。

1987 年 6 月，国际标准化组织（International Organization for Standardization，ISO）正式将 SQL-86 采纳为国际标准。

1992 年 11 月，ISO 公布了 SQL 的新标准，即 SQL-92，SQL 得到极大推广。

1999 年，ISO 推出了 SQL-99 标准，该标准对 SQL 进行进一步拓展，增加了对面向对象功能的支持。

尽管不同的数据库产品厂商对 SQL 标准在支持度上有略微的差异，但大多数都遵循 SQL-99 标准。本章主要介绍 SQL 的基本概念和基本功能。

3.1.2 SQL 的特点

SQL 的结构简单、功能强大和简单易学的优点使得 SQL 能够在众多的数据库查询语言中脱颖而出，被工业界和用户广泛接受。SQL 的特点如下。

1. 功能全面

SQL 是一种一体化的语言，它具有数据定义、数据查询、数据操纵和数据控制等方面的功能，用户通过 SQL 可以完成有关数据库的全部工作。

2. 高度非过程化的语言

SQL 是一种高度非过程化的语言，也就是说在使用 SQL 语句做想做的事情时，用户只需要声明想做什么，而无须具体指出做这件事情的详细步骤。

3. 不要求用户指定对数据的存取方法

所有 SQL 语句都使用查询优化器，它可以加快数据存取的速度。这种特性使用户更容易把精力集中于要得到的结果。查询优化器知道存在什么索引，以及在哪里使用索引合适，而用户不需要知道表是否有索引、表有什么类型的索引等具体内容。

4. 易学易用

SQL 语句结构简单，功能强大，核心任务只需要 9 个动词就可以完成。并且其语法也非常简单，非常接近英语自然语言，容易学习和掌握。

5. 使用方式灵活

SQL 既可以作为嵌入式语言，也可以直接以命令方式交互使用。SQL 作为嵌入式语言使用时，SQL 语句可以嵌入各种主流编程语言中，以供用户灵活使用。SQL 作为交互式语言使用时，用户可以直接在数据库管理系统客户端输入 SQL 命令，查看执行结果。尽管 SQL 的使用方式不同，但 SQL 的语法结构基本上是一致的。这种以统一的语法结构提供两种不同使用方式的做法，为用户提供了极大的灵活性和方便性。

3.1.3　SQL 的组成

SQL 主要由数据定义语言（Data Definition Language，DDL）、数据操纵语言（Data Manipulation Language，DML）、数据查询语言（Data Query Language，DQL）和数据控制语言（Data Control Language，DCL）等几部分组成。

1. DDL

在数据库系统中，数据库及数据库中的表、视图和索引等数据库对象的建立、更改和删除都通过 DDL 完成，DDL 包括 CREATE、ALTER、DROP 等关键字。

2. DML

DML 是指用来添加、修改和删除数据库中数据的语句，包括 INSERT、UPDATE 和 DELETE 等关键字。

3. DQL

查询操作是数据库中最基本的操作，DQL 用于检索数据库中满足条件的数据。例如，使用 SELECT 关键字查询表中的记录。

4. DCL

DCL 用来授予或回收访问数据库的某种特权，主要包括 GRANT 和 REVOKE 关键字。

3.2　数据库的创建与管理

数据库是存储数据的容器，由一个表集合组成。这些表包含行和列的集合，存储一组特定的结构化数据。SQL Server 2019 数据库包含的数据库对象有数据表、视图、约束、规则、存储过程和触发器等。通过 SQL Server 2019 的对象资源管理器，可以查看当前数据库内部的各种数据库对象。

3.2.1 数据库的存储结构

数据库的存储结构分为逻辑存储结构和物理存储结构两种。从逻辑存储结构的角度来看，SQL Server 数据库将数据组织成若干个可视化的数据表、索引、视图、函数和存储过程等逻辑对象。从物理存储结构的角度来看，SQL Server 数据库将数据组织成各种数据库文件，即数据文件和事务日志文件。

1. 数据库的逻辑存储结构

数据库的逻辑存储结构主要应用于面向用户的数据组织和管理，如数据库的数据表、视图、数据类型、存储过程和触发器等。这些数据库对象是用户使用数据库的基本单位。

数据表是由行（记录）和列（属性）组成的二维表，用来存储结构化数据；视图被看成虚拟表，其本身并不存储任何物理数据，只是用来查看数据的视图；数据类型用于定义数据表中存储的各种数据；存储过程是一组为了完成特定功能的 Transact-SQL（SQL Server 2019 基于 SQL-3 标准对 SQL 的扩展，又称 T-SQL）语句集，经编译后存储在数据库中，能提高系统的执行速度；触发器是一种在数据表或视图被修改时自动执行的一种特殊存储过程。

2. 数据库的物理存储结构

数据库的物理存储结构主要应用于面向计算机的数据组织和管理，如数据文件、表和视图的数据组织方式。每个 SQL Server 数据库被组织成数据文件和事务日志文件两种类型的操作系统文件。数据文件包含数据和对象，例如表、索引、存储过程和视图，又可分为主要数据文件和次要数据文件。事务日志文件包含恢复数据库中的所有事务所需的信息。为了便于分配和管理，可以将数据文件集合起来，放到文件组中。

（1）主要数据文件

主要数据文件（Primary Data File）包含数据库的启动信息，并指向数据库中的其他文件。用户数据和对象可存储在此文件中，也可以存储在次要数据文件中。每个数据库有且仅有一个主要数据文件。主要数据文件的默认扩展名是.mdf。

（2）次要数据文件

次要数据文件（Secondary Data File）是可选的，由用户定义并存储用户数据。通过将每个文件存放在不同的磁盘驱动器上，次要数据文件可用于将数据分散到多个磁盘上。另外，如果数据库超过了单个 Windows 文件的最大数据容量，可以使用次要数据文件，这样数据库就能继续增长。次要数据文件的默认扩展名是.ndf。

（3）事务日志文件

事务日志文件（Transaction Log File）保存用于恢复数据库的日志信息。当数据库被损坏的时候，管理员可以使用事务日志文件恢复数据库。每个数据库必须至少拥有一个事务日志文件。事务日志文件的默认扩展名是.ldf。

一个数据库应包含一个主要数据文件和至少一个事务日志文件。主要数据文件包含数据库中的所有数据。如果主要数据文件不能满足数据库中数据的存储需求，就需要多个次要数据文件。默认情况下，数据文件和事务日志文件被放在同一个驱动器上的同一个路径下。但是，在生产环境中，这可能不是最佳的方法。考虑到数据安全问题，建议将数据文件和事务日志文件放在不同的磁盘上。

3. 数据库文件组

为了方便用户对数据库文件进行分配和管理，SQL Server 2019 将文件分成不同的文件组。文件组主要包含主要文件组、用户定义文件组和默认文件组 3 种类型。

（1）主要文件组

每个数据库都有一个主要文件组，主要文件组包含主要数据文件和未放入其他文件组的所有次要数据文件。所有系统表都被分配到主要文件组中。

（2）用户定义文件组

用户定义文件组用于将数据文件集合起来，以便于进行管理、数据分配和放置。用户定义文件组是通过在 CREATE DATABASE 或 ALTER DATABASE 语句中使用 FILEGROUP 关键字指定的任何文件组。事务日志文件不属于任何文件组。

（3）默认文件组

如果在数据库中创建对象时没有指定对象所属的文件组，对象将被分配给默认文件组。不管何时，只能将一个文件组指定为默认文件组。默认文件组中的文件必须足够大，能够容纳未分配给其他文件组的所有新对象。PRIMARY 文件组是系统提供的默认文件组，除非使用 ALTER DATABASE 语句进行更改，但系统对象和表仍然分配给 PRIMARY 文件组，而不是新的默认文件组。

3.2.2 系统数据库

图 3.1　系统数据库

SQL Server 2019 包含两种类型的数据库：用户数据库和系统数据库。用户数据库是由用户创建、存储用户数据和对象的数据库，例如图书馆管理系统数据库。系统数据库存放 SQL Serve 2019 的系统级信息，例如系统配置、数据库属性、登录账号、数据库文件、数据库备份、警报和作业等。打开 SQL Server 2019 的对象资源管理器，系统会自动创建 4 个系统数据库，分别为 master 数据库、model 数据库、tempdb 数据库、msdb 数据库，如图 3.1 所示。

1. master 数据库

master 数据库记录了 SQL Server 中的所有系统级别信息，例如系统中所有的登录账户、端点、系统配置信息、SQL Server 的初始化信息及数据库错误信息等。此外，master 数据库还记录所有其他数据库是否存在及这些数据库文件的位置。master 数据库是 SQL Server 启动的第一个入口，记录了 SQL Server 的初始化信息。因此，master 数据库是所有系统数据库的重中之重，如果 master 数据库被破坏，则 SQL Server 将无法启动。

2. model 数据库

model 数据库是 SQL Server 创建用户数据库的模板。当用户创建一个数据库时，model 数据库的内容会自动复制到用户数据库中，因此 SQL Server 系统中必须有 model 数据库。

如果对 model 数据库进行某些修改，例如修改数据文件的大小，新创建的用户数据库的内容将以修改后的 model 数据库为模板进行创建。

3. tempdb 数据库

tempdb 数据库是连接到 SQL Server 实例的所有用户都可用的全局资源。所有与系统连接的用户的临时表和临时数据库对象，以及 SQL Server 产生的其他临时性对象都存储于该数据库。

tempdb 数据库是临时的，每次启动 SQL Server 时，都要重新创建 tempdb 数据库，以便系统启动时，该数据库总是空的。tempdb 数据库在断开连接时会自动删除保存的临时表和临时数据库对象，并且在系统关闭后没有活动连接。

4. msdb 数据库

msdb 数据库是 SQL Server 代理程序调度警报和作业以及记录操作员时使用的数据库。

SQL Server 代理程序能够按照系统管理员的设定监控用户对数据的非法操作，并能及时向系统管理员发出警报。当代理程序调度警报、作业和记录操作时，系统要用到或实时产生许多相关信息，这些信息一般存储在 msdb 数据库中。

3.2.3 创建用户数据库

在 SQL Server 2019 中，主要采用两种方法创建用户数据库：一种方法是使用 SQL Server Management Studio 的对象资源管理器，以图形化的方式创建用户数据库，此方法简单直观；另一种方法是使用 T-SQL 语句创建用户数据库，此方法可以保存创建数据库的脚本文件，可以在其他机器上使用此脚本文件创建相同的数据库。

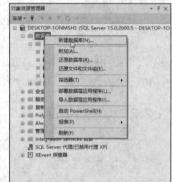

图 3.2　选择"新建数据库"命令

1. 使用对象资源管理器创建用户数据库

在对象资源管理器中，按照下列步骤创建用户数据库。

（1）在对象资源管理器窗口中，展开 SQL Server 服务器实例，用鼠标右键单击（简称右击）"数据库"选项，在弹出的快捷菜单中选择"新建数据库"命令，如图 3.2 所示。

（2）在"新建数据库"窗口中的"常规"标签页中，如图 3.3 所示，可以定义数据库名称、数据库所有者、是否使用全文检索、数据库文件（数据文件和事务日志文件）的逻辑名称、数据库文件的初始大小和增长方式等。

在"数据库名称"文本框中输入要创建的数据库名称，如 TeachSystem，如果采用默认值来创建数据库，则单击"确定"按钮即可。"所有者"文本框表示创建的该数据库的所有者，默认为所有登录 Windows 的管理员账号均可以使用该数据库。在数据库文件的"逻辑名称"文本框中可以修改相应的数据文件和事务日志文件的逻辑名称。

系统默认的数据文件初始大小为 8MB，自动增量为 64MB，不限制增长；事务日志文件初始大小为 8MB，自动增量为 64MB，不限制增长。用户可以通过单击"自动增长"文本框后的□按钮打开"更改 TeachSystem 的自动增长设置"对话框修改文件的"文件增长"和"最大文件大小"，如图 3.4 所示。

图 3.3　"新建数据库"窗口中的"常规"标签页

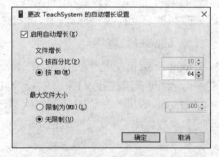

图 3.4　数据库增长方式的设置

（3）单击"新建数据库"窗口中的"常规"标签页上的"添加"按钮，可以为数据库添加次要数据文件和事务日志文件。

（4）在"新建数据库"窗口中的"选项"标签页中可以选择定义排序规则、恢复模式、游标选项、兼容性级别等，如图 3.5 所示。

（5）在"新建数据库"窗口中的"文件组"标签页中可以选择添加数据库的文件组，如图 3.6 所示。

 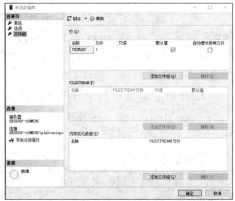

图 3.5　"新建数据库"窗口中的"选项"标签页　　　图 3.6　"新建数据库"窗口中的"文件组"标签页

（6）设置完成后单击"确定"按钮，TeachSystem 数据库创建成功。

2. 使用 T-SQL 创建用户数据库

使用 CREATE DATABASE 语句可以创建数据库，在创建时指定数据库名称、数据库文件的存放位置、大小、文件的最大容量和文件的增量等。

基本语法格式如下。

```
CREATE DATABASE <database_name>
    [ON [PRIMARY]
    ( NAME = logical_file_name ,
    FILENAME = 'os_file_name'
    [, SIZE = size]
    [, MAXSIZE = {max_size|UNLIMITED}]
    [, FILEGROWTH = growth_increment]
    ) [,...n]
    ]
    [LOG ON
    (NAME = logical_file_name ,
    FILENAME = 'os_file_name'
    [, SIZE = size]
    [, MAXSIZE = {max_size|UNLIMITED}]
    [, FILEGROWTH = growth_increment]
    )[,...n]
    ]
```

各参数说明如下。

database_name：新建数据库的名称。数据库名称在 SQL Server 的实例中必须唯一，并且必须符合标识符规则，最长为 128 个字符。

ON：用于指定数据库的数据文件。

PRIMARY：用于指定其后定义的文件为主要数据文件。如果没有指定 PRIMARY，那么系统将第一个定义的文件作为主要数据文件。

LOG ON：用于指定事务日志文件。如果没有指定 LOG ON，那么系统将自动创建一个事务日志文件。

NAME：指定 SQL Server 系统应用数据文件或事务日志文件的逻辑文件名。

FILENAME：指定数据文件或事务日志文件的操作系统（物理）文件名称和路径。

SIZE：指定数据文件或事务日志文件的初始大小，默认单位为 MB。

MAXSIZE：指定数据文件或事务日志文件可增大到的最大容量，默认单位为 MB。如果省略 MAXSIZE，则文件的容量可以无限增大，直至磁盘大小。

FILEGROWTH：指定文件的自动增量。

【例 3.1】创建数据库 TeachSystem，该数据库存放在 D:\Data 下，数据文件的逻辑名称为 TeachSystem，物理文件名为 TeachSystem.mdf，初始大小为 5MB，最大容量为 100MB，增量为 1MB；事务日志文件的名称为 TeachSystem_log，物理文件名为 TeachSystem.ldf，初始大小为 10MB，最大容量为 2GB，增量为 10%。具体操作步骤如下。

① 在 D 盘创建一个新的文件夹 Data。

② 在 SQL Server Management Studio 中新建一个查询页面。

③ 输入以下程序段并执行。

```
CREATE DATABASE TeachSystem
ON  PRIMARY
( NAME='TeachSystem',
  FILENAME='D:\Data\TeachSystem.mdf',
  SIZE=5MB,
  MAXSIZE=100MB,
  FILEGROWTH=1MB)
LOG ON
( NAME='TeachSystem_log',
  FILENAME='D:\Data\TeachSystem_log.ldf',
  SIZE=10MB ,
  MAXSIZE=2GB,
  FILEGROWTH=10%)
```

3.2.4 修改用户数据库

数据库创建完成后，用户在使用过程中可以根据需要对其原始定义的数据库参数进行修改。其中，修改数据库的方式有两种，一种是利用对象资源管理器修改数据库，另一种是利用 T-SQL 语句修改数据库的属性。

1. 使用对象资源管理器修改用户数据库

（1）启动 SQL Server Management Studio，在对象资源管理器中，右击 TeachSystem 数据库，在弹出的快捷菜单中选择"属性"命令，打开"数据库属性"窗口，在"数据库属性"窗口的"常规"标签页中，显示的是数据库的基本信息，如图 3.7 所示，这些信息不能修改。

（2）单击"文件"标签，如图 3.8 所示，可以修改数据库的逻辑名称、初始大小和自动增长等属性，也可以根据需要添加数据文件和事务日志文件，还可以更改数据库的所有者。

（3）打开图 3.9 所示的"数据库属性"窗口的"选项"标签页，单击"限制访问"下拉列表框，选择不同选项可以限制访问数据库的用户。"MULTI_USER"选项表示允许多个用户同时访问数据库；"SINGLE_USER"选项表示只能一个用户访问数据库，其他用户被中断访问；"RESTRICTED_USER"表示只有 db_owner（数据库所有者）、db_creater（数据库创建者）、sysadmin（系统管理员）三种角色的成员才能访问数据库。

图 3.7 "数据库属性"窗口的"常规"标签页

图 3.8 "数据库属性"窗口的"文件"标签页

图 3.9 "数据库属性"窗口的"选项"标签页

2. 使用 T-SQL 语句修改用户数据库

使用 ALTER DATABASE 语句修改用户数据库的语法形式如下。

```
ALTER DATABASE databasename
{
    ADD FILE<FILESPEC>[,...] [TO filegroupname]
    |ADD LOG FILE<filespec>[,...]
    |REMOVE FILE logical_file_name
    |MODIFY FILE <filespec>
    |MODIFY name=new_databasename
    |ADD FILEGROUP filegroup_name
    |REMOVE FILEGROUP filegroup_name
    |MODIFY FILEGROUP filegroup_name
    {filegroup_property|name=new_filegroup_name}
}
```

【例 3.2】为 TeachSystem 数据库增加一个数据文件和一个事务日志文件，数据文件的逻辑名为 TeachSystem_data，初始大小为 10MB，最大容量为 500MB，增量为 5MB。事务日志文件的逻辑名为 TeachSystem_data_log，初始大小为 3MB，最大容量为 100MB，增量为 1MB。

```
ALTER DATABASE TeachSystem
ADD FILE
```

```
   ( NAME= TeachSystem_data,
     FILENAME='D:\Data\TeachSystem_data.ndf',
     SIZE=10MB,
     MAXSIZE=500MB,
     FILEGROWTH=5MB)
go
ALTER DATABASE TeachSystem
ADD LOG FILE
   ( NAME= TeachSystem_data_log,
     FILENAME='D:\Data\TeachSystem_data_log.ldf ',
     SIZE=3MB,
     MAXSIZE=100MB,
     FILEGROWTH=1MB)
go
```

代码中的 go 代表执行代码。

【例 3.3】修改 TeachSystem 数据库的名称为 Teach。

```
ALTER DATABASE TeachSystem
MODIFY NAME=Teach
```

数据库一经创建，由于许多应用程序会使用该数据库，因此原则上不允许修改数据库的名称。如果确实需要修改数据库的名称，则可以使用数据库定义语言进行修改。更改数据库的名称，除了使用 SQL 命令之外，也可以使用系统存储过程 sp_rename。同理，也可以采用图形化界面修改数据库名称，启动 SQL Server Management Studio，在对象资源管理器中，在选择的数据库上右击，在弹出的快捷菜单中选择"重命名"命令，然后输入数据库的新名称即可。

3.2.5 删除用户数据库

在 SQL Server 2019 中，除了系统数据库，用户创建的数据库都可以删除。数据库一旦被删除则不能够恢复，相应的数据文件和事务日志文件也会被删除。删除用户数据库的方式也有两种，一种是使用对象资源管理器删除用户数据库，另一种是采用 T-SQL 语句删除用户数据库。

1. 使用对象资源管理器删除用户数据库

启动 SQL Server Management Studio，在对象资源管理器中，选中 TeachSystem 数据库，右击，在弹出的快捷菜单中选择"删除"命令，如图 3.10 所示，然后打开"删除对象"对话框，如图 3.11 所示，单击"确定"按钮即可删除数据库。

图 3.10 选择"删除"命令

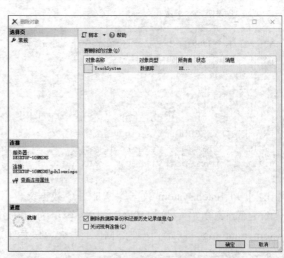

图 3.11 "删除对象"对话框

2. 使用 T-SQL 语句删除用户数据库

使用 DROP DATABASE 命令可以一次删除一个或多个数据库。数据库的所有者和数据库管理员才有权限执行此命令，其语法格式如下。

```
DROP DATABASE database_name[,...]
```

【例 3.4】删除用户创建的 TeachSystem 数据库。

```
DROP DATABASE TeachSystem
```

注意，用户只能删除自己创建的数据库，不能删除其他用户创建并且仍在使用的数据库。

3.2.6 查看数据库信息

1. 打开数据库

在用户连接上 SQL Server 时，系统会打开默认的数据库。一般用户需要具体指定连接到哪个数据库，或者从一个数据库切换到另一个数据库，可以在 SQL 编辑器中使用 USE 命令打开或者切换到不同数据库。

打开或切换数据库的命令格式如下。

```
USE database_name
```

其中，database_name 为要打开或切换的数据库的名称。

例如打开 TeachSystem 数据库，则使用命令 USE TeachSystem。

2. 查看数据库的属性信息

要确认数据库的当前状态，除了通过“数据库属性”窗口的各个标签页查看数据库属性以外，还可以采用 T-SQL 语句查看。例如，使用 sys.databases 数据库和文件目录视图可以查看有关数据库的基本信息，使用 sys.database_files 可以查看数据库文件的信息，使用 sys.filegroups 可以查看有关数据库文件组的信息，利用 sys.master_files 可以查看数据库文件的基本信息和状态信息，使用系统存储过程 sp_helpdb 可以查看数据参数信息，使用系统存储过程 sp_dboption 可以查看数据库的选项信息。

【例 3.5】通过 sys.database 查看数据库的状态信息。具体的 T-SQL 语句如下。

```
SELECT name,state,state_desc FROM sys.databases
```

在查询设计器窗口中输入如上代码并执行，结果如图 3.12 所示。

【例 3.6】通过 sys.master_files 查看数据文件和事务日志文件。具体的 T-SQL 语句如下。

```
SELECT name,physical_name,type,type_desc,state, state_desc
FROM sys.master_files
```

在查询设计器窗口中输入如上代码并执行，就可以查看数据文件和事务日志文件的有关信息，结果如图 3.13 所示。

	name	state	state_desc
1	master	0	ONLINE
2	tempdb	0	ONLINE
3	model	0	ONLINE
4	msdb	0	ONLINE
5	DWDiagnostics	0	ONLINE
6	DWConfiguration	0	ONLINE
7	DWQueue	0	ONLINE
8	TeachSystem	0	ONLINE

图 3.12　查看数据库的状态信息

	name	physical_name	type	type_desc	state	state_desc
1	master	D:\software\SQL Server 2019\MSSQL15.MSSQLSERVER...	0	ROWS	0	ONLINE
2	mastlog	D:\software\SQL Server 2019\MSSQL15.MSSQLSERVER...	1	LOG	0	ONLINE
3	tempdev	D:\software\SQL Server 2019\MSSQL15.MSSQLSERVER...	0	ROWS	0	ONLINE
4	templog	D:\software\SQL Server 2019\MSSQL15.MSSQLSERVER...	1	LOG	0	ONLINE
5	temp2	D:\software\SQL Server 2019\MSSQL15.MSSQLSERVER...	0	ROWS	0	ONLINE
6	temp3	D:\software\SQL Server 2019\MSSQL15.MSSQLSERVER...	0	ROWS	0	ONLINE
7	temp4	D:\software\SQL Server 2019\MSSQL15.MSSQLSERVER...	0	ROWS	0	ONLINE
8	temp5	D:\software\SQL Server 2019\MSSQL15.MSSQLSERVER...	0	ROWS	0	ONLINE
9	temp6	D:\software\SQL Server 2019\MSSQL15.MSSQLSERVER...	0	ROWS	0	ONLINE
10	temp7	D:\software\SQL Server 2019\MSSQL15.MSSQLSERVER...	0	ROWS	0	ONLINE
11	temp8	D:\software\SQL Server 2019\MSSQL15.MSSQLSERVER...	0	ROWS	0	ONLINE
12	modeldev	D:\software\SQL Server 2019\MSSQL15.MSSQLSERVER...	0	ROWS	0	ONLINE
13	modellog	D:\software\SQL Server 2019\MSSQL15.MSSQLSERVER...	1	LOG	0	ONLINE
14	MSDBData	D:\software\SQL Server 2019\MSSQL15.MSSQLSERVER...	0	ROWS	0	ONLINE
15	MSDBLog	D:\software\SQL Server 2019\MSSQL15.MSSQLSERVER...	1	LOG	0	ONLINE
16	DWDiagnostics	D:\software\SQL Server 2019\MSSQL15.MSSQLSERVER...	0	ROWS	0	ONLINE
17	DWDiagnostics_log	D:\software\SQL Server 2019\MSSQL15.MSSQLSERVER...	1	LOG	0	ONLINE
18	DWConfiguration	D:\software\SQL Server 2019\MSSQL15.MSSQLSERVER...	0	ROWS	0	ONLINE
19	DWConfiguratio...	D:\software\SQL Server 2019\MSSQL15.MSSQLSERVER...	1	LOG	0	ONLINE
20	DWQueue	D:\software\SQL Server 2019\MSSQL15.MSSQLSERVER...	0	ROWS	0	ONLINE
21	DWQueue_log	D:\software\SQL Server 2019\MSSQL15.MSSQLSERVER...	1	LOG	0	ONLINE
22	TeachSystem	d:\data\TeachSystem.mdf	0	ROWS	0	ONLINE
23	TeachSystem_log	d:\data\TeachSystem_log.ldf	1	LOG	0	ONLINE

图 3.13　查看数据库文件的信息

【例 3.7】使用 sp_helpdb 查看数据库和数据库参数的有关信息。具体的 T-SQL 语句如下。

```
EXECUTE sp_helpdb 'TeachSystem'
```

在查询设计器窗口中输入如上代码并执行，结果如图 3.14 所示。

	name	db_size	owner	dbid	created	status	compatibility_level
1	TeachSystem	18.00 MB	DESKTOP-1ONMSHS\pdslouxinpo	8	05 15 2021	Status=ONLINE, Updateability=READ_WRITE, UserAc...	150

	name	fileid	filename	filegroup	size	maxsize	growth	usage
1	TeachSystem	1	d:\data\TeachSystem.mdf	PRIMARY	8192 KB	102400 KB	1024 KB	data only
2	TeachSystem_log	2	d:\data\TeachSystem_log.ldf	NULL	10240 KB	2097152 KB	10%	log only

图 3.14　查看数据库参数的信息

3.2.7　分离和附加用户数据库

在 SQL Server 系统中可以通过分离和附加用户数据库快速地把用户数据库从一台计算机移动到另外一台计算机。首先将数据库文件与该 SQL Server 系统进行分离，即脱离关系，这时在该服务器上无法连接该数据库，但数据库文件仍然在该服务器的硬盘上，然后把分离下来的数据库文件通过附加数据库的技术将数据库文件附加到另外一台服务器上，这样在另外一台服务器上就可以使用和管理该数据库。

1.　分离数据库

（1）在 SQL Server Management Studio 中选中 TeachSystem 数据库（见图 3.15），右击，在弹出的快捷菜单中依次选择"任务"→"分离"命令，如图 3.16 所示。

（2）在弹出的对话框中进行设置。设置数据库 TeachSystem 的分离参数，单击"确定"按钮，即可完成操作。

图 3.15　选择数据库

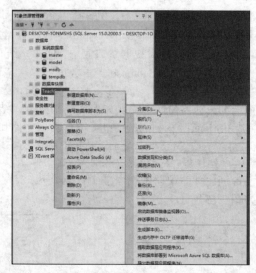

图 3.16　选择"分离"命令

分离数据库的主要参数的含义如下。

删除连接：是否断开与指定服务器的连接。

更新统计信息：选择在分离数据库之前是否更新过时的优化统计信息。

状态：显示数据库分离前是否"就绪"或"未就绪"。

2.　附加数据库

（1）在"对象资源管理器"中右击"数据库"选项，从弹出的快捷菜单中选择"附加"命令，如图 3.17 所示，打开"附加数据库"对话框。

（2）在弹出的"附加数据库"对话框中，单击"添加"按钮。在弹出的"定位数据库文件"对话框中，选择要添加的数据库的主要数据文件，如图 3.18 所示。数据库 TeachSystem 的主要数据文件为 TeachSystem.mdf。

图 3.17　选择"附加"命令　　　　　　　　　图 3.18　"定位数据库文件"对话框

（3）单击"确定"按钮，返回"附加数据库"对话框。单击"确定"按钮，数据库 TeachSystem 就附加到当前的实例中了。

3.3　数据表及其操作

3.2 节主要讲解了数据库的操作，数据库是存放数据的容器，如果将数据不加区分地放在一个容器里面，显示时就会出现混乱。本节主要讲解如何创建数据表，数据表就像数据容器里面的抽屉一样，将数据分门别类地放在数据库中进行存储。因此，数据表是数据库中极其重要的数据对象，是存储数据的基本单元。通过对表结构的设计可以定义数据库的结构，还可以通过约束对保存的数据类型进行限制。数据表与电子表格类似，数据在表中是按照行和列的格式组织排列的。每一行代表一条唯一的记录，每一列代表记录中的一个域。

例如，一个包含学生基本信息的数据表，表中的每一行代表一条学生信息，每一列表示学生的详细资料，如 SNO（学号）、SN（姓名）、Sex（性别）、Age（年龄）和 DNO（系别）等，TeachSystem 数据库中的学生表 student 如图 3.19 所示。

SNO	SN	Sex	Age	DNO
S01	韩耀飞	男	20	08
S02	苏致远	男	22	08
S03	崔尚圣	男	20	08
S04	黄海冰	男	20	08
S05	杨影	女	19	07
S06	敬云飞	女	20	07
S07	王欣	女	21	06
S08	夏文飞	女	19	06
S09	平静	女	20	06

图 3.19　学生表

3.3.1　数据类型

数据表中主要存储的是数据，现实社会中存放着不同类型的数据，数据类型是以数据的表现方式和存储方式划分的。数据类型是数据的一种属性，决定数据存储的空间和格式。

在 SQL Server 2019 的数据表中，属性列的数据类型既可以是系统提供的数据类型，也可以是用户自定义的数据类型。数据类型可以为属性列定义 4 个属性：对象包含的数据种类、存储值占有的空间（字节数）与数值范围、数值的精度（仅适用于数值类型）、数值的小数位数（仅适用于数值类型）。

SQL Server 2019 中的数据类型可以归纳为整数数据类型、浮点数据类型、字符数据类型、日期和时间数据类型、货币数据类型、二进制数据类型和其他数据类型。

1. 整数数据类型

整数数据类型是常用的数据类型之一，主要用来存储没有小数位的整数。表3.1列出了SQL Server 2019支持的整数数据类型。

表 3.1　整数数据类型

数据类型	取值范围及说明	字节数
tinyint	0～255 的整型数据	1
smallint	$-2^{15} \sim 2^{15}-1$ 的整型数据	2
int	$-2^{31} \sim 2^{31}-1$ 的整型数据	4
bigint	$-2^{63} \sim 2^{63}-1$ 的整型数据	8
bit	可以取 0、1 或 NULL 的整数数据类型	1～2

2. 浮点数据类型

浮点数据类型可以存储十进制值，用于表示浮点数值数据的大致数值的数据类型，包括 float、real、decimal 和 numeric 四种。SQL Server 2019 存储数据时对小数点右边的数进行四舍五入。一般只有在精确数据类型不够大、不能存储数值时，才考虑使用 float 数值类型。表3.2列出了SQL Server 2019 支持的浮点数据类型。

表 3.2　浮点数据类型

数据类型	取值范围及说明	字节数
real	$-3.40 \times 10^{38} \sim 3.40 \times 10^{38}$，数据精度为 7 位有效数字	4
float[(n)]	$-2.23 \times 10^{308} \sim 2.23 \times 10^{308}$，其中 n 用于存储 FLOAT 数值的尾数位数	4 或 8
decimal[(p,s)]	$-10^{38}+1 \sim 10^{38}-1$，其中 p（精度）为最多可以存储的十进制数字的总位数，s（小数位数）为小数点右边可以存储的十进制数字的最大位数	5～17
numeric[(p,s)]	$-10^{38}+1 \sim 10^{38}-1$，功能类似 decimal[(p,s)]	5～17

3. 字符数据类型

字符数据类型是使用较多的数据类型，可以用来存储各种字母、数字符号和特殊符号。字符数据类型分为定长类型和变长类型。对于定长字符数据类型，可以用 n 指定定长字符串的长度，如 char(n)、nchar(n)。当输入的字长小于分配的长度时，用空格填充；当输入的字符串的字长大于分配的长度时，则 SQL Server 2019 自动截取多余部分。对于变长字符数据类型，可以用 n 指定字符的最大长度，如 varchar(n)、nvarchar(n)。在变长属性列的数据会被去掉尾部的空格；存储尺寸就是输入数据的实际长度。SQL Server 2019 支持 6 种类型的字符数据类型，即 char、varchar、text、nchar、nvarchar 和 ntext 等。其中，前 3 种为 ASCII 编码，后 3 种的编码为 Unicode 编码。表3.3列出了 SQL Server 2019 支持的字符数据类型。

表 3.3　字符数据类型

编码方式	数据类型	取值范围及说明	字节数
ASCII 编码	char[(n)]	定长长度，最多 8000 个字符	1～8000
	varchar[(n)]	定长长度，最多 8000 个字符	1～8000
	text	定长长度，最多 $2^{31}-1$ 个字符	最大 2G
Unicode 编码	nchar[(n)]	变长长度，最多 4000 个字符	2～8000
	nvarchar[(n)]	变长长度，最多 4000 个字符	2～8000
	ntext	变长长度，最多 $2^{31}-1$ 个字符	最大 2G

4. 日期和时间数据类型

日期和时间数据类型主要存储日期和时间结合的数据类型，在计算机内部作为整数存储。SQL

Server 2019 支持 date、datetime、datetime2、datetimeoffst、smalldatetime、time 6 种类型。表 3.4 列出了 SQL Server 2019 支持的日期和时间数据类型。

表 3.4　日期和时间数据类型

数据类型	取值范围及说明	字节数	精确度
date	0001-01-01～9999-12-31，指定年、月、日的值	8	3.33ms
datetime	1753-01-01～9999-12-31	8	3.33ms
datetime2	0000-01-01～9999-12-31	6～8	100ns
datetimeoffset	0000-01-01～9999-12-31	10	100ns
smalldatetime	1900-01-01～2079-6-6	4	1min
time	定义一天中的某个时间，此时间不能感知时区且基于 24 小时	5	100ns

5. 货币数据类型

货币数据由十进制货币的数值数据组成。货币数据类型有 money 和 smallmoney 两种，能精确到它们所代表的货币单位的万分之一。表 3.5 列出了 SQL Server 2019 支持的货币数据类型。

表 3.5　货币数据类型

数据类型	取值范围及说明	字节数
money	$-2^{63}\sim2^{63}-1$，精确到所代表的货币单位的万分之一	8
smallmoney	$-2^{31}\sim2^{31}-1$，精确到所代表的货币单位的万分之一	4

6. 二进制数据类型

二进制数据的字符串是由二进制值组成的，而不是由字符组成的，该类型通常用于时间戳（Timestamp）和 IMAGE 类型。表 3.6 列出了 SQL Server 2019 支持的二进制数据类型。

表 3.6　二进制数据类型

数据类型	取值范围及说明	字节数
binary[(n)]	定长长度的 n 个二进制数据	1～8000
varbinary[(n)]	变长长度的二进制数据	1～8000
image	变长长度的二进制数据	最大 2G

7. 其他数据类型

为了更好地解决特殊类型的数据，SQL Server 2019 还支持 geography、geometry、hierarchyid、sql_variant、timestamp、uniqueidentifier、xml 和用户定义数据类型。

（1）geography 类型是地理空间数据类型。此类型表示圆形地球坐标系中的数据，例如北斗定位系统的纬度坐标和经度坐标。

（2）geometry 类型表示平面空间数据类型。此类型表示欧几里得坐标系中的数据。

（3）hierarchyid 类型是一种长度可变的数据类型。可使用该类型表示层次结构中的位置。

（4）sql_variant 类型用于存储 SQL Server 2019 支持的各种数据类型（不包括 text、ntext、image、timestamp 和 sql_variant）的值。

（5）uniqueidentifier 类型用于存储一个 16 字节长的二进制数据类型。

（6）xml 类型可以存储可扩展标记文本数据。可以在属性列或 xml 类型的变量中存储 xml 实例，但实例大小不能超过 2GB。

（7）用户定义数据类型是 SQL Server 系统提供的数据类型。当多个表的列中要存储同样类型的数据，且需要确保这些列具有完全相同的类型、长度和是否为空属性时，可使用用户定义数据类型。用户定义数据类型由用户创建，创建时必须提供名称、新数据类型所依据的系统数据类型、是否允许为空等。

3.3.2 创建数据表

创建数据表的一般步骤：首先，设计数据表的表结构，即定义属性列的列名、数据类型、数据长度和是否可为空等；其次，给表定义完整性约束，限制某列的取值范围，保证数据的正确和一致性；最后，向数据表输入数据。创建数据表的关键是设计合适的表结构。教务管理信息系统数据库 TeachSystem 包括学生表 student（表结构见表 3.7，表数据见表 3.13）、课程表 course（表结构见表 3.8，表数据见表 3.14）、教师表 teacher（表结构见表 3.9，表数据见表 3.15）、选课表 SC（表结构见表 3.10，表数据见表 3.16）、授课表 TC（表结构见表 3.11，表数据见表 3.17）和院系表 dept（表结构见表 3.12，表数据见表 3.18）。

表 3.7　学生表 student 的表结构

列名	数据类型	大小	小数位数	是否为空	列名含义
SNO	nchar	6		N	学号（主键）
SN	nvarchar	10		N	姓名
Sex	nchar	2			性别
Age	smallint				年龄
DNO	nchar	10			院系编号

表 3.8　课程表 course 的表结构

列名	数据类型	大小	小数位数	是否为空	列名含义
CNO	nchar	6		N	课程号（主键）
CN	nvarchar	20		N	课程名称
Type	nchar	8			课程类型
Period	smallint				学时
Credit	numeric	3	1		学分

表 3.9　教师表 teacher 的表结构

列名	数据类型	大小	小数位数	是否为空	列名含义
TNO	nchar	6		N	教工号（主键）
TN	nvarchar	10		N	姓名
Sex	nchar	2			性别
Hiredate	date				入职日期
Prof	nvarchar	8			职称
DNO	nchar	10			院系编号

表 3.10　选课表 SC 的表结构

列名	数据类型	大小	小数位数	是否为空	列名含义
SNO	nchar	6		N	学号
CNO	nchar	6		N	课程号
Score	numeric	4	1		成绩

表 3.11　授课表 TC 的表结构

列名	数据类型	大小	小数位数	是否为空	列名含义
TNO	nchar	6		N	教工号
CNO	nchar	6		N	课程号

表 3.12 院系表 dept 的表结构

列名	数据类型	大小	小数位数	是否为空	列名含义
DNO	nchar	10		N	院系编号（主键）
DN	nvarchar	30		N	院系名
Location	nvarchar	50			院系位置
Tel	nvarchar	11			院系办公电话

表 3.13 学生表 student 的数据

SNO	SN	Sex	Age	DNO
S01	韩耀飞	男	20	08
S02	苏致远	男	22	08
S03	崔岩坚	男	21	08
S04	黄海冰	男	20	08
S05	杨影	女	19	07
S06	敬云飞	男	20	07
S07	王欣	女	21	06
S08	夏文飞	女	19	06
S09	平静	女	20	06
S10	JAMES_TM	男	20	08

表 3.14 课程表 course 的数据

CNO	CN	Type	Period	Credit
C01	数据库原理及应用	必修	48	3.0
C02	Java Web 程序设计	选修	64	4.0
C03	数据结构	必修	48	3.0
C04	给排水工程	选修	40	2.5
C05	数字电子技术	必修	48	3.0
C06	高等数学	必修	96	6.0
C07	高级语言程序设计	必修	64	4.0
C08	住建行业应用导论	选修	32	2.0
C09	计算机专业英语	选修	32	2.0

表 3.15 教师表 teacher 的数据

TNO	TN	Sex	Hiredate	Prof	DNO
T01	韩元飞	男	1995-07-07	教授	08
T02	刘新朝	男	1993-08-08	教授	08
T03	海枫	女	1998-01-09	副教授	08
T04	高明欣	女	2005-12-12	讲师	08
T05	胡海悦	女	1990-11-10	教授	07
T06	林思远	男	1996-05-06	副教授	07
T07	马爱芬	女	2008-10-12	讲师	06
T08	田有才	男	1999-08-10	副教授	06

表 3.16 选课表 SC 的数据

SNO	CNO	Score
S01	C01	82
S01	C02	85
S01	C03	77
S01	C04	
S02	C01	90
S02	C04	75
S02	C05	65
S02	C07	56
S03	C01	68
S03	C07	95
S04	C07	90
S05	C01	96
S06	C03	98
S06	C06	76
S07	C01	83
S07	C07	86
S08	C01	58
S09	C01	88
S09	C03	86
S09	C07	78
S09	C09	66

表 3.17 授课表 TC 的数据

TNO	CNO
T01	C01
T02	C02
T02	C01
T03	C03
T04	C05
T04	C06
T04	C07
T05	C04
T06	C07
T07	C08
T08	C06

表 3.18 院系表 dept 的数据

DNO	DN	Location	Tel
01	土木与交通工程学院	理工校区 10#教学楼 C 座	2022201
02	管理学院	理工校区 8#教学楼 B 座	2022202
03	市政与环境工程学院	理工校区 9#教学楼 A 座	2022203
04	建筑与城市规划学院	理工校区 3#教学楼 A 座	2022204
05	能源与建筑环境工程学院	理工校区 3#教学楼 B 座	2022205
06	测绘与城市空间信息学院	理工校区 5#教学楼 A 座	2022206
07	艺术设计学院	文管校区 3#教学楼 A 座	2022207
08	计算机与数据科学学院	理工校区 10#教学楼 A 座	2022208
09	电气与控制工程学院	理工校区 2#教学楼 B 座	2022209

注意　　选课表 SC 的主键为 SNO 和 CNO 的组合(SNO,CNO)；授课表 TC 的主键为 TNO 和 CNO 的组合(TNO,CNO)。

1. 使用对象资源管理器创建数据表

（1）启动 SQL Server Management Studio，在对象资源管理器中，展开 TeachSystem 数据库，右击"表"选项，在弹出的快捷菜单中选择"新建"→"表"命令，如图 3.20 所示。

（2）在弹出的"编辑"面板中输入各列的名称、数据类型、长度和是否可为空等属性（参考表 3.7 的学生表结构），如图 3.21 所示。

图 3.20　"新建"→"表"命令的选择

图 3.21　定义表结构属性

（3）输入各属性列后，单击"保存"按钮，弹出"选择名称"对话框，如图 3.22 所示。在"选择名称"对话框中输入表的名称 student，单击"确定"按钮，学生表 student 创建完成。

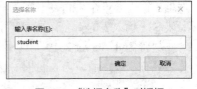

2. 使用 T–SQL 语句创建数据表

使用 CREATE TABLE 语句创建表，其基本语法格式如下。

图 3.22　"选择名称"对话框

```
CREATE TABLE [<database_name>].[<schema_name>].[<schema_name>.]<table_name>
(
    {<column_name><data_type>
    [NULL|NOT NULL][IDENTITY[(<seed>,<increment>)]]
    [<column_constraint>][,...n]
    [,...n]}
    [,<table_constraint>][,...n]
)
```

参数说明如下。

database_name：创建数据库的名称，默认为当前数据库。

schema_name：表所属架构名称。

table_name：新建表的名称。表名必须符合标识符命名规则，最多包含 128 个字符。

column_name：表中列的名称。列名必须符合标识符命名规则并且在表中是唯一的，最多包含 128 个字符。

data_type：用于指定数据类型。

column_constraint：列级约束定义。

table_constraint：表级约束定义。

NULL|NOT NULL：用于指定该列是否可以接受空值。

按照约束作用的范围不同，完整性约束可以分为列级约束和表级约束。列级约束是对某个特定列的约束，包含在列定义中，直接跟在该列的其他定义之后，用空格分隔，不必指定列名。表级约束与列定义相互独立，不包括在列定义中，通常用于对多个列一起进行约束，与列定义用逗号分隔，定义表约束时必须指出要约束的那些列的名称。

【例 3.8】在教学管理信息数据库 TeachSystem 中创建学生表 student。

```
USE TeachSystem
GO
CREATE TABLE student(
      SNO nchar(6) NOT NULL,
      SN nvarchar(10) NOT NULL,
      Sex nchar(2)
      Age SMALLINT
      DNO nchar(10)
)
GO
```

3.3.3 修改表结构

数据表在创建完成之后，在使用的过程中可以对表结构进行修改，例如增加表中的某一列，删除表中的某一列，修改已有的某一列属性等。可以通过对象资源管理器和 T-SQL 语句两种方法修改表结构。

1. 使用对象资源管理器修改表结构

（1）修改表名

启动 SQL Server Management Studio 后，在对象资源管理器中展开 TeachSystem，再展开"表"选项，选中要重命名的表（如表 student），右击，在弹出的快捷菜单中选择"重命名"命令，然后在原表 S 上输入表的新名称 S，即可完成表名的更改操作。

尽管 SQL Server 2019 允许用户修改表的名称。但是，一般情况下不建议修改已有表的表名，因为表名在修改之后，与表名相关联的某些对象（如视图、存储过程等）将无效。

（2）添加列

当需要向表中增加项目时，就要向表中增加列。例如，对 TeachSystem 数据库中的学生表 student 增加一列家庭住址"address"。

启动 SQL Server Management Studio 后，在对象资源管理器中展开 TeachSystem，再展开"表"选项，选中要修改结构的表（如表 student），右击，在弹出的快捷菜单中选择"设计"命令，如图 3.23 所示。接着在弹出的"dbo.student 表"的窗口中单击一行，输入列名"address"，选择数据类型 nvarchar(30)，并选择可以为空值，如图 3.24 所示。最后单击工具栏上的"保存"按钮，即可完成增加列的操作，按此操作可以添加多列。

（3）删除列

在对象资源管理器中打开学生表 student 的设计窗口，右击"address"列，在弹出的快捷菜单中选择"删除"命令，然后单击工具栏上的"保存"按钮，即可完成删除列的操作，按此操作可以删除多列。

（4）修改列

如同增加和删除列的操作，在表窗口中可以对已有列的数据类型、长度和是否可以为空值等属性进行修改，单击工具栏上的"保存"按钮可以保存修改结果，完成修改操作。

当表中输入数据之后，不要再轻易改变表结构，特别是不要修改列的数据类型，防止造成错误。例如表中某列原来的数据类型是 decimal，如果将其改为 int，那么表中原有的数据将部分丢失，从而引起数值错误。

图 3.23　选择数据表的"设计"命令

列名	数据类型	允许 Null 值
🔑 SNO	nchar(6)	☐
SN	nvarchar(10)	☐
Sex	nchar(2)	☑
Age	smallint	☑
DNO	nchar(10)	☑
▶ address	nvarchar(30)	☑

图 3.24　向表中增加列

2. 使用 T–SQL 语句修改表结构

使用 ALTER TABLE 语句可以完成修改表结构的操作，其基本语法结构如下：

```
ALTER TABLE table_name
{
    ALTER COLUMN col_name column_properites
    |ADD {constraint_def|col_name column_properites [,...n]}
    |DROP {CONSTRAINT cons_name|COLUMN col_name}[,...n]
}
```

其中的参数说明如下。

table_name：用于指定要修改的表名称。

ALTER COLUMN：用于指定要变更或者修改数据类型的列。

col_name：用于指定要修改、添加和删除的列全名。

【例 3.9】向学生信息表 student 中增加一列 "address"，数据类型为 nvarchar(30)，可以为空值。

```
USE TeachSystem
GO
ALTER TABLE student
ADD  address nvarchar(30) NULL
GO
```

【例 3.10】修改学生信息表 student 中已有列 "address"，将其数据类型改为 nchar。

```
USE TeachSystem
GO
ALTER TABLE student
ALTER COLUMN address nchar(30)
GO
```

【例 3.11】删除学生信息表 student 中的列 "address"。

```
USE TeachSystem
GO
ALTER TABLE student
DROP COLUMN address
GO
```

3.3.4 查看数据表

1. 使用对象资源管理器查看表结构

在对象资源管理器窗口中，右击需要查看结构的表，在弹出的快捷菜单中选择"设计"命令，打开数据表窗口，即可查看数据表的结构信息。

2. 使用系统存储过程 sp_help 查看表结构

sp_help 的语法格式如下。

```
[EXECUTE] sp_help [table_name]
```

【例 3.12】查看 TeachSystem 数据库中的学生表 student 的表结构。

```
EXECUTE sp_help student
```

3. 查看数据表中的数据

在对象资源管理器窗口中，右击需要查看数据的表，在弹出的快捷菜单中选择"编辑前 200 行"命令，打开数据表窗口，即可查看数据表的数据信息。在数据表窗口中，不仅能查看表的数据信息，还能向数据表插入记录、更新记录和删除记录。

3.3.5 删除数据表

当某个数据表无用时，可以将其删除。删除表后，该表的结构定义、数据、全文索引、约束和索引都将从数据库中永久删除，存储空间将被释放。

1. 使用对象资源管理器删除数据表

启动 SQL Server Management Studio 后，在对象资源管理器中展开数据表所在的数据库，再展开"表"选项，选中要删除的表（如表 student），右击，在弹出的快捷菜单中选择"删除"命令，如图 3.25 所示。然后，在"删除对象"对话框中单击"确定"按钮，即可完成数据表的删除操作。

2. 使用 T-SQL 语句删除数据表

删除数据表可以使用 DROP TABLE 命令，其语法格式如下。

```
DROP TABLE table_name[,...n]
```

图 3.25 数据表"删除"命令的选择

【例 3.13】删除 TeachSystem 数据库中的学生表 student。

```
USE TeachSystem
GO
DROP TABLE student
GO
```

使用 DROP TABLE 不能删除系统表。

3.3.6 更新数据表

更新数据表主要是指向数据表中插入记录、修改记录和删除记录。插入记录主要使用 INSERT 语句，修改记录主要使用 UPDATE 语句，删除记录主要使用 DELETE 语句。

1．插入记录

使用 INSERT 语句可以向数据表中插入一条记录或多条记录，且该记录插入数据表的末尾。
INSERT 语句的语法格式如下。

```
INSERT [INTO] table_name
[(column1,column2,...)]
VALUES(value1,value2,...)
```

主要参数说明如下。

INTO：可选的关键字。

table_name：指定插入数据的表名。

column1,column2,…：将要插入数据的列名。

VALUES：插入的数据值的列表。

其中，列名和值在个数和类型上保持一一对应。如果提供表中所有列的值，则列名列表可以省略，这时必须保证所提供的值列表的顺序与列定义的顺序一一对应。

【例 3.14】向学生表 student 中插入一条记录('S10','张杰','男',19,'08')。

```
USE TeachSystem
GO
INSERT INTO student VALUES('S10','张杰','男',19,'08')
GO
```

【例 3.15】向学生表 student 中插入一条记录的部分数据值，只输入 SNO、SN 两个列的值：S11、李伟。

```
USE TeachSystem
GO
INSERT INTO student(SNO,SN) VALUES('S11','李伟')
GO
```

在进行数据插入时应注意以下几点。

（1）必须用逗号将各个数据项分隔，字符和日期数据要用单引号括起来。

（2）INTO 子句没有指定列名时，则新插入的记录必须在每个列上均有值，且 VALUES 子句中值的顺序要和表中各列的排列次序一致、数据类型一致。

（3）将 VALUES 子句中的值按照 INTO 子句中指定的列名次序插入表中。

（4）对于 INTO 子句中没有出现的列，则新插入的记录在这些列上取默认值或空值。

2．修改记录

使用 UPDATE 语句修改表中数据的语法格式如下。

```
UPDATE table_name
SET column1=new_value1[,column2=new_value2[,...]]
[WHERE search_condition]
```

主要参数说明如下。

table_name：指定更新数据的表名。

SET column1=new_value1：指定更新数据的列及更新后的数据。

WHERE search_condition：指定要更新的记录满足的条件，当 WHERE 子句省略时，修改表中所有记录。

【例 3.16】对例 3.15 中向表 student 中插入的记录进行修改，修改语句如下。

```
USE TeachSystem
GO
UPDATE student
SET Sex='男',Age=20,DNO='08'
```

```
where SNO='S11'
GO
```

3. 删除记录

使用 DELETE 语句删除表中记录的语法格式如下。

```
DELETE FROM table_name
[WHERE search_condition]
```

WHERE 子句用于指定要删除行的条件。

【例 3.17】删除数据表 student 中姓名为王杰的学生记录，删除语句如下。

```
USE TeachSystem
GO
DELETE  FROM student
where SN='王杰'
GO
```

【例 3.18】删除数据表 student 中所有的记录，删除语句如下。

```
USE TeachSystem
GO
DELETE FROM student
GO
```

除了使用 DELETE 语句删除表中的多行数据，还可以使用 TRUNCATE TABLE 语句，其语法格式如下。

```
TRUNCATE TABLE table_name
```

TRUNCATE TABLE 语句删除表中的所有行，而不记录单个行删除操作。TRUNCATE TABLE 语句在功能上与没有 WHERE 子句的 DELETE 语句相同。但是，TRUNCATE TABLE 语句的速度更快，使用的系统资源和事务日志资源更少。

3.4 数据查询

在数据库应用系统中，表的查询是经常使用的操作。可以在 SQL Server Management Studio 中通过对象资源管理器查询数据，也可以使用 SELECT 语句完成查询操作。SQL Server 2019 提供了 SELECT 语句较完整的语法形式，该语句具有灵活的使用方式和丰富的功能。当使用 SELECT 语句构造查询语句时，熟悉基本参数和选项能更有效地实现数据查询。

SELECT 语句是 T-SQL 从数据库中获取信息的一个基本语句。该语句可以实现从一个或多个数据库的一个或多个表中查询信息，并将结果显示为另外一个表（结果集）的形式。SELECT 语句的基本语法格式如下。

```
SELECT <select_list>
[FROM  <table_source>]
[WHERE <source_condition>]
[GROUP BY <group_by_expression>]
[HAVING <search_condition>]
[ORDER BY <order_expression>[ASC|DESC]]
```

其中的参数说明如下。

select_list：指明要查询的选择列表。列表可以包含若干个列名或表达式，列名或表达式之间用逗号隔开，用来指示应该返回哪些数据。表达式可以是列名、函数、常数的列表。

table_source：指明查询的表或视图的名称。

source_condition：指明查询要满足的条件。

group_by_expression：根据指定列中的值对结果集进行分组。

search_condition：对 FROM、WHERE 或 GROUP BY 子句中创建的中间结果集进行行的筛选，通常与 GROUP BY 子句一起使用。

<order_expression>[ASC|DESC]：对查询结果集中的行重新排序。ASC 和 DESC 关键字分别用于指定按升序或降序排序。如果省略 ASC 或 DESC，则系统默认为升序。

3.4.1　投影查询

使用 SELECT 语句可以选择查询表或视图中的一列或者多列，当选择多列时，列之间要用"，"分隔。

【例 3.19】查询全体学生的学号、姓名和年龄。

```
USE TeachSystem
GO
SELECT SNO,SN,Age
FROM student
GO
```

查询结果如图 3.26 所示。

1. 使用星号（*）查询所有的列

如果想从 FROM 子句指定的表或视图中查询返回所有的列，可以在选择列表中选择星号*，而不需要列出表或视图中所有的列。

【例 3.20】查询学生表 student 中的所有信息，即所有的行和所有的列。

```
USE TeachSystem
GO
SELECT * FROM student
GO
```

查询结果如图 3.27 所示。

	SNO	SN	Age
1	S01	韩耀飞	20
2	S02	苏致远	22
3	S03	崔岩坚	21
4	S04	黄海冰	20
5	S05	杨影	19
6	S06	敬云飞	20
7	S07	王欣	21
8	S08	夏文飞	19
9	S09	平静	20

图 3.26　例 3.19 的查询结果

	SNO	SN	Sex	Age	DNO
1	S01	韩耀飞	男	20	08
2	S02	苏致远	男	22	08
3	S03	崔岩坚	男	21	08
4	S04	黄海冰	男	20	08
5	S05	杨影	女	19	07
6	S06	敬云飞	男	20	07
7	S07	王欣	女	21	06
8	S08	夏文飞	女	19	06
9	S09	平静	女	20	06

图 3.27　例 3.20 的查询结果

2. 使用 DISTINCT 消除重复值

在 SELECT 语句的选择列表中使用 DISTINCT 关键字，可以从结果集中消除指定列的值重复的行。

【例 3.21】查询学生表 student 中学生的专业，消除重复的行。

```
USE TeachSystem
GO
SELECT DNO FROM student
GO
SELECT DISTINCT DNO FROM student
GO
```

查询结果如图 3.28 所示。

从第一部分语句的执行结果和第二部分语句的执行结果中，可以发现学生的院系编号有多行重复，使用 DISTINCT 关键字可以实现去掉重复的行。

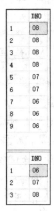

	DNO
1	08
2	08
3	08
4	08
5	07
6	07
7	06
8	06
9	06

	DNO
1	06
2	07
3	08

图 3.28　例 3.21 的查询结果

3. 使用 TOP n[PERCENT]仅返回 n 行

使用 TOP 关键字，可以从查询结果集中只返回前 n 行。如果指定了 PERCENT 关键字，则返回前 n%行，此时 n 必须介于 0~100。如果查询包括 ORDER BY 子句，则首先对行进行排序，然后从排序后的结果集中返回前 n 行或 n%行。

【例 3.22】从学生表 student 中查询学生的所有信息，要求只返回前 3 行数据。

```
USE TeachSystem
GO
SELECT TOP 3 * FROM student
GO
```

查询结果如图 3.29 所示。

【例 3.23】从学生表 student 中查询学生的所有信息，要求只返回前 20%行数据。

```
USE TeachSystem
GO
SELECT TOP 20 PERCENT * FROM student
GO
```

查询结果如图 3.30 所示，查询到 2 行数据。表 student 共有 9 行数据，运行结果取大于 20%×9 的最小整数行数据，结果为 2 行。

	SNO	SN	Sex	Age	DNO
1	S01	韩耀飞	男	20	08
2	S02	苏致远	男	22	08
3	S03	崔岩坚	男	21	08

图 3.29　例 3.22 的查询结果

	SNO	SN	Sex	Age	DNO
1	S01	韩耀飞	男	20	08
2	S02	苏致远	男	22	08

图 3.30　例 3.23 的查询结果

4. 修改查询结果的列标题（别名）

利用投影查询可以控制列名的顺序，并可通过指定别名改变查询结果中的列标题的名称。修改查询结果的列标题有如下两种方法。

（1）将要显示的列标题用单引号括起来后，写在列名后面，两者之间用空格或 AS 分隔开。

（2）将要显示的列标题用单引号括起来后接等号（=），以及要查询的列名。

【例 3.24】查询全体学生的学号、姓名和年龄，改变查询结果的列名显示。

```
USE TeachSystem
GO
SELECT '学号'=SNO, Age AS '年龄',SN  '姓名' FROM student
GO
```

查询结果如图 3.31 所示，通过控制列表中列的先后顺序，使列的显示顺序与表中列的实际顺序不一致，且使用别名改变了查询结果的列标题。

3.4.2　选择查询

选择查询就是指定查询条件，然后在表中显示满足查询条件的记录。为了选择表中满足查询条件的某些行，可以使用 SQL 命令中的 WHERE 子句。WHERE 子句后跟查询的逻辑表达式，通常情况下，必须定义一个或多个条件限制检索选择的数据行，结果集将返回表达式为真的数据行。在

	学号	年龄	姓名
1	S01	20	韩耀飞
2	S02	22	苏致远
3	S03	21	崔岩坚
4	S04	20	黄海冰
5	S05	19	杨影
6	S06	20	敬云飞
7	S07	21	王欣
8	S08	19	夏文飞
9	S09	20	平静

图 3.31　例 3.24 的查询结果

WHERE 子句中，查询条件表达式可以包含比较运算符和逻辑运算符。常用的查询条件如下。

（1）比较，包括<、<=、!<、>、>=、>!、=、!=、<>等。

（2）范围，包括 BETWEEN AND 和 NOT BETWEEN AND。

（3）集合，包括 IN 和 NOT IN 等。

（4）字符匹配，包括 LIKE 和 NOT LIKE。

（5）未知判断，包括 IS NULL 和 IS NOT NULL。

（6）组合条件，包括 AND、OR、NOT 等。

1. 比较

【例 3.25】查询学生表 student 中性别为女的学生记录。

```
USE TeachSystem
GO
SELECT * FROM student WHERE Sex='女'
GO
```

查询结果如图 3.32 所示。

【例 3.26】查询学生表 student 中年龄大于 20 岁的学生记录。

```
USE TeachSystem
GO
SELECT * FROM student WHERE Age>20
GO
```

查询结果如图 3.33 所示。

	SNO	SN	Sex	Age	DNO
1	S05	杨影	女	19	07
2	S07	王欣	女	21	06
3	S08	夏文飞	女	19	06
4	S09	平静	女	20	06

图 3.32　例 3.25 的查询结果

	SNO	SN	Sex	Age	DNO
1	S02	苏致远	男	22	08
2	S03	崔岩坚	男	21	08
3	S07	王欣	女	21	06

图 3.33　例 3.26 的查询结果

2. 范围

在 WHERE 子句的查询筛选条件表达式中，可以使用 BETWEEN…AND 运算符查询某一指定范围的记录。NOT BETWEEN…AND 检索不在某一范围内的信息。

【例 3.27】查询教师表 teacher 中在 1990 年 1 月 1 日到 2000 年 1 月 1 日之间入职的教师信息。

```
USE TeachSystem
GO
SELECT TNO,TN,Sex,Hiredate,Prof,DNO
FROM teacher
WHERE Hiredate BETWEEN '1990-01-01' AND '2000-01-01'
GO
```

以上 T-SQL 语句等价于下面的语句。

```
USE TeachSystem
GO
SELECT TNO,TN,Sex,Hiredate,Prof,DNO
FROM teacher
WHERE Hiredate>='1990-01-01' AND Hiredate<='2000-01-01'
GO
```

它们的执行结果如图 3.34 所示。

3. 集合

IN 关键字允许用户选择与列表中的值相匹配的行，指定项必须用括号括起来，并用逗号隔开，表示"或"的关系。NOT IN 表示的含义正好相反。

【例 3.28】查询选修了 C01、C02 或 C03 的学生的学号、课程号和成绩。

```
USE TeachSystem
GO
SELECT SNO,CNO,Score
```

```
FROM SC
WHERE CNO IN('C01','C02','C03')
GO
```

查询结果如图 3.35 所示，实际上 IN 与 OR 连接的多个查询条件具有相同的效果，例如可以使用下面的代码实现上述查询。

```
USE TeachSystem
GO
SELECT SNO,CNO,Score
FROM SC
WHERE CNO='C01' OR CNO='C02' OR CNO='C03'
GO
```

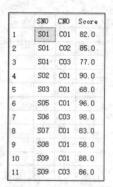

	TNO	TN	Sex	Hiredate	Prof	DNO
1	T01	韩元飞	男	1995-07-07	教授	08
2	T02	刘新朝	男	1993-08-08	教授	08
3	T03	海枫	女	1998-01-09	副教授	08
4	T05	胡海悦	女	1990-11-10	教授	07
5	T06	林思远	男	1996-05-06	副教授	07
6	T08	田有才	男	1999-08-10	副教授	06

	TNO	TN	Sex	Hiredate	Prof	DNO
1	T01	韩元飞	男	1995-07-07	教授	08
2	T02	刘新朝	男	1993-08-08	教授	08
3	T03	海枫	女	1998-01-09	副教授	08
4	T05	胡海悦	女	1990-11-10	教授	07
5	T06	林思远	男	1996-05-06	副教授	07
6	T08	田有才	男	1999-08-10	副教授	06

图 3.34　例 3.27 的查询结果

	SNO	CNO	Score
1	S01	C01	82.0
2	S01	C02	85.0
3	S01	C03	77.0
4	S02	C01	90.0
5	S03	C01	68.0
6	S05	C01	96.0
7	S06	C03	98.0
8	S07	C01	83.0
9	S08	C01	58.0
10	S09	C01	88.0
11	S09	C03	86.0

图 3.35　例 3.28 的查询结果

4. 字符匹配

LIKE 关键字用于查询与指定的某些字符串表达式模糊匹配的数据行。LIKE 后的表达式被定义为字符串，必须用半角单引号括起来，字符串中可以使用以下四种通配符。

（1）%：匹配任意类型和长度的字符串。例如，LIKE'张%'匹配以“张”开头的字符串。LIKE'%应用%'匹配的是前后字符串为任意，中间含有“应用”两个字的字符串。

（2）_（下画线）：可以匹配任何单个字符。例如，LIKE'_伟%'匹配的是第二个字符为“伟”的任何字符串。

（3）[]：匹配任何在范围或集合之内的单个字符。例如，[a-i]匹配的是 a、b、c、d、e、f、g、h、i 单个字符。

（4）[^]：匹配不在指定范围之内或集合的任何单个字符。例如，LIKE'[^a-c]'匹配的是不为 a、b、c 的所有字符。

【例 3.29】查询姓“刘”的教师的信息。

```
USE TeachSystem
GO
SELECT *
FROM teacher
WHERE TN LIKE '刘%'
GO
```

查询结果如图 3.36 所示。

	TNO	TN	Sex	Hiredate	Prof	DNO
1	T02	刘新朝	男	1993-08-08	教授	08

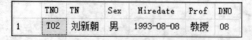

图 3.36　例 3.29 的查询结果

【例 3.30】查询第二个字为"明"的教师的姓名、性别和职称。

```
USE TeachSystem
GO
SELECT TN,Sex,Prof
FROM teacher
WHERE TN LIKE '_明%'
GO
```

查询结果如图 3.37 所示。

如果用户要查询的字符串本身就包含通配符，这时要使用 ESCAPE 关键字对通配符进行转义。在 ESCAPE 关键字之后可以添加需要转义的通配符，因此在字符表达式中该转义字符就为普通字符。

【例 3.31】首先向学生表输入一个学号为"S10"、姓名为"JAMES_TM"和院系编号为"08"的学生记录，然后查询姓名中含有下画线的学生的学号、姓名、院系编号。

```
USE TeachSystem
GO
INSERT INTO student(SNO,SN,DNO) VALUES('S10','JAMES_TM','08')
GO
SELECT SNO,SN,DNO
FROM student
WHERE SN LIKE '%e_%' ESCAPE 'e'
GO
```

查询结果如图 3.38 所示。

图 3.37　例 3.30 的查询结果

图 3.38　例 3.31 的查询结果

5. 未知判断

某个字段没有值，称之为具有空值。通常某个列的值不确定，没有输入一个具体的值，该列的值就为空值。空值不同于零或者空格，其不占任何存储空间。涉及空值查询时，使用 IS NULL 或 IS NOT NULL，这里的 IS 不能用"="代替。

【例 3.32】某些学生选修课程后没有参加考试，所以有选修记录，没有考试成绩。查询缺少考试成绩的学生的学号和相应的课程号。

```
USE TeachSystem
GO
SELECT SNO,CNO
FROM SC
WHERE Score IS NULL
GO
```

查询结果如图 3.39 所示。

6. 组合条件

当 WHERE 子句中有多个查询条件时，可以使用逻辑运算符 AND、OR 和 NOT 连接多个查询条件，形成复杂的逻辑表达式。其优先级由高到低为：NOT、AND、OR。但可用括号改变优先级。

【例 3.33】查询学生表 student 中性别为男且年龄大于等于 19 岁的学生记录。

```
USE TeachSystem
GO
SELECT *
FROM student
WHERE Sex='男' AND Age>=19
GO
```

查询结果如图 3.40 所示。

	SNO	SN	Sex	Age	DNO
1	S01	韩耀飞	男	20	08
2	S02	苏致远	男	22	08
3	S03	崔岩坚	男	21	08
4	S04	黄海冰	男	20	08
5	S06	敬云飞	男	20	07

	SNO	CNO
1	S01	C04

图 3.39　例 3.32 的查询结果　　　　　图 3.40　例 3.33 的查询结果

3.4.3　排序查询

通常情况下，SELECT 语句可以返回的查询结果集的记录是按表中记录的物理顺序排列的。ORDER BY 子句可以按照升序（ASC）或降序（DESC）排列各行或各列，如果省略，则系统默认为升序。需要注意的是，ORDER BY 子句必须是 SQL 命令的最后一个语句，ORDER BY 子句中不能使用 NTEXT、TEXT 和 IMAGE 列。

【例 3.34】查询选修了 C01 课程的学生的学号和成绩，并按照成绩降序排列。

```
USE TeachSystem
GO
SELECT SNO,Score
FROM SC
WHERE CNO='C01'
ORDER BY Score DESC
GO
```

查询结果如图 3.41 所示。

对于空值，排序时的显示顺序由具体系统的实现决定。例如，按升序排列，含空值的记录最后显示；按降序排列，含空值的记录则最先显示。各个系统的实现可以不同，只要保持一致就行。

【例 3.35】查询选修了 C01～C06 课程的学生的学号、课程号和成绩，查询结果先按照学号降序排列，学号相同时按照成绩升序排列。

```
USE TeachSystem
GO
SELECT SNO,CNO,Score
FROM SC
WHERE CNO IN('C01','C02','C03','C04','C05','C06')
ORDER BY SNO DESC,Score ASC
GO
```

查询结果如图 3.42 所示。

	SNO	Score
1	S05	96.0
2	S02	90.0
3	S09	88.0
4	S07	83.0
5	S01	82.0
6	S03	68.0
7	S08	58.0

	SNO	CNO	Score
1	S09	C03	86.0
2	S09	C01	88.0
3	S08	C01	58.0
4	S07	C01	83.0
5	S06	C06	76.0
6	S06	C03	98.0
7	S05	C01	96.0
8	S03	C01	68.0
9	S02	C05	65.0
10	S02	C04	75.0
11	S02	C01	90.0
12	S01	C03	77.0
13	S01	C01	82.0
14	S01	C02	85.0

图 3.41　例 3.34 的查询结果　　　　　图 3.42　例 3.35 的查询结果

3.4.4 使用聚合函数

聚合函数实现数据统计等功能，用于对一组值进行计算并返回一个单一的值。除了 COUNT(*) 外，聚合函数遇到空值时都忽略空值，仅处理非空值。SQL 提供了许多聚合函数，增强了基本的数据检索能力，常用的聚合函数如表 3.19 所示。

表 3.19 聚合函数

函数名	功能
COUNT({[[ALL|DISTINCT]表达式]]*})	返回组中的项数，返回值为 INT 类型
AVG([ALL|DISTINCT]表达式)	返回一组值的平均值，将忽略空值
SUM([ALL|DISTINCT]表达式)	返回表达式中所有值的和或仅非重复值的和，SUM 只能用于数字列，空值将忽略
MIN([ALL|DISTINCT]表达式)	返回表达式中的最小值
MAX([ALL|DISTINCT]表达式)	返回表达式中的最大值

其参数说明如下。

ALL：对所有的值进行聚合函数运算。ALL 是默认值。

DISTINCT：指定只在每个值的唯一实例上执行，而不管该值出现多少次。

表达式：是精确数值或近似数值数据类型的表达式。不允许使用聚合函数和子查询。

【例 3.36】查询学生表 student 中学生的总数。

```
USE TeachSystem
GO
SELECT COUNT(*) AS '学生总数'
FROM student
GO
```

【例 3.37】查询选修了课程的学生人数。

```
USE TeachSystem
GO
SELECT COUNT(DISTINCT SNO)
FROM SC
GO
```

学生每选修一门课，在 SC 表中都有一条相应的记录。一个学生可能选修多门课程，为避免计算学生人数，必须在 COUNT 函数中使用 DISTINCT 关键字。

【例 3.38】求课程的最高分、最低分及之间相差的分数。

```
USE TeachSystem
GO
SELECT MAX(Score) AS '最高分',MIN(Score) AS '最低分',MAX(Score)-MIN(Score) AS '分差'
FROM SC
GO
```

查询结果如图 3.43 所示。

	最高分	最低分	分差
1	98.0	56.0	42.0

图 3.43 例 3.38 的查询结果

3.4.5 分组查询

在大多数情况下，使用统计函数返回的是所有行数据的统计结果。如果需要按某一列数据的值进行分类，在分类的基础上再进行统计，就要使用 GROUP BY 子句。GROUP BY 子句将查询结果按分组表达式的值进行分组，值相等的为一个组。使用 HAVING 子句可以对这些组进一步加以控制，筛选出满足分组筛选条件的分组，以便在查询结果中输出。当一个聚合函数和 GROUP BY 子句一起使用时，聚合函数的作用范围变为每组的所有记录。

【例 3.39】查询每个教师的教工号及任课门数。

```
USE TeachSystem
GO
SELECT TNO AS '教工号',COUNT(CNO) AS '任课门数'
FROM TC
GROUP BY TNO
GO
```

该语句对查询结果按照 TNO 分组，所有具有相同 TNO 值的记录为一组，然后对每一组使用聚合函数 COUNT 进行计算，以求得教师的任课门数，查询结果如图 3.44 所示。如果分组后还要按照指定条件进行筛选，最终输出满足指定条件的组，则可以使用 HAVING 子句指定筛选条件。

【例 3.40】查询任课一门以上的教师的教工号及任课门数。

```
USE TeachSystem
GO
SELECT TNO AS '教工号',COUNT(CNO) AS '任课门数'
FROM TC
GROUP BY TNO
HAVING COUNT(CNO)>1
GO
```

当 WHERE 子句、GROUP BY 子句、聚合函数和 HAVING 子句在查询语句中一起使用时，SQL 执行的顺序为：首先执行 WHERE 子句选择表中的记录，然后执行 GROUP BY 子句对记录分组，之后执行聚合函数按分组统计值，最后执行 HAVING 子句筛选满足条件的分组。

WHERE 子句和 HAVING 子句的不同，主要在于作用的对象不同，WHERE 子句作用的对象是表或视图，而 HAVING 子句作用的对象是分组。

【例 3.41】查询至少选修两门课程且课程成绩为良好（大于 80 分）的学生的学号和最高分。

```
USE TeachSystem
GO
SELECT SNO ,MAX(Score) AS MAX_score
FROM SC
WHERE (Score>80)
GROUP BY SNO
HAVING COUNT(SNO)>=2
GO
```

查询结果如图 3.45 所示。

	教工号	任课门数
1	T01	1
2	T02	2
3	T03	1
4	T04	3
5	T05	1
6	T06	1
7	T07	1
8	T08	1

图 3.44　例 3.39 的查询结果

	SNO	MAX_score
1	S01	85.0
2	S07	86.0
3	S09	88.0

图 3.45　例 3.41 的查询结果

3.4.6　连接查询

前面的查询都是针对一个表进行的，若一个查询同时涉及两个及两个以上的表，则称为连接查询。

连接查询是关系数据库中最主要的查询，主要包括内连接、外连接和交叉连接等。通过连接查询可以实现多表查询。在关系数据库管理系统中，表建立时各数据之间的关系不必确定，常把一个实体的所有信息存放在一个表中。当检索数据时，通过连接操作查询出存放在多个表中的不同实体的信息。连接查询实际上是通过各个表之间的共同列（字段）的关联性实现的，这种关联字段称为连接字段。连接操作给用户带来很大的灵活性，可以在任何时候添加新的数据类型，为不同实体创建新的表，然后通过连接进行查询。

在 SQL Server 2019 中，可以使用两种连接语法形式。一种是 ANSI 连接语法形式，此时连接用在 FROM 子句中，另一种是使用 SQL Server 连接语法形式，此时连接用在 WHERE 子句中（仅内连接可使用，称为旧式内连接）。

1. WHERE 子句中定义连接

```
SELECT table_name1.column_name,table_name2.column_name,...
FROM {table_name1,table_name2}
WHERE [table_name1.column_name join_operator table_name2.column_name]
```

说明如下。

在 SELECT 后面使用多个数据表且有同名字段时，必须明确定义字段所在的数据表名称。

连接操作符可以是=、!=、<>、>、<、>=、<=、!>、!<。当操作符是 "=" 时，表示等值连接。

2. FROM 子句中定义连接

```
SELECT table_name1.column_name,table_name2.column_name,...
FROM {table_name1 [join_type] JOIN table_name2 ON join_condition}
```

其中，join_type 指定连接的类型，可以是 INNER JOIN（内连接）、OUTER JOIN（外连接）、CROSS JOIN（交叉连接），后续会详细介绍。

（1）等值连接与非等值连接

等值连接是指表之间的连接条件使用 "=" 运算符，而使用其他比较运算符的连接称为非等值连接。除了使用比较运算符>、>=、<、<=、< >等，非等值连接还可以使用 BETWEEN AND 之类的谓词。

【例 3.42】查询 "王欣" 同学选修的课程，结果显示学号、姓名、课程号。

```
USE TeachSystem
GO
SELECT student.SNO,SN,CNO
FROM student,SC
WHERE student.SNO=SC.SNO AND student.SN='王欣'
GO
```

表 student 和 SC 表之间的公共列 SNO 必须加上表名前缀。

对于两个表的公共列（如 SNO），在引用的时候必须加上表名前缀确定其属于哪个表，而对于其他列可以不加表名前缀。上述例子也可以使用下面的 T-SQL 语句实现。

```
USE TeachSystem
GO
SELECT student.SNO,SN,CNO
FROM student INNER JOIN SC ON student.SNO=SC.SNO
WHERE student.SN='王欣'
GO
```

查询结果如图 3.46 所示。

【例 3.43】查询教师的教工号、教师姓名和讲授的课程名称。

```
USE TeachSystem
GO
SELECT teacher.TNO,TN,CN
FROM teacher,TC,course
```

```
WHERE teacher.TNO=TC.TNO AND TC.CNO=course.CNO
GO
```

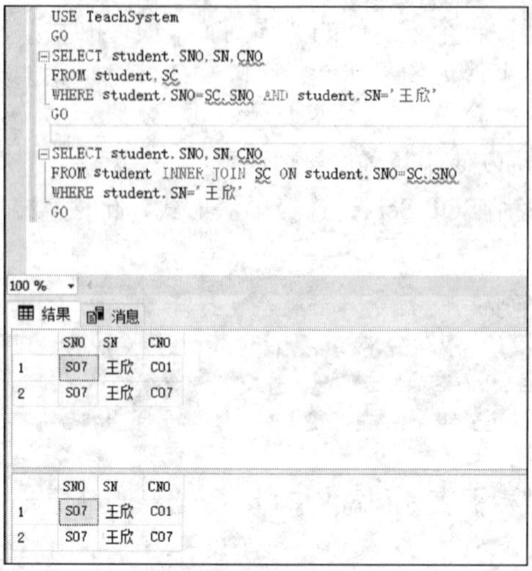

图 3.46　例 3.42 的查询结果

本例涉及三个表，WHERE 子句中有两个连接条件，当有两个以上的表进行连接时，称为多表连接。本例还可以在 FROM 子句中定义连接条件实现，具体 T-SQL 语句如下。

```
USE TeachSystem
GO
SELECT teacher.TNO,TN,CN
FROM TC INNER JOIN teacher ON teacher.TNO=TC.TNO
JOIN course ON TC.CNO=course.CNO
```

【例 3.44】在 TeachSystem 数据库中创建一个 grade 表，然后查询所有学生的 SNO、CNO 和 rank，具体 T-SQL 语句如下。

```
USE TeachSystem
GO
CREATE TABLE grade(low int,up int,rank nchar(2));
INSERT INTO grade VALUES(90,100,'A');
INSERT INTO grade VALUES(80,89,'B');
INSERT INTO grade VALUES(70,79,'C');
INSERT INTO grade VALUES(60,69,'D');
INSERT INTO grade VALUES(0,59,'E');
SELECT SNO,CNO,rank
FROM SC,grade
WHERE SC.Score BETWEEN low and up
ORDER BY rank
GO
```

本例使用 BETWEEN AND 条件式，即条件不是等值条件，而是限定在一个范围内，属于非等值连接方式。

（2）自身连接

连接操作不仅可以在两个或两个以上的表之间进行连接，也可以是一个表与其自身进行的连接，称为自身连接。

【例 3.45】查询比韩耀飞年龄大的学生的姓名、年龄及韩耀飞的年龄。

```
USE TeachSystem
GO
SELECT X.SN,X.Age AS X_AGE,Y.Age AS Y_AGE
```

```
FROM student AS X,student AS Y
WHERE X.Age>Y.Age AND Y.SN='韩耀飞'
GO
```

本例使用 FROM 子句定义连接条件，具体 T-SQL 语句如下。

```
USE TeachSystem
GO
SELECT X.SN,X.Age AS X_AGE,Y.Age AS Y_AGE
FROM student AS X INNER JOIN student AS Y
ON X.Age>Y.Age AND Y.SN='韩耀飞'
GO
```

查询结果如图 3.47 所示。

（3）外连接

上面的连接查询的例子都属于内连接类型。在内连接中，只有在两个表中匹配的记录才能在结果集中出现。而外连接只限制一个表，对另外一个表不加限制。外连接会返回 FROM 子句中提到的至少一个表或视图的所有行，只要这些行符合任何 WHERE 或 HAVING 子句的筛选条件，将检索通过左连接引用的左表的所有行，以及通过右连接引用的右表的所有行。全外连接中两个表的行都将返回。

① 左外连接

左外连接又称左连接，对左边的表不加限制，用于显示符合条件的数据行及左表中不符合条件的数据行，此时右表中的数据行会以 NULL 显示。

【例 3.46】查询所有课程的任课老师，显示课程名和其对应的授课老师的姓名，无授课老师的课程则授课老师的姓名一栏显示 NULL。

```
USE TeachSystem
GO
SELECT CN,TN
FROM course LEFT OUTER JOIN TC ON TC.CNO=course.CNO
LEFT OUTER JOIN teacher ON teacher.TNO=TC.TNO
GO
```

查询结果如图 3.48 所示。

	CN	TN
1	数据库原理及应用	韩元飞
2	数据库原理及应用	刘新朝
3	Java Web程序设计	刘新朝
4	数据结构	海枫
5	给排水工程	胡海悦
6	数字电子技术	高明欣
7	高等数学	高明欣
8	高等数学	田有才
9	高级语言程序设计	高明欣
10	高级语言程序设计	林思远
11	住建行业应用导论	马爱芬
12	计算机专业英语	NULL

图 3.48　例 3.46 的查询结果

	SN	X_AGE	Y_AGE
1	苏致远	22	20
2	崔岩坚	21	20
3	王欣	21	20

图 3.47　例 3.45 的查询结果

通过左外连接，可以查询哪门课程没有任课老师，上述结果说明，计算机专业英语没有任课老师。

② 右外连接

右外连接又称右连接，用于显示符合条件的数据行及右表中不符合条件的数据行，此时左表中的数据行会以 NULL 显示。

【例 3.47】查询所有老师的任课情况，显示教师姓名和所授课程的课程名，如老师没有授课，则对应的课程名一栏显示 NULL。

为了观察右外连接的执行效果，首先使用 INSERT 语句向教师表 T 中添加一条记录，语句如下。

```
INSERT INTO teacher VALUES('T09','李伟','男','2000-01-01','教授','08');
```

下面使用右外连接进行查询。

```
USE TeachSystem
GO
SELECT TN,CN
FROM course RIGHT OUTER JOIN TC ON TC.CNO=course.CNO
RIGHT OUTER JOIN teacher ON teacher.TNO=TC.TNO
GO
```

查询结果如图 3.49 所示。

通过右外连接可以查看哪个教师没有授课，上述结果说明，李伟老师没有授课。

③ 全外连接

全外连接又称全连接，全外连接对两个表都不加限制，用于显示符合条件的数据行及左表和右表中不符合条件的数据行，此时缺少数据的数据行会以 NULL 显示。

【例 3.48】查询所有老师的任课情况和所有课程的任课老师。

```
USE TeachSystem
GO
SELECT TN,CN
FROM course FULL OUTER JOIN TC ON TC.CNO=course.CNO
FULL OUTER JOIN teacher ON teacher.TNO=TC.TNO
GO
```

查询结果如图 3.50 所示。

	TN	CN
1	韩元飞	数据库原理及应用
2	刘新朝	Java Web程序设计
3	刘新朝	数据库原理及应用
4	海枫	数据结构
5	高明欣	数字电子技术
6	高明欣	高等数学
7	高明欣	高级语言程序设计
8	胡海悦	给排水工程
9	林思远	高级语言程序设计
10	马爱芬	住建行业应用导论
11	田有才	高等数学
12	李伟	NULL

图 3.49 例 3.47 的查询结果

	TN	CN
1	韩元飞	数据库原理及应用
2	刘新朝	数据库原理及应用
3	刘新朝	Java Web程序设计
4	海枫	数据结构
5	胡海悦	给排水工程
6	高明欣	数字电子技术
7	高明欣	高等数学
8	田有才	高等数学
9	高明欣	高级语言程序设计
10	林思远	高级语言程序设计
11	马爱芬	住建行业应用导论
12	NULL	计算机专业英语
13	李伟	NULL

图 3.50 例 3.48 的查询结果

（4）交叉连接

使用关键字 CROSS 包含一个以上的表的连接称为交叉连接，不能使用 WHERE 子句。交叉连接的结果集中，两个表中每两个可能成对的行占一行。在数学上，就是表的笛卡儿积。第一个表的行数乘以第二个表的行数等于笛卡儿积结果集的大小。

【例 3.49】学生表 student 交叉连接课程表 course。

```
USE TeachSystem
GO
SELECT SNO,SN,CNO
FROM student CROSS JOIN course
ORDER BY SNO
```

3.4.7　子查询

子查询是一个嵌套在 SELECT、INSERT、UPDATE 或 DELETE 语句或其他子查询中的查询。包含子查询的语句称为外部查询或外部选择。子查询能够将比较复杂的查询分解为几个简单的查询，而且子查询可以嵌套。子查询的执行过程是：首先执行内部查询，其查询的结果并不显示出来，而是传递给外层语句，并作为外层语句的条件使用。

子查询可以嵌套在外部 SELECT、INSERT、UPDATE 或 DELETE 语句的 WHERE 或 HAVING 子句内，也可以嵌套在其他子查询内。尽管根据可用内存和查询中其他表达式的复杂程度的不同，嵌套限制也有所不同，但嵌套到 32 层是可能的。

1. 返回单个值的子查询

当子查询的返回值是单个值时，可以使用>、=、<、>=、<=、<>等比较运算符将外部查询与子查询连接起来。

【例 3.50】查询与"韩耀飞"同学院系相同的学生的学号、姓名和院系编号。

```
USE TeachSystem
GO
SELECT SNO,SN,DNO
FROM student
WHERE DNO=
    (SELECT DNO
    FROM student
    WHERE SN='韩耀飞')
GO
```

首先执行子查询，子查询返回韩耀飞的院系编号为"08"，以此作为外部查询的条件，再执行外部查询，查询与"韩耀飞"同院系的学生记录。查询结果如图 3.51 所示。

	SNO	SN	DNO
1	S01	韩耀飞	08
2	S02	苏致远	08
3	S03	崔岩坚	08
4	S04	黄海冰	08
5	S10	JAMES_TM	08

图 3.51　例 3.50 的查询结果

2. 返回一组值的子查询

当子查询的返回值不止一个，而是一个集合时，则不能直接使用比较运算符，可以将 ANY 或 ALL 结合比较运算符使用，且 ANY 或 ALL 在比较运算符和子查询之间。

（1）使用 ANY 进行子查询

【例 3.51】查询选修了 C01 课程的学生的姓名和院系编号。

```
USE TeachSystem
GO
SELECT SN,DNO
FROM student
WHERE SNO=ANY
    (SELECT SNO
    FROM SC
    WHERE CNO='C01')
GO
```

先执行子查询，查询选修了 C01 课程的学生的学号，学号为一组值构成的集合；再执行外部查询。其中 ANY 的含义为任意一个，外部查询查询学号匹配内查询结果集中的任意一个。本例还可以使用 IN 实现查询，使用 IN 代替上面语句中的=ANY 即可。

【例 3.52】查询其他系比"06"系任意一个学生年龄大的学生的姓名和年龄。

```
USE TeachSystem
GO
SELECT SN,Age
```

```
FROM student
WHERE DNO<>'06' AND Age>ANY
    (SELECT Age
    FROM student
    WHERE DNO='06')
GO
```

本例可以不使用 ANY，而利用聚合函数 MIN 实现，具体 T-SQL 语句如下。

```
USE TeachSystem
GO
SELECT SN,Age
FROM student
WHERE DNO<>'06' AND Age>
    (SELECT MIN(Age)
    FROM student
    WHERE DNO='06')
GO
```

（2）使用 ALL 进行子查询

【例 3.53】查询其他系比"06"系所有学生年龄大的学生的姓名和年龄。

```
USE TeachSystem
GO
SELECT SN,Age
FROM student
WHERE DNO<>'06' AND Age>ALL
    (SELECT Age
    FROM student
    WHERE DNO='06')
GO
```

本例可以不使用 ALL，而利用聚合函数 MAX 实现，具体 T-SQL 语句如下。

```
USE TeachSystem
GO
SELECT SN,Age
FROM student
WHERE DNO<>'06' AND Age>
    (SELECT MAX(Age)
    FROM student
    WHERE DNO='06')
GO
```

3. 使用 EXISTS 的子查询

将 EXISTS 作用于一个子查询时，如果子查询至少返回一行则产生逻辑值"TRUE"，不返回任何行则产生逻辑值"FALSE"。NOT EXISTS 与 EXISTS 的作用相反。

由 EXISTS 引出的子查询，其选择列表通常使用"*"表示，因为带 EXISTS 的子查询只用于检查是否返回行，给出列名没有实际意义。

【例 3.54】查询选修了 C01 课程的学生的姓名和院系编号。

```
USE TeachSystem
GO
SELECT SN,DNO
FROM student
WHERE EXISTS
    (SELECT *
    FROM SC
    WHERE SNO=student.SNO AND CNO='C01')
GO
```

当子查询中 SC 表中存在一行记录满足其 WHERE 子句的条件时，外部查询便得到一个学生的信息，重复执行以上过程，直到查询完成。

本例中的子查询的条件依赖于外部查询的属性值 student.SNO，子查询条件是否成立与这个属性的值有关，因此这类查询称为相关子查询。

相关子查询和普通子查询两者在执行方式上有很大的区别。

（1）普通子查询：首先执行子查询，然后把子查询的结果作为外部查询的查询条件的值。普通子查询只执行一次，而外部查询所涉及的所有记录行都与子查询的结果比较来确定最终结果集。

（2）相关子查询：首先选择外部查询的第一行记录，内部子查询利用此行中的某个属性值进行查询，然后外部查询根据子查询的返回结果判断此行是否满足查询条件。如果满足条件，则把该行放入父查询的查询结果集中。重复执行此过程，直到处理完父查询表中的每行记录。

4．UPDATE、DELETE 和 INSERT 语句中的子查询

除了嵌套在 SELECT 语句中，子查询还可以嵌套在 UPDATE、DELETE 和 INSERT 语句中。

【例 3.55】删除没有被选修的课程。

```
USE TeachSystem
GO
DELETE FROM course
WHERE CNO NOT IN
        (SELECT DISTINCT CNO
        FROM SC)
GO
```

3.4.8　集合查询

SELECT 语句的查询结果是元组的集合，因此多个 SELECT 语句的结果可以进行集合操作。集合操作主要包括并操作（UNION）、交操作（INTERSECT）和差操作（EXCEPT）。参加集合操作的各个查询结果的列数必须相同，对应的数据类型必须兼容。

【例 3.56】查询选修了课程 C01 或课程 C02 的学生集合的并集。

```
USE TeachSystem
GO
SELECT SNO
FROM SC
WHERE CNO='C01'
UNION
SELECT SNO
FROM SC
WHERE CNO='C02'
GO
```

使用 UNION 关键字，将多个查询的结果合并起来，系统会自动去掉重复的元组。如果要保留重复的元组，可以使用 UNION ALL 操作符。

【例 3.57】查询系别为 "08" 的学生与年龄大于 18 岁的学生的交集。

```
USE TeachSystem
GO
SELECT *
FROM student
WHERE DNO='08'
INTERSECT
SELECT *
FROM student
WHERE Age>18
GO
```

使用 INTERSECT 关键字，返回其左右两边的两个查询的结果集的交集。

【例 3.58】查询系别为"08"的学生与年龄大于 18 岁的学生的差集。

```
USE TeachSystem
GO
SELECT *
FROM student
WHERE DNO='08'
EXCEPT
SELECT *
FROM student
WHERE Age>18
GO
```

使用 EXCEPT 关键字，从其左边的查询结果中删除右边的查询结果中相同的记录，即两个查询做差运算。

3.5 视图

视图是关系数据库系统提供给用户以多种角度观察数据库中数据的重要机制，是一个虚表，其内容由查询定义。同真实的表一样，视图包含一系列带有名称的列和行数据。但是，视图并不在数据库中以存储的数据值集形式存在。行和列数据来自定义视图的查询所引用的表，并且在引用视图时动态生成。

视图是一种常用的数据库对象，可以把它看成从一个或几个基本表中导出的虚表或存在数据库中的查询。对于其所引用的基本表来说，视图的作用类似于筛选。定义视图的筛选可以来自当前数据库或其他数据库的一个或多个表，或者其他视图。但是视图并不是以一组数据的形式存储在数据库中，数据库中只存储视图的定义，而不存储视图对应的数据，这些数据仍然存储在导出视图的基本表中。当基本表中的数据发生变化时，从视图中查询出来的数据也随之变化。

视图为数据库用户带来很多便利之处，主要包括以下几个方面。

（1）简化查询操作。为复杂的查询建立一个视图，用户不必键入复杂的查询语句，只针对视图做简单的查询即可。

（2）数据保密。对不同的用户定义不同的视图，使用户只能看到与自己有关的数据。

（3）保证数据的逻辑独立性。对于视图的操作，例如查询，只依赖于视图的定义。当视图的基表要修改时，只需修改视图定义的子查询部分，而基于视图的查询不用改变。

3.5.1 创建视图

视图是一种数据对象，保存在数据库中，而查询则不然，因此创建新视图的过程与创建查询的过程不同。SQL Server 提供了两种创建视图的方法：使用对象资源管理器创建视图和使用 T-SQL 语句创建视图。

1. 使用对象资源管理器创建视图

（1）启动 SQL Server Management Studio，在对象资源管理器中，展开 TeachSystem 数据库，右击"视图"选项，在弹出的快捷菜单中选择"新建视图"命令，如图 3.52 所示。

（2）在弹出的"添加表"对话框中，选择要使用的表或视图，然后单击"添加"按钮，或者双击选中的表或视图，就可将其添加到视图的查询中，这里选择 student 表和 SC 表，如图 3.53 所示。最后单击"关闭"按钮，关闭"添加表"对话框，显示图 3.54 所示的"视图设计器"窗口。

图 3.52 选择"新建视图"命令

图 3.53 "添加表"对话框

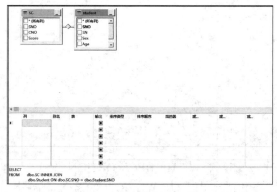

图 3.54 "视图设计器"窗口

（3）"视图设计器"窗口由四个区组成，从上到下依次为关系图窗格（表区）、网格窗格（列区）、SQL 窗格（SQL SCRIPT 区）和结果窗格（数据结果区）。在最上面的表区中选择相应的列，对每一列进行选中或取消选中，就可以控制属性列是否在视图中出现。在表区选中的列，将在列区中显示，相应的 SQL 语句将在 SQL SCRIPT 区中显示。如果需要对某列进行分组，可以右击属性列，在弹出的快捷菜单中选择"添加分组依据"命令。

（4）单击工具栏上的红色惊叹号（!）按钮可以预览结果。最后单击工具栏上的"保存"按钮并输入视图的名称，完成视图的创建。

2. 使用 T-SQL 语句创建视图

创建视图可以使用 CREATE VIEW 语句实现，其基本语法如下。

```
CREATE VIEW view_name[(column [,...n ])]
[WITH ENCRYPTION]
AS select_statement[;]
[WITH CHECK OPTION]
```

各参数的说明如下。

view_name：视图名称。视图名称必须符合有关标识符的规则。

column：视图中的列名，如果未指定列名，则视图列将获得与 SELECT 语句中的列相同的名字。

WITH ENCRYPTION：对 CREATE VIEW 语句的定义文本进行加密。

AS：指定视图要执行的操作。

select_statement：定义视图的 SELECT 语句。该语句可以使用多个表和其他视图。

WITH CHECK OPTION：强制针对视图执行的所有数据修改语句都必须符合在 select_statement 中设置的条件。

【例 3.59】创建院系编号为"08"的学生信息的视图。

```
USE TeachSystem
GO
CREATE VIEW S_VIEW
AS
SELECT SNO,SN,Age
FROM student
WHERE DNO='08'
GO
```

本例中省略了视图的列名，表示视图的列名由子查询中 SELECT 子句的三个列名组成。

数据库管理系统执行 CREATE VIEW 语句的结果只是将视图的定义存储到数据字典中，并没有执行其中的 SELECT 语句。只有在对视图进行查询的时候，才按照视图的定义从基本表中查询数据。

【例 3.60】创建院系编号为"08"的学生信息的视图，要求在进行插入和更新操作时保证该视图只有院系编号为"08"的学生。

```
USE TeachSystem
GO
CREATE VIEW S_VIEW1
AS
SELECT SNO,SN,Age,DNO
FROM student
WHERE DNO='08'
WITH CHECK OPTION
GO
```

在定义视图 S_VIEW1 时，加上了 WITH CHECK OPTION 选项，当通过该视图对基本表中的数据进行插入和更新操作时，将受到视图定义中 WHERE 子句条件的限制。

【例 3.61】创建院系编号为"08"并选修了课程 C02 的学生信息的视图。

```
USE TeachSystem
GO
CREATE VIEW S_VIEW2(S_SNO,SC_SNO,SN,AGE)
AS
SELECT student.SNO,SC.SNO,SN,Age
FROM student INNER JOIN SC ON student.SNO=SC.SNO
WHERE DNO='08'AND CNO='C02'
WITH CHECK OPTION
GO
```

本例创建的视图 S_VIEW2，是建立在多个基本表之上的。由于在定义视图的 SELECT 语句中指定的属性列包含了 student.SNO 和 SC.SNO，两者具有相同的名称，因此必须在视图名称后面指定视图的各个属性列名。

【例 3.62】创建学生平均成绩的视图。

```
USE TeachSystem
GO
CREATE VIEW S_VIEW3(SNO,AVG_SCORE)
AS
SELECT SNO,AVG(Score)
FROM SC
GROUP BY SNO
GO
```

本例创建的视图 S_VIEW3 使用了带有 GROUP BY 子句和聚合函数的查询，此类视图称为分组视图。由于 AS 子句中 SELECT 语句的目标列 AVG(Score)使用了聚集函数，所以在定义视图的时候需要在视图名称后面列出视图的各个属性列名。如果不想明确指定视图的各个属性列名，可以在 SELECT 子句中给目标列 AVG(Score)起别名。

实际上，视图不仅可以建立在一个或多个基本表之上，也可以建立在一个或多个视图之上。

【例 3.63】创建学生平均成绩的视图，要求平均成绩大于 80。

```
USE TeachSystem
GO
CREATE VIEW S_VIEW4
AS
SELECT SNO,AVG_SCORE
FROM S_VIEW3
WHERE AVG_SCORE>80
GO
```

3.5.2　修改视图

视图在创建成功之后，根据需要还可以修改其定义。视图定义可以通过对象资源管理器修改，或通过 ALTER VIEW 语句进行修改，但对于加密存储的视图定义，只能通过 ALTER VIEW 语句进行修改。

1. 使用对象资源管理器修改视图

在对象资源管理器中，展开 TeachSystem 数据库，再展开"视图"，选中需要修改的视图，右击，在弹出的快捷菜单中选择"设计"命令，将打开视图设计器窗口，然后就可以如同创建视图一样对视图定义进行修改。

2. 使用 T–SQL 语句修改视图

使用 ALTER VIEW 语句可以更改一个已存在的视图的定义，其基本语法格式如下。

```
ALTER VIEW view_name[(column [,...n ])]
[WITH ENCRYPTION]
AS select_statement[;]
[WITH CHECK OPTION]
```

上述参数的含义同 CREATE VIEW 语句。

【例 3.64】修改视图 S_VIEW 的定义。

```
USE TeachSystem
GO
ALTER VIEW S_VIEW
AS
SELECT SN,Age
FROM student
WHERE DNO='07'
GO
```

3.5.3　查看视图

SQL Server 允许用户查看视图的一些信息，如视图的基本信息、定义信息、与其他对象建立的依赖关系等。这些信息可以通过相应的存储过程查看。可以使用对象资源管理器和系统存储过程查看视图信息。

1. 使用对象资源管理器查看视图信息

启动 SQL Server Management Studio，在对象资源管理器中，依次展开"TeachSystem"→"视图"→"dbo.S_VIEW"→"列"，即可查看视图 S_VIEW 的列信息，包括列名称、数据类型和约束信息，如图 3.55 所示。

2. 使用存储过程查看视图信息

在 SQL Server 中，可以使用三个系统存储过程了解视图的信息，其分别是 sp_depends、sp_help 和 sp_helptext。

（1）查看视图与其他对象间的依赖关系

可以使用系统存储过程 sp_depends 查看视图与其他对象间的依赖关系。其语法形式如下。

```
[EXECUTE] sp_depends [@objname=] '<object>'
```

其中，EXECUTE 可缩写为 EXEC 或省略。参数[@objname=] '<object>'是要检查其依赖关系的数据库对象。该对象可以是表、视图、存储过程、用户自定义函数或触发器。

【例 3.65】查看视图 S_VIEW 依赖的对象和列。

```
EXEC sp_depends S_VIEW
```

（2）查看视图的基本信息

可以使用系统存储过程 SP_HELP 显示视图的名称、所有者、创建日期、列信息、参数等。其语法格式如下。

```
[EXCUTE] sp_help [[@objname=]'name']
```

参数[@objname=]'name'是数据库对象的名称。

【例 3.66】查看视图 S_VIEW 的详细信息。

```
EXEC sp_help S_VIEW
```

（3）查看视图的定义信息

如果视图在创建时没有加密，即创建视图时没有选择 WITH ENCRYPTION，则可以使用系统存储过程 sp_helptext 显示视图的定义信息。其语法格式如下。

```
[EXECUTE] sp_helptext [@objname=]'name'
```

参数[@objname=]'name'是数据库对象的名称，该数据库对象必须在当前数据库中。

【例 3.67】查看视图 S_VIEW 的定义文本。

```
EXEC sp_helptext S_VIEW
```

图 3.55　视图 S_VIEW 的信息

3.5.4　删除视图

当不再需要一个视图，或想清除视图定义及与之相关联的权限时，可以删除视图。删除视图后，与视图相关的数据并不受影响，只是删除了定义在系统表中的视图信息和视图相关的权限。

1. 使用对象资源管理器删除视图

启动 SQL Server Management Studio，在对象资源管理器中，展开 TeachSystem 数据库，再展开"视图"，右击欲删除的视图，如 S_VIEW，在弹出的快捷菜单中选择"删除"命令，在弹出的"删除对象"对话框中单击"确定"按钮，即可删除视图 S_VIEW，如图 3.56 所示。

2. 使用 T-SQL 语句删除视图

可以使用 DROP VIEW 语句完成从当前数据库中删除一个或多个视图，其语法格式如下。

```
DROP VIEW view_name [...,n ] [ ; ]
```

【例 3.68】删除视图 S_VIEW。

```
USE TeachSystem
GO
DROP VIEW S_VIEW
GO
```

图 3.56　"删除"视图

3.5.5　查询视图

在定义视图以后，用户就可以对视图进行查询操作，查询视图数据的方法和查询表一样。

【例 3.69】查询视图 S_VIEW 中年龄大于 18 岁的学生的姓名和年龄。

```
USE TeachSystem
GO
SELECT SN,Age
FROM S_VIEW
WHERE Age>18
GO
```

此查询的执行过程是：系统首先从数据字典中找到 S-VIEW 视图的定义，然后把此定义与用户的查询结合起来，转化成等价的对基本表 student 的查询，然后执行修正了的查询，这一转换过程称为视图消解，相当于执行了下列语句。

```
SELECT SN,Age
FROM student
WHERE Age>18 AND DNO='08'
GO
```

由上例可知，当对一个基本表进行复杂的查询时，可以先建立一个基于此基本表的视图，然后再对视图进行查询，这样将一个复杂的查询转换成一个简单的查询，用户不需要键入复杂的查询语句，简化了查询操作。

3.5.6　更新视图

由于视图是一个虚表，因此对视图的更新实际上最终要转化成对基本表的更新。其更新操作包括插入、修改和删除数据。如果要防止用户通过视图对不属于视图范围内的基本表数据进行操作，可在定义视图时加上 WITH CHECK OPTION 子句。这样在视图上对数据进行增、删、改时，SQL Server 系统会检查视图定义中 SELECT 语句设置的条件，若操纵的记录不满足条件，则拒绝执行相应的操作。

1.　插入数据

在视图上用 INSERT 语句插入数据时要符合以下规则。

（1）使用 INSERT 语句向数据表中插入数据时，用户必须具备插入数据的相关权限。

（2）进行插入操作的视图只能引用一个基本表的列。

（3）视图中包含的列必须是直接引用的表列中的基础数据，不能是通过计算或聚合函数等方式派生得出的。

（4）在基本表中插入的数据必须符合在相关列上定义的约束条件，如是否为空、默认值的定义等。

（5）视图中不能包含 DISTINCT、GROUP BY 或 HAVING 子句。

（6）如果在视图定义中使用了 WITH CHECK OPTION 子句，则该子句将检查插入的数据是否符合视图定义中 SELECT 语句设置的条件，如果插入的数据不符合该条件，SQL Server 会拒绝插入数据，并显示错误。

【例 3.70】向视图 S_VIEW 中插入一条新的学生记录，其中学号为 S12，姓名为张杰，年龄为 20 岁。

```
USE TeachSystem
GO
INSERT INTO S_VIEW VALUES('S12','张杰',20)
GO
```

系统在执行此语句时，首先从数据字典中找到 S_VIEW 的定义，然后把定义和插入语句结合起来，转换成等价的对基本表 student 的插入语句，相当于执行以下操作。

```
USE TeachSystem
GO
INSERT INTO student（SNO,SN,Age）VALUES('S12','张杰',20)
GO
```

【例 3.71】向视图 S_VIEW1 中插入一条新的学生记录，其中学号为 S13，姓名为陈丽，年龄为 18 岁，系别为 07。

```
USE TeachSystem
GO
INSERT INTO S_VIEW1 VALUES('S13','陈丽',18, '07')
GO
```

视图 S_VIEW1 的定义中使用了 WITH CHECK OPTION 子句，系统在执行此语句时，检查插入的数据发现其不符合 SELECT 语句设置的条件 DNO='08'，因此将拒绝插入数据。错误提示如图 3.57 所示。

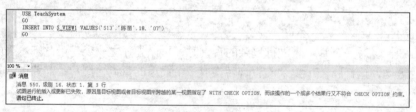

图 3.57　例 3.71 的执行结果

2. 修改数据

在视图上可以使用 UPDATE 语句实现对于基本表中相关记录的修改，但修改操作必须符合在视图中插入数据的相关规则，并且需要遵守以下规则。

（1）修改视图中的数据时，不能同时修改两个或者多个基本表。

（2）当视图来自多个基本表时，通常只能对非主属性进行修改操作。

（3）视图中被修改的列必须是直接引用的基本表的列，不能是通过计算或聚合函数等方式派生得出的。

【例 3.72】将视图 S_VIEW 中姓名为杨影的学生的年龄修改为 19 岁。

```
USE TeachSystem
GO
```

```
UPDATE S_VIEW
SET Age=19
WHERE SN='杨影'
GO
```

系统在执行此语句时，首先从数据字典中找到 S_VIEW 的定义，然后把定义和修改语句结合起来，转换成等价的对基本表 student 的修改语句，相当于执行以下操作。

```
USE TeachSystem
GO
UPDATE student
SET Age=19
WHERE SN='杨影' AND DNO='08'
GO
```

3. 删除数据

在视图上可以使用 DELETE 语句实现基本表中相关记录的删除。如果在视图中删除数据，该视图只能引用一个基本表的列，且删除操作必须满足基本表中定义的约束条件。

【例 3.73】删除视图 S_VIEW 中姓名为杨影的学生记录。

```
USE TeachSystem
GO
DELETE FROM S_VIEW
WHERE SN='杨影'
GO
```

系统在执行此语句时，首先从数据字典中找到 S_VIEW 的定义，然后把定义和删除语句结合起来，转换成等价的对基本表 student 的删除语句，相当于执行以下操作。

```
USE teaching
GO
DELETE FROM student
WHERE SN='杨影' AND DNO='08'
GO
```

3.6 索引

用户对数据库最基本、最频繁的操作是数据查询。一般情况下，数据库在进行查询操作时需要对整个数据表进行扫描。当表中的记录很多时，扫描数据需要很长的时间，这就造成了系统资源的浪费。为了提高检索数据的能力，数据库引入了索引机制。

3.6.1 索引的概念

如果要在一本书中快速地查找所需的信息，可以利用目录快速地进行查找，而不是一页页地查找。数据库中的索引与书籍中的目录类似，可以让数据库应用程序利用索引快速地查找到所需内容，而不需要扫描整个数据库。在图书中，目录是内容和页码的列表清单。在数据库中，索引就是表中数据和相应存储位置的列表。

索引是以表的列为基础的数据库对象，是为了加速对表中数据行的检索而创建的一种单独的存储结构。当 SQL Server 执行查询时，查询优化器评估可用于检索数据的每种方法，然后选择最有效的方法。可能采用的方法包括扫描表和扫描一个或多个索引（如果有）。扫描表时，查询优化器读取表中的所有行，并提取满足查询条件的行。扫描表时会有许多磁盘 I/O 操作，并占用大量资源。查询优化器使用索引时，搜索索引键列，查找到所需查询行的存储位置，然后从该位置提取匹配行。通常，搜索索引比搜索表要快得多，这是因为索引与表不同，一般每行包含的列非常少，且行遵循排序顺序。

　　索引作为单独的物理数据库结构，与其所依附的数据表是不能割裂开的。索引提供了一种对数据库表记录进行逻辑排序的内部方法。索引一旦建立成功，将由数据库引擎自动维护和管理。当对索引所依附的表进行记录的添加、更新或删除操作时，数据库引擎会及时更新与调整索引的内容，使其与表一致。在数据库系统中建立索引能够极大地改善系统的性能，并且使用索引能够加快数据检索的速度，索引具有以下几个方面的优点。

　　（1）加速数据检索的速度。索引能够以一列或多列的值为基础，迅速查找表中的数据。

　　（2）加快表与表之间的连接速度。连接、排序和分组都需要数据检索，在建立好索引后，其数据检索速度会加快，从而加速连接等操作。

　　（3）在数据检索过程中使用查询优化器，提高系统性能。查询优化器依赖于索引，用于决定到底哪些索引可以使该查询最快。

　　（4）确保数据记录的唯一性。通过给列创建唯一索引，可以保证表中的数据不重复。

　　（5）在使用 ORDER BY、GROUP BY 子句进行数据检索时，利用索引机制，能够显著地减少查询中排序和分组消耗的时间。

　　索引虽然可以提高查询的速度，但是需要牺牲一定的系统性能。创建索引和维护索引需要耗费时间，对表中数据进行插入、删除和修改操作时，要进行索引维护。另外，索引还占有一定的物理存储空间。因此，对表中的列是否创建索引及如何创建索引，需要进行判断评估。创建索引应考虑的主要因素如下。

　　（1）一个表如果建有大量索引会影响 INSERT、UPDATE 和 DELETE 语句的性能，因为当表中的数据更改时，所有索引都需要进行适当的调整。

　　（2）避免对经常更新的表建立过多的索引，并且索引应保持较窄，即列要尽可能少。

　　（3）使用多个索引可以提高更新少而数据量大的表的查询性能。大量索引可以提高不修改数据的表的查询性能，因为查询优化器有更多的索引可供选择，从而可以确定最快的访问方法。

　　（4）对简单的表进行索引可能不会产生优化效果，因为查询优化器在遍历用于搜索数据的索引时，花费的时间可能比执行表的扫描还长。因此，简单的表的索引可能从来不使用，但却必须在表中的数据更改时进行维护。

　　（5）对于查询中很少涉及的列或者重复值比较多的列，不要建立索引。

　　（6）定义主键和外键的列，最好建立索引。

3.6.2　索引的类型

　　SQL Server 2019 中包含两种最基本的索引，即聚集索引和非聚集索引。此外还有唯一索引、包含列索引、视图索引、全文索引、空间索引、筛选索引和 XML 索引等。

1. 聚集索引

　　在聚集索引中，索引键值的顺序与数据表中记录的物理顺序相同，即聚集索引决定了数据库表中记录行的存储顺序。由于记录行只能按一个物理顺序存储，因此每个表只能有一个聚集索引。

　　由于聚集索引的顺序与表中记录的物理存储相同，因此聚集索引适用于范围查找，但聚集索引不适用于频繁更改的列。

2. 非聚集索引

　　非聚集索引具有独立于数据行的结构，非聚集索引的每个键值项都有指向包含该键值的数据行的指针。每个表最多可以创建 249 个非聚集索引，用以满足多种查询的需要。

　　与聚集索引相比，非聚集索引的查询速度较慢，但维护的代价较小。

3. 唯一索引

唯一索引可以确保所有数据行中任意两行的索引列不包括 NULL 在内的重复值。如果在多列上创建唯一索引，则该索引可以确保索引列中每个值的组合都是唯一的。

4. 包含列索引

在 SQL Server 中，索引列的数量（最多 16 个）和字节总数（最大 900 字节）是受限制的。使用包含列索引，可以通过非键列添加到非聚集索引的叶级来扩展其功能，创建覆盖更多查询的非聚集索引。

5. 视图索引

视图索引是为视图创建的索引，其存储方法与带聚集索引表的存储方法相同。

6. 全文索引

全文索引是一种特殊类型的基于标记的功能性索引，由 SQL Server 全文引擎服务创建和维护。其目的是帮助用户在字符串数据库中检索复杂的词语。

7. 空间索引

空间索引是针对包含空间数据的表定义的。每个空间索引指向一个有限空间。利用空间索引，可以更高效地对 geometry 数据类型的列中的空间对象执行某些操作。空间索引可减少需要应用开销相对较大的空间操作的对象数。

8. 筛选索引

筛选索引是一种经过优化的非聚集索引，尤其适用于从定义完善的数据子集中选择数据的查询。筛选索引使用筛选谓词对表中的部分行进行索引。与全文索引相比，设计良好的筛选索引可以提高查询性能、降低索引的维护开销的同时降低索引的存储开销。

9. XML 索引

XML 索引是与 XML 数据关联的索引形式，是 XML 二进制 BLOB 的已拆分持久表示形式，可分为主索引和辅助索引。

创建主键约束时，如果表还没有创建聚集索引，则 SQL Server 将自动在创建主键约束的列或组合列上创建聚集唯一索引，主键列不允许为空值。创建唯一性约束时，在默认情况下，将自动在创建唯一性约束的列上创建非聚集唯一索引。

3.6.3 创建索引

SQL Server 2019 中创建索引的方法包括：使用 SQL Server Management Studio 对象资源管理器创建索引；利用 CREATE INDEX 语句创建索引；使用 CREATE TABLE 或 ALTER TABLE 语句定义，或修改表结构时自动创建索引（该方法为默认形式，创建表的时候已创建过索引，下文不再详述）。

1. 使用对象资源管理器创建索引

（1）启动 SQL Server Management Studio，在对象资源管理器中，依次展开 "数据库" → "TeachSystem" → "表"。

（2）选择表 student 并展开，右击 "索引" 项，在弹出的快捷菜单中选择 "新建索引" 命令。

（3）在弹出图 3.58 所示的 "新建索引" 对话框后，输入索引名称 index_sno。其中各项说明如下。

表名：指出创建的索引的表的名称，用户不可更改。

索引名称：输入用户创建的索引名称，由用户设定。

索引类型：用户可以选择 "聚集" "非聚集" "空间"，或 "主 XML" 索引类型。

唯一：选中此复选框表示创建唯一性索引。

（4）设置完成后，单击"添加"按钮，出现图 3.59 所示的"从 dbo.student 中选择列"对话框。在"表列"列表中选中要建立索引的一列或多列，例如选择 SNO 列。

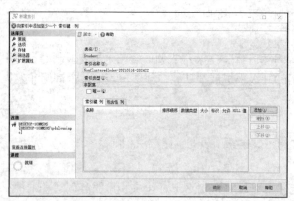

图 3.58 "新建索引"对话框

图 3.59 "从 dbo.student 中选择列"对话框

（5）索引键列设置完毕，单击"确定"按钮，返回"新建索引"对话框，在"索引键 列"选项卡的"排序顺序"组合框中可以选择"升序"。

（6）在"新建索引"对话框中查看"选项""包含性 列""存储"等选项卡并进行必要的设置后，单击"确定"按钮，即完成了创建索引的操作。

2. 使用 T-SQL 语句创建索引

SQL Server 2019 中提供的创建索引的语句是 CREATE INDEX，其基本语法格式如下。

```
CREATE [UNIQUE][CLUSTERED|NONCLUSTERED]
INDEX index_name ON {table_or_view_name}(column[ASC|DESC][,...n])}
```

其中的参数说明如下。

UNIQUE：用于指定为表或视图创建唯一索引，即不允许存在索引值相同的两行。省略该参数则表示创建的索引为非唯一索引。

CLUSTERED：用于指定创建的索引为聚集索引。

NOCLUSTERED：用于指定创建的索引为非聚集索引，为默认值。

index_name：索引名称。索引名称在表或视图中必须唯一，但在数据库中不必唯一。索引名称必须符合标识符的命名规则。

table_or_view_name：要建立索引的表或视图的名称。

column：索引中包含的列的名称。指定两个或多个索引，可以为指定的列组合值创建复合索引。

ASC|DESC：用于指定某个索引列以升序或降序方式排序。默认设置为 ASC。

【例 3.74】在 TeachSystem 数据库中的 student 表的 SN 列上创建唯一索引 index_SN。

```
USE TeachSystem
GO
CREATE UNIQUE INDEX index_SN ON student(SN)
GO
```

本例在 student 表上创建非聚集唯一索引，该索引将自动检查表中 SN 列是否有重复的值。

【例 3.75】在 TeachSystem 数据库中的 student 表的 SNO 和 DNO 列上创建组合索引。

```
USE TeachSystem
GO
IF EXISTS(SELECT name FROM sysindexes WHERE name=index_SNO_DNO)
DROP INDEX index_SNO_DNO
GO
CREATE INDEX index_SNO_DNO ON student(SNO,DNO)
```

本例首先在系统表 sysindexes 中查找是否存在名称为 index_SNO_DNO 的索引，如存在则将其删除，然后在 student 表上创建非聚集唯一索引。

3.6.4　修改索引

创建索引后，可以使用 SQL Server Management Studio 的对象资源管理器修改索引，也可以使用 T-SQL 中的 ALTER INDEX 语句修改索引。

1.　使用对象资源管理器修改索引

（1）启动 SQL Server Management Studio，依次展开"资源管理器"→"数据库"→TeachSystem→"表"→"student"。

（2）选择并展开"索引"项，右击 index_SN 索引，在弹出的快捷菜单中选择"属性"命令。

（3）弹出"索引属性"对话框，在各选项卡中可以修改索引的设置。在"常规"选项卡中可实现对于索引类型、索引键列等排序顺序的修改，如图 3.60 所示。

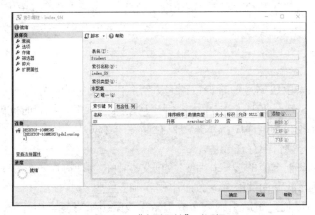

图 3.60　"索引属性"对话框

（4）在"选项"选项卡中可实现对在访问索引时是否使用行锁和页锁、填充因子等索引选项的修改。如选中"设置填充因子"和"填充索引"复选框，并设置填充因子为 80%。

（5）在"包含性列"选项卡中可添加包含在索引中的列，该选项卡只对非聚集索引可用。在"存储"选项卡中可实现对索引的文件组和分区属性的修改。

（6）打开"碎片"选项卡，该选项卡用于查看索引碎片数据以确定是否需要重新组织索引。如选中"重新组织索引"复选框，则执行修改可重新组织索引。

（7）打开"扩展属性"选项卡，可以修改与索引相关的扩展信息。

（8）修改完毕，单击"确定"按钮，即可完成操作。

2.　使用 T-SQL 语句修改索引

使用 T-SQL 中的 ALTER INDEX 语句可以修改索引的定义，其基本语法格式如下。

```
ALTER INDEX{index_name|ALL}
  ON <object>
  { REBUILD
  [[WITH(<rebuild_index_option>[,...n])]]
  |[ PARTITION = partition_number
  [WITH( <single_partition_rebuild_index_option>
  [,...n])]]]
  | DISABLE
  | REORGANIZE
  [PARTITION = partition_number]
```

```
      [WITH(LOB_COMPACTION= {ON|OFF})]
    | SET(<set_index_option>[,...n])
  }[;]
```

下面说明其中各参数的含义。

index_name：索引的名称。

ALL：指定与表或视图相关联的所有索引。

object：索引所基于的表或视图的名称。

REBUILD：指定将使用相同的列、索引类型、唯一性属性和排序顺序重新生成索引。

rebuild_index_option：对填充因子等索引选项的重新设置。

PARTITION=partition_number：指定只重新生成或重新组织索引的一个分区。

single_partition_rebulid_index_option：单个分区重建索引参数。

DISABLE：将索引标记为禁用，从而不能由数据库引擎使用。

REORGANIZE：指定将重新组织的索引页级。

LOB_COMPACTION={ON | OFF}：指定压缩所有包括大型对象（LOB）数据的页。

set_index_option：指定不重新生成或重新组织索引的索引选项。

3.6.5　检测索引碎片

SQL Server 2019 的索引数据是随着表数据的更新而自动维护的，无论何时对基础数据执行插入、更新或删除操作，SQL Server 2019 数据库引擎都会自动维护索引。随着时间的推移，这些修改可能会导致索引中的信息分散在数据库中，本来可以存储在一个页中的索引却不得不存储在两个或更多的页上，这样的情况称为索引中存在碎片。

当索引包含的页中基于键值的逻辑排序与数据文件中的物理排序不匹配时，就会存在碎片。碎片非常多的索引可能会降低查询性能，导致应用程序响应缓慢。

SQL Server 2019 可以通过重新组织索引或重新生成索引来修复索引碎片，以解决上述问题。决定使用哪种碎片整理方法的前提是检测索引碎片并进行分析，以此确定碎片程度。

SQL Server 2019 提供了查看和检测有关索引碎片信息的方法，并且可以通过对检测结果的分析，确定处理碎片的最佳方法。在检测结果中，逻辑碎片的百分比属性中的取值可用来决定下一步的处理方法。一般情况下，如该属性值小于或等于 30%，推荐采用索引重组，如果该属性值大于 30%，推荐采用索引重建。

1. 索引重组

索引重组是通过对索引的叶级页进行物理重新排序，使其与叶节点的逻辑顺序相匹配，从而对表或视图的聚集索引和非聚集索引的叶级页进行碎片整理，使页有序排列，从而可以提高索引扫描的性能。索引重组需要注意以下问题。

（1）索引在分配给它的现有页内重新组织，而不会分配新页。如果索引跨越多个文件，则将一次重新组织一个文件，不会在文件之间迁移页。

（2）重新组织还会压缩索引页。如果还有可用的磁盘空间，将删除此压缩过程中生成的所有空页。压缩基于设置的填充因子值。

（3）重新组织进程使用最少的系统资源，而且是自动联机执行的。

（4）索引碎片不太多时，可以重新组织索引。如果索引碎片非常多，重新生成索引则可以获得更好的结果。

【例 3.76】重新组织 TeachSystem 数据库中 student 表上的 index_SN 索引。

```
USE TeachSystem
GO
```

```
ALTER INDEX index_SN ON student
REORGANIZE
GO
```

2. 索引重建

索引重建将删除已存在的索引并创建一个新索引。此过程中将删除碎片，通过使用指定的或现有的填充因子设置压缩页来回收磁盘空间，并在连续页中对索引行重新排序。这样可以减少获取所请求数据需要的页读取数，从而提高磁盘性能。

【例 3.77】重新生成 TeachSystem 数据库中 student 表上的 index_SN 索引，设置填充索引，将填充因子设置为 80%。

```
USE TeachSystem
GO
ALTER INDEX index_SN ON student
REBUILD
WITH(PAD_INDEX=ON, FILLFACTOR=80)
```

3.6.6 查看索引

在 SQL Server 2019 中，有两种查看索引的方法：一种是使用 SQL Server Management Studio 查看索引；另一种是通过系统存储过程查看索引，一般多使用此方法。下面主要介绍使用系统存储过程查看用户创建的索引的信息。

（1）sp_helpindex：用于查看有关表或视图上索引的信息。其基本语法格式为

```
sp_helpindex[@objname=]'name'
```

其中，参数 name 为查看其索引的用户定义的表或视图的名称，无默认值。

例如：

```
EXEC sp_helpindex student
```

（2）sp_help：用于显示数据库对象或数据类型的基本信息。对于视图，可查看其名称、所有者、创建时间以及视图的列名、数据类型、长度、是否允许为空等信息。其基本语法格式为

```
sp_help[[@objname=]'name']
```

其中，参数 name 为要查看的数据对象或数据类型名称，其默认值为 NULL，不能接受数据库名称。

SQL Server 2019 还提供了若干用于查看用户创建的索引的信息系统视图和系统函数。如系统视图 sys.indexes，可以查看索引所属对象 ID、索引名称、索引类型、文件组或分区方案和索引选项的当前设置。

3.6.7 删除索引

当一个索引不再被需要时，可以将其从数据库中删除，以回收它当前使用的磁盘空间。根据索引的创建方式，要删除的索引分为两类：一类是创建表约束时自动创建的索引，这类索引必须先删除 PRIMARY_KEY 或 UNIQUE 约束，才能删除约束使用的索引；另一类是通过创建索引的方式创建的独立于约束的索引，这类索引可以利用 SQL Server Management Studio 工具或 Drop Index 语句直接删除。

1. 使用对象资源管理器删除索引

（1）启动 SQL Server Management Studio，依次展开"资源管理器"→"数据库"→"TeachSystem"→"表"→"student"。

（2）选择并展开"索引"项，右击索引 index_SN，在弹出的快捷菜单中选择"删除"命令。

（3）在弹出的"删除对象"对话框中，会显示要删除的索引，单击"确定"按钮即可完成删除操作。

2. 使用 T-SQL 语句删除索引

使用 **DROP INDEX** 语句可以删除当前数据库中一个或多个索引，其语法格式如下。

```
DROP INDEX {table_name | view_name}.index_name[...,n]
```

【例 3.78】删除 TeachSystem 数据库中 student 表上的 index_SN 索引。

```
USE TeachSystem
GO
DROP INDEX student.index_SN
GO
```

本章小结

本章主要介绍了 SQL 的四大功能，即数据定义、数据查询、数据操纵和数据控制，其功能可以使用 CREATE、ALTER、DROP、SELECT、INSERT、UPDATE、DELETE 等命令实现。在讲解 SQL 的同时，进一步介绍了关系数据库有关的概念，例如表、视图和索引等，同时介绍了使用图形化工具 SQL Server Management Studio 的对象资源管理器创建和管理数据库对象的方法。

习题

一、选择题

1. 每个数据库必定有一个（　　　）。
   A. 事务日志文件　　　B. 主要数据文件　　　C. 次要数据文件　　　D. 索引文件

2. 在 T-SQL 中，创建数据库的命令是（　　　）。
   A. CREATE INDEX　　　　　　　　　　B. CREATE VIEW
   C. CREATE DATABASE　　　　　　　　 D. CREATE TABLE

3. 数据库系统的事务日志文件用于记录（　　　）。
   A. 数据查询操作　　　B. 程序执行结果　　　C. 程序运行结果　　　D. 数据更新操作

4. 数据定义语言的缩写词为（　　　）。
   A. DCL　　　　　　　B. DDL　　　　　　C. DML　　　　　　D. TML

5. 在数据操纵语言的基本功能中，不包含的功能是（　　　）。
   A. 描述库结构　　　B. 插入数据　　　C. 修改数据　　　D. 删除数据

6. 下面关于 SQL 的说法中，不正确的是（　　　）。
   A. SQL 是关系数据库的国际标准语言
   B. SQL 被称为结构化查询语言
   C. SQL 具有数据定义、数据操纵和数据控制功能
   D. SQL 能够自动实现关系数据库的规范化

7. 在 SELECT 语句中，可用于选择列表的是（　　　）。
   A. SELECT 子句　　　B. INTO 子句　　　C. FROM 子句　　　D. WHERE 子句

8. 在 SELECT 语句中，可用于指出所查询的数据表名的是（　　　）。
   A. SELECT 子句　　　B. INTO 子句　　　C. FROM 子句　　　D. WHERE 子句

9. 在 SELECT 语句中，可用于对分组统计进一步设置条件的是（　　　）。
   A. HAVING 子句　　　　　　　　　　B. GROUP BY 子句
   C. ORDER BY 子句　　　　　　　　　 D. WHERE 子句

10. 在 SELECT 语句中，可用于对搜索的结果进行排序的是（　　　）。
    A. SELECT 子句　　　B. INTO 子句　　　C. FROM 子句　　　D. WHERE 子句

11. 在视图上不能完成的操作是（　　　）。
   A. 查询视图数据　　　　　　　　　　B. 更新视图数据
   C. 在视图上定义新的基本表　　　　　D. 在视图上定义新视图

12. 视图是从（　　　）中导出的。
   A. 基本表或视图　　　　B. 数据库　　　　C. 视图　　　　D. 基本表

13. 下列适合使用聚集索引的是（　　　）。
   A. 包含大量非重复值的列，即该列或更多的组合在数据表的记录中重复值极少
   B. 精确匹配查询的搜索条件，WHERE 子句中经常使用的列
   C. 包含数量有限的唯一值的列
   D. 以上都不对

二、填空题

1. 每个 SQL Server 数据库在物理上都由至少一个_____和一个_____组成。

2. 每个数据库可以拥有_____或_____事务日志文件。事务日志文件的默认扩展名是_____。

3. 数据定义语言是指用来创建、修改和删除各种对象的语句，主要包括_____和_____。

4. SQL Server 2019 的局部变量名字必须以_____开头，全局变量名字必须以_____开头。

5. GO 语句必须单独占据一行，用来标识一个_____的结果。

6. 在限制返回的记录行数中，取前 n 条或前 $n\%$ 条记录需要用到的关键字是_____。

7. 如果要删除查询结果集中的重复记录行，需要使用关键字_____。

8. 比较运算符主要用于对_____表达式的比较运算。

9. 范围运算符_____与_____用来限制查询数据的范围。

10. SQL Server 系统只在数据库中存放视图的_____，视图的所有数据都保存在导出它们的_____中。

11. 在一般情况下，当对数据进行_____时，会产生索引碎片，从而会降低数据库系统的性能，通过使用_____系统函数，可以检测索引中是否存在碎片。

三、简答题

1. SQL Server 2019 数据库由哪些文件组成？这些文件各有什么作用？
2. DDL、DML 与 DCL 的功能分别是什么？它们各自包含哪些 T-SQL 语句？
3. SELECT 语句中可以存在哪几种子句？它们的作用分别是什么？
4. 在表和表之间可以使用哪几种连接方式？它们各自有什么特点？
5. LIKE 匹配字符有哪几个？
6. HAVING 子句与 WHERE 子句中的条件有什么不同？
7. 什么是视图？视图和表有什么区别？
8. 简述索引的概念和作用。
9. 简述聚集索引和非聚集索引的含义与要求。

四、操作题

数据库 PD 下有学生表 student(班级 Class,学号 Sno,姓名 Sname,性别 Ssex,出生年月 Birthday,地区 Region,班长 Bz,年龄 Age)、教师表 teacher(部门 Dept,工号 Tno,姓名 Tname,性别 Tsex,出生年月 Birthday,地区 Region)、课程表 course(课程号 Cno,课程名 Cname,学分 Cfe,学时 Ctime)、成绩表 score(学号 Sno,课程号 Cno,成绩 Cj)、等级表 grade(学号 Sno,最高分 Ctop,最低分 Cbottom,平均分 Avggrade)。

1. 根据数据结构说明，写出创建学生表 student 的 SQL 语句。

2. 根据数据结构说明，写出创建成绩表 score 的 SQL 语句。

3. 删除 teacher 表中的 Dept 字段。

4. 在 teacher 表中添加字段 Party（字符数据类型，8 位）。

5. 将 student 表中的 Bz 字段改名为 Monitor。

6. 将 score 表中的 Cno 字段的宽度改为 6 位。

7. 删除等级表 grade。

8. 在课程表 course 中添加记录('000012','C 语言',4,73)。

9. 在课程表 course 中将 C 语言的学时数改为 80。

10. 在课程表 course 中删去 C 语言课程的记录。

11. 查询课程表 course 中包含"高等"的课程名和对应的学分。

12. 按学号降序显示所有上海地区姓"张"的学生的记录。

13. 建立所有不及格课程的视图 BJG。

14. 建立所有存在课程成绩不及格的学生的视图 S_student（包括学号和姓名）。

15. 找出 3 门课程（000001、000003、000005）均未选修的上海地区学生的学号、姓名。

16. 查询选修了"数据处理"课程并及格的学生的学号、姓名，按成绩降序排列。

17. 按姓名分别统计"高等数学"课程的平均分、最高分、最低分。

18. 找出除了"高等数学"课程外，其余课程平均成绩在 80～90 分的学生人数（用视图加查询实现）。

19. 找出每个地区中选修课程最多的学生的学号、姓名和性别（用视图加查询实现）。

20. 将课程表 course 中的学分低于 4 分的课程的学分增加 1 学分。

21. 为 student 表增加一个年龄字段 Age，类型为整型。计算每个学生的年龄并存入 student 表的 Age 字段中。

22. 建立一个选修了"数据库"课程的学生视图，包括学生的所有信息及该门课程的成绩。

23. 查询获得 10 个以上学分的学生的学号、姓名和所得学分。

24. 输出所有有人选修的课程名称（不含重复行）。

25. 找出选修了"C 语言"课程但没有及格的姓"张"的学生的学号、姓名。

26. 找出除了"高等数学"课程外，其余课程平均成绩高于 80 分且没有一门课程低于 75 分的学生人数（用视图加查询实现）。

27. 查询选修了"数据库"课程但没有选修"操作系统"课程的所有男生的学号、姓名。

28. 删除无人选修的课程信息。

29. 统计每个学生的总学分（所选修的课程及格，才能获得该课程的学分）。

30. 查询选修了"数据库"课程并及格的所有女生的学号、姓名、班级。

第4章 关系数据库规范化理论

从数据库设计的角度来看，针对一个实际应用项目，数据库设计者的核心目标是要设计一个优化合理的数据库系统。通过第 1 章的学习，数据库设计者可以针对项目的具体应用需求，抽取数据实体及实体间的联系，构建良好的概念模型。那么，如何将概念模型转化为一个具体的关系模型呢？通过第 2 章关系模型和第 3 章关系数据库标准语言的学习，设计者可以完成数据库关系模型的设计及实现。每种关系模型对应一种关系模式，关系模式的好坏直接决定数据的完整性、准确性、一致性和操作性。然而，是不是所有满足关系模型的关系模式设计都是"最好"的设计？如果不是，不同的关系模式设计会出现什么样的问题？有没有什么理论标准来评价或者优化该关系模式，使其成为"更好"的关系模式设计？本章重点内容是学习如何针对具体的应用项目，从概念模型设计出发，通过不断优化，实现一个"较好"的数据库关系模式设计。

本章首先从关系模式设计存在的常见问题，引出规范化理论的必要性；其次，对关系模式中属性间依赖关系及函数依赖的公理系统理论、最小函数依赖集及其求解算法做详细介绍；最后，重点介绍第一范式到 BC 范式的概念及其之间的关系与转化算法、多属性之间的依赖关系、第四范式概念的理解。通过本章的学习，设计者可以设计出更为合理的关系模式。

4.1 关系规范化的引入

4.1.1 规范化问题的提出

数据库系统设计的关键是关系模式设计，关系模式设计的好坏会直接影响数据库的性能，不好的关系模式设计可能会导致数据库信息庞大，数据删除、更新及插入异常问题。下面结合前面介绍的"教学管理系统"，设计一个教学管理的关系模式，并判断其关系模式设计的好坏，分析该关系模式存在什么样的问题。

【例 4.1】假设有一个关于教学管理的关系模式 TC(U)，属性集 U 包括 SNo、SN、Sex、DN、CN、TN、Score。其中，SNo 为学生学号，SN 为学生姓名，Sex 为学生性别，DN 为学生所在院系名，CN 为学生所选的课程名称，TN 为任课教师姓名，Score 为学生选修课程的成绩。根据常规语义，分析 TC 关系模式的主键，并分析如果给 TC 关系模式添加具体数据，是否存在问题。如果存在问题，存在什么样的问题？

解：根据语义分析，教学管理关系的关系模式 TC 为：

$$TC(SNo,SN,Sex,DN,CN,TN,Score)$$

根据语义分析，只有 SNo、CN 可以唯一地决定其他属性，即该关系模式的主键应该为(SNo,CN)。添加部分具体数据后，TC 表的部分数据如表 4.1 所示。

表 4.1　TC 表的部分数据

SNo	SN	Sex	DN	CN	TN	Score
S01	蒙迪	男	计算机与数据科学学院	高等数学	马芳	83
S01	蒙迪	男	计算机与数据科学学院	计算机专业英语	赵晓霞	71
S01	蒙迪	男	计算机与数据科学学院	数字电子技术	周炎	92
S01	蒙迪	男	计算机与数据科学学院	高级语言程序设计	杜小杰	86
S02	王严迪	女	计算机与数据科学学院	高等数学	马芳	79
S02	王严迪	女	计算机与数据科学学院	计算机专业英语	赵晓霞	94
S02	王严迪	女	计算机与数据科学学院	数字电子技术	周炎	74
S02	王严迪	女	计算机与数据科学学院	高级语言程序设计	杜小杰	68
…	…	…	…	…	…	…
S03	陈迁	男	艺术设计学院	计算机基础	张霞	97
S03	陈迁	男	艺术设计学院	英语	赵晓霞	79
S03	陈迁	男	艺术设计学院	动漫	周杰	93
S03	陈迁	男	艺术设计学院	素描	李莎	88

从表 4.1 中我们不难看出，该关系模式存在以下问题。

1. 数据大量冗余

在该关系模式中，当一个系的学生选修几门课程，院系名称将重复几次，即院系名称重复存储；当一门课程被多个学生选修时，课程名也多次重复，即课程名重复存储；当有多个学生选择同一个教师的课时，教师的名称将重复出现，即教师的名称重复存储。总之，该关系模式会导致数据出现大量冗余。

2. 数据更新异常

由于存在数据冗余，数据更新异常成为可能。在数据库设计中，数据更新异常主要体现在以下几个方面。

（1）插入异常（Insert Anomalies）。由主键约束可知，在关系模式中主键元素的属性值不能为空。在表 4.1 中，如果新成立一个院系，还没有学生，则该院系便无法插入；同理，如果新引进一位教师，还没有分配课程，也没有授课学生，这位教师也无法插入；此外，如果某位教师开的课程无人选修或者某课程列入计划但目前不开课，没有学生，也无法插入。

（2）修改异常（Modification Anomalies）。在数据库中修改数据时，做到一处修改则整个数据库全部修改，是数据库设计者的最终设计目标。而从表 4.1 中可以看出，在 TC 关系模式中，如果想修改某门课程的任课教师，则需修改多个元组，在修改的过程中，如果遗漏部分内容没有修改，将会导致数据的不一致性。同理，如果某院系的一名学生转系，则表中对应的所有院系名称都必须修改，否则，也会导致数据的不一致性。

（3）删除异常（Deletion Anomalies）。如果某院系的所有学生全部毕业，又没有在读生和新生，当从表中删除毕业学生的选课信息时，也将院系信息全部删除；同样，如果所有学生都退选一门课程，则该课程的相关信息同样也丢失了。

由此可知，上述的教学管理关系如果从数据库的数据访问与模式设计上看，能满足正常的数据设计要求和使用，但是数据更新时问题颇多，它并不是一个优化的、合理的关系模式。以上这些问题都是存储异常问题，在数据库模式设计中应该尽量避免。

4.1.2 问题解决的方法

由表 4.1 可知，不合理的关系模式中之所以会出现各类更新异常问题，最核心的原因是存在大量的数据冗余。产生数据冗余的原因有很多，但是对表 4.1 进行分析可知，其主要原因是同一个关系模式中各个属性之间存在某种依赖关系。例如在表 4.1 中，学生学号与学生姓名、院系名称、课程名称及教师姓名等属性之间都存在依赖关系，因此导致数据存在大量的数据冗余，从而引发出各种更新操作异常，这种依赖关系被称为数据依赖（Data Independence）。

在关系数据库设计中，数据库设计者如果对关系模式中各个属性间的数据依赖处理不当，就会产生大量的数据冗余。为了降低数据冗余，解决数据间的依赖关系，常常通过对关系模式进行分解的方式改善关系模式设计，降低数据冗余。如在例 4.1 中，我们将教学关系模式 TC 分解为三个关系模式：学生基本信息 S(SNo,SN,Sex,DN)、课程信息 C(CNo,CN,TN) 和学生成绩信息 SC(SNo,CNo,Score)，其中，CNo 为学生选修的课程编号。分解以后构建的数据表如表 4.2～表 4.4 所示。

表 4.2　学生基本信息 S 表

SNo	SN	Sex	DN
S01	蒙迪	男	计算机与数据科学学院
S02	王严迪	女	计算机与数据科学学院
…	…	…	…
S03	陈迁	男	艺术设计学院

表 4.3　课程信息 C 表

CNo	CN	TN
C13	高等数学	马芳
C09	计算机专业英语	赵晓霞
C05	数字电子技术	周炎
C07	高级语言程序设计	杜小杰
…	…	…
C14	计算机基础	张霞
C12	英语	赵晓霞
C10	动漫	周杰
C11	素描	李莎

表 4.4　学生成绩信息 SC 表

SNo	CNo	Score
S01	C13	83
S01	C09	71
S01	C05	92
S01	C07	86
S02	C13	79
S02	C09	94
S02	C05	74
S02	C07	68
…	…	…
S03	C14	97
S03	C12	79
S03	C10	93
S03	C11	88

通过对教学关系模式进行分解，可以发现，分解后的关系模式与原来的教学关系模式相比有以下改进。

1. 数据冗余量降低

假设有 n 名学生，平均每人选修 m 门课程，在表 4.1 中，数据存储信息为 $4 \times n \times m$。关系模式经分解改进后，在表 4.2 和表 4.3 中，学生的信息仅有 $3 \times n + m \times n$，学生信息的数据存储量减少了 $3 \times (m-1) \times n$。对于高校的学生，学生不可能只选 1 门课，可见，经过分解改进后，数据存储量降低了很多。

2. 解决了数据更新异常的部分问题

（1）插入异常问题的部分解决。例如，某位教师开设了某门选修课程，即使没有学生选修，该课程也可以很方便地插入课程信息表中。但是，新分配的教师、新成立的系或列入计划但目前不开课的课程还是无法插入。如果要真正解决插入的问题，还需要继续分解，将院系信息与课程信息分开。

（2）数据修改更为方便。由表 4.2~表 4.4 可见，表 4.1 中存在的数据修改所造成的数据不一致性，经过分解得到了很好的解决，对数据的修改只需要修改一处即可。

（3）删除异常问题也部分解决。与原关系模式相比，分解后，当所有学生都退选某门课程时，因为课程信息表与学生信息表分开了，所以删除退选的课程不会丢失该门课程的信息。但是因为院系与课程没有分开，院系的信息丢失问题依然存在，如果要解决该问题，还需要对关系模式进一步分解。

综上分析，关系模式设计在改进后解决了不合理的关系模式所带来的部分问题，但与此同时，改进后的关系模式也可能会带来新的问题，例如要查询某个院系的学生成绩时，就需要将表 4.2 的学生信息表与表 4.4 的课程信息表连接后进行查询，增加了查询时关系的连接开销，而在数据库系统中，进行关系的连接查询的代价是很大的。

然而，是不是所有的关系模式分解都是有效的呢？例如，若设计者将表 4.1 分解为(SNo,SN,Sex,DN)、(SNo,CNo,CN,TN)及(SN,CNo,Score)，不但解决不了教学关系的实际问题，反而会带来更多的问题。

那么，在进行数据库设计时，到底具有什么特征的关系模式需要分解呢？关系模式的分解有没有理论依据呢？如果有，理论依据是什么？分解后可以解决上述问题的哪些问题？怎么分析分解后关系模式的优劣？要想回答以上问题，需要学习关系模式规范化理论。

4.1.3　关系模式规范化的概念

由上面的学习可知，在任何一个具体的应用项目关系数据库的设计中，其关系模式设计方案并不一定是非常"合理"的。导致该问题的主要原因是数据库中的每一个关系模式的各个属性之间存在某种必然的依赖关系，如果要设计一个好的数据库系统，其最核心的问题是要分析和掌握属性间的语义关联，然后根据这些关联去设计相应的方案。

通过具体项目应用及理论研究分析发现，属性间的关系表现为一个关系模式中，一个属性子集对另一个属性子集的"依赖"关系，根据属性间对应的情况，依赖关系可以分为"一对一""一对多"和"多对一"的依赖关系。其中，"多对一"的依赖关系是目前数据库设计中最为常见的，我们称之为"函数依赖"，这是本章的研究重点。而"一对多"的依赖关系的研究相当复杂，到目前为止，人们认识到两种属性之间存在的有用的"一对多"的情况中一种是多值依赖关系，还有一种是连接依赖关系。针对以上 3 种依赖关系在不同层面上的具体要求，人们又将属性之间的这些关联分为若干等级，这就形成了所谓的关系的规范化（Relation Normalization）。可见，解决关系数据库数据冗余问题的根本是分析研究各个属性之间的联系，并按照属性间的联系所处的规范等级构造关系，在这个过程中产生的一整套有关理论称为关系数据库规范化理论。对于该理论的研究将在以下几节详细介绍。

4.2 函数依赖

数据库设计中最核心的问题是通过客观事物之间的相互联系、相互制约的关系分析数据模型（实体间的关系）并设计关系模式（属性间的联系），利用规范化理论指导并衡量数据库设计的优劣，而在同一关系模式中，属性间的"多对一"和"一对多"的相互制约和相依赖的关系在数据库中被称为数据依赖，其包含函数依赖（Functional Dependency，FD）、多值依赖（Multi-Valued Dependency，MVD）和连接依赖（Join Dependency，JD）。本节学习的重点是函数依赖，其他的数据依赖将在后面学习。下面重点介绍函数依赖的定义、分类和码的函数依赖表示。

4.2.1 函数依赖的定义

函数依赖是指关系模式中属性之间的逻辑依赖关系，是一种语义范畴的概念，属性之间的函数依赖只与语义有关。例如，4.1 节讲述的教学关系模式 TC 中，根据语义得知，一个学号 SNo 唯一对应一个学生，一个学生唯一对应一个院系，因此学生的学号 SNo 确定后，其所对应的姓名、性别、院系名称、年龄等也就随之确定。这种"多对一"的问题类似于数学函数关系。如数学函数 $F=y(x)$，每个变量 x 的值均可以唯一确定一个 y 值，由语义关系可知，SNo 的值可以唯一确定函数(SN,Sex,DN)的值，或者说函数(SN,Sex,DN)依赖于 SNo。

定义 4.1 设 $R(U,F)$ 是一个关系模式，U 是 R 的属性集合，F 是由 U 上函数依赖所构成的集合，X 和 Y 是 U 的子集。对于 $R(U)$ 的任意一个可能的关系 r，r 中不存在任意两个元组在 X 上的属性值相同，且在 Y 上的属性值不同，则称"X 函数确定 Y"或"Y 函数依赖于 X"，记作 $X{\rightarrow}Y$。

该定义说明如下。

（1）关系模式 $R(U,F)$ 三元组表示是由关系模式的完整表示——五元组 $R(U,D,DOM,F)$ 简化而来，其中 R 为关系名，U 为关系的属性全集，D 为属性集 U 中属性的数据域，DOM 为属性到域的映射，F 为属性集 U 的数据依赖集。由于 D 和 DOM 对设计关系模式的作用不大，在讨论关系规范化理论时将其简化，采用简单的三元组 $R(U,F)$ 表示。

（2）函数依赖不是指关系模式 R 中某个或某些关系满足的约束条件，而是指 R 的一切关系均要满足的约束条件。

（3）函数依赖是一种语义范畴的概念，在设计时只能根据语义来确定函数依赖，与时间无关。如教学关系模式 TC 中，如果语义规定学生不能重名，则 SN 也可以决定 Sex、DN 等，即存在函数依赖 SN→Sex、SN→DN，如果系统没有给出无重名学生的语义规定，就不能单凭某一时刻关系中存在的数据来判断函数依赖，即 SN→Sex、SN→DN 就是不正确的。

（4）函数依赖的概念实际是候选码的概念的推广。例如每个关系模式 R 都存在候选码，每个候选码 K 都是一个属性子集，由候选码的定义可知，对于 R 的任何一个属性子集 Y，在 R 上都有函数依赖 $K{\rightarrow}Y$ 成立。一般而言，给定 R 的一个属性子集 X，在 R 上另取一个属性子集 Y，不一定有 $X{\rightarrow}Y$ 成立，但是对于 R 中的候选码 K，R 的任何一个属性子集都与 K 有函数依赖关系，K 是 R 中任意属性子集的决定因素。

【例 4.2】 如在 4.1 节的教学管理关系模式 $TC(U,F)$ 中，属性全集 U 为 { SNo,SN,Sex,DN,CN,TN,Score}，根据函数依赖的定义及语义分析，列出 $TC(U,F)$ 中的函数依赖集 F。

解： 根据常规语义规范，一个学生具有唯一的姓名、性别及系别，因此 SNo→SN、SNo→Sex、SNo→DN，根据语义，一个学生可以选修多门课程，每门课程对应一个教师和一个课程成绩，而一个学生不能唯一地确定教师姓名和课程成绩，必须与课程名称同时决定某门课程教师名称及课程成绩，因此 TN、Score 不能函数依赖于 SNo，即 SNo $\nrightarrow$ TN、SNo $\nrightarrow$ Score。但 TN、Score 可以被(SNo,CN)唯一确定，即(SNo,CN)→TN、(SNo,CN)→Score，因此关系模式 $TC(U,F)$ 的函数依赖集 F 如下：

F：{SNo→SN,SNo→Sex,SNo→DN,(SNo,CN)→TN,(SNo,CN)→Score}

4.2.2 函数依赖的分类与符号表示

设有关系模式 $R(U)$，其中 $(A_1,A_2,\cdots,A_n)$ 为 R 的所有属性，且 $A_1,A_2,\cdots,A_n \in U$，X、Y、Z 均为 U 不同的子集，非空且互不包含，根据决定因素，函数依赖可以分为以下几类。

1. 非平凡函数依赖

若 $X{\to}Y$，且 $Y \not\subset X$，则称 $X{\to}Y$ 是非平凡函数依赖（Nontrivial Functional Dependency）。若 $Y \subset X$，则称 $X{\to}Y$ 是平凡函数依赖（Trivial Functional Dependency）。如果不做说明，本书讨论的都是非平凡函数依赖。

如例 4.2 中，在教学管理关系模式 TC 函数依赖 F 中，SNo→SN、SNo→Sex、SNo→DN，但是 SN $\not\subset$ SNo、Sex $\not\subset$ SNo、DN $\not\subset$ SNo，因此函数依赖是非平凡函数依赖。

2. 完全函数依赖

若 $X{\to}Y$，且 X 的任意真子集 X' 都不能决定 Y（即 $X' \not\to Y$），称为完全函数依赖（Full Functional Dependency），符号表示为：$X \xrightarrow{f} Y$。

如例 4.2 中，(SNo,CN)→TN、(SNo,CN)→Score，但 SNo $\not\to$ TN、SNo $\not\to$ Score、CN $\not\to$ TN、CN $\not\to$ Score，因此它们都是完全函数依赖。

3. 部分函数依赖

若 $X{\to}Y$，且存在某个 X 的真子集 X' 决定 Y（即 $X' \to Y$），称为部分函数依赖（Partial Functional Dependency），符号表示为：$X \xrightarrow{p} Y$。

如例 4.2 中，如果在教学管理关系模式中再加一个属性课程编号 CNo，那么学号和课程号可以决定一门课程名称，同理，课程号也可以决定一门课程名称，即(SNo,CNo) → CN、CNo → CN，CNo 是(SNo,CNo)的子集，这是部分函数依赖。

4. 传递函数依赖

若 $X{\to}Y$，$Y \not\to X$，$Y{\to}Z$，则必有 $X{\to}Z$，称为 Z 传递函数依赖（Transitive Functional Dependency）于 X，符号表示为：$X \xrightarrow{传递} Y$。

如例 4.2 中，如果教学关系模式中再增加一属性，院系号 DNo，那么根据语义规范，一个学生可以唯一确定一个院系，即 SNo→DNo，每个院系编号也可以唯一地对应一个院系名称 DN，即 DNo→DN，因为 DNo $\not\to$ SNo，但是可以推出 SNo→DN，则称 DN 传递函数依赖于 SNo，即 SNo $\xrightarrow{传递}$ DN。

这里加上 $Y \not\to X$ 的条件，是因为如果 $Y{\to}X$ 成立，则 $X \leftrightarrow Y$，这是直接函数依赖，而不是传递函数依赖。例如系统给出无重名学生的语义规范，那么 SNo→SN、SN→DN、SNo→DN 就不是传递函数依赖，而是直接函数依赖，因为 SNo $\leftrightarrow$ SN。

【例 4.3】设有教学管理关系模式 TC(SNo,SN,Sex,DNo,DN,CN,TN,Score)，其中各属性分别为：学生学号，学生姓名，学生性别，院系编号，院系名称，课程名称，教师名称，课程成绩。根据语义规范，分析函数依赖关系。

解： 依据上面的函数依赖的定义及语义规范，具体分析如下。

$SNo \xrightarrow{f} SN$，$SNo \xrightarrow{f} Sex$　学生姓名、学生性别完全函数依赖于学生学号

$(SNo,CN) \xrightarrow{f} TN$　　　　　　教师名称完全函数依赖于学生学号和课程名称

$(SNo,CN) \xrightarrow{f} Score$　　　　　课程成绩完全函数依赖于学生学号和课程名称

$(SNo,DNo) \xrightarrow{p} DN$　　　　　院系名称部分函数依赖于学生学号与院系编号

$$SNo \xrightarrow{\text{传递}} DN \qquad\qquad 院系名称传递函数依赖于学生的学号$$

根据函数依赖的定义可知，如果 Z 传递依赖于 X，则 Z 必然函数依赖于 X，如果 Z 传递依赖于 X，说明 Z 是"间接"依赖于 X，从而表明 X 和 Z 之间的关联较弱，表现出间接的弱数据依赖，这种依赖也是产生数据冗余的原因之一。

4.2.3　码的函数依赖表示

第 2 章介绍了关系模式的码、主码、候选码和外码的概念。根据函数依赖的定义，本小节将介绍采用函数依赖的概念表示关系模式的码。

定义 4.2　设 X 为关系模式 $R(U,F)$ 中的属性或属性集合。若 $X \rightarrow U$，则 X 称为 R 的一个超码。

定义 4.3　设 X 为关系模式 $R(U,F)$ 中的属性或属性集合。若 $X \xrightarrow{f} U$，则 X 称为 R 的一个候选码。候选码一定是超码，而且是"最小"的超码，即 X 的任意一个真子集都不再是 R 的超码。候选码有时也称为"候选键"或"码"。

（1）若关系模式 R 中有多个候选码，则选定其中一个作为主码。

（2）组成候选码的属性称为主属性（Prime Attribute），不参加任何候选码的属性称为非主属性（Non-key Attribute）。

（3）在关系模式中，最简单的情况下，单个属性是码，称为单码（Single Key）；最极端的情况下，整个属性组都是码，称为全码。

定义 4.4　关系模式 $R(U,F)$ 中属性或属性组 X 并非 R 的码，但 X 是另一个关系模式的码，则称 X 是 R 的外部码，也称为外码。

上面是通过函数依赖的表示方式来定义超码、候选码和外码，函数依赖的唯一性是与数据有关的事务规则，和码的唯一性不同，一个函数依赖的决定因素可能是唯一的，也可能不是唯一的，这主要根据逻辑上是否存在唯一的对应值。如学生关系模式 S(SNo,SN,Sex,Age,DN)，根据语义规则，SNo 可以决定关系模式 S 的属性集全集，是候选码，也是唯一的主码。学号可以唯一地确定姓名、性别、年龄和院系名称，但这个唯一性不是确定性，而是逻辑上存在一个这样的值。

【例 4.4】 假设教学关系模式 TC，其属性集包括 {SNo,SN,Sex,Age,DN,CNo,TN,Score}，根据语义规范，请写出函数依赖集，并指出该关系模式的主属性和非主属性。

解：根据语义规则，关系模式的函数依赖集包括以下函数依赖。

SNo→SN，SNo→Sex，SNo→Age，SNo→DN，(SNo,CNo) →TN，(SNo,CNo)→Score

根据超码、主码的定义，属性集(SNo,CNo)应该属于超码，但是(SNo,CNo)不属于候选码，因为(SNo,CNo)属性可以决定关系 TC 的全部属性，但(SNo,CNo)→SN、(SNo,CNo)→Sex、(SNo,CNo)→Age、(SNo,CNo)→DN 都属于部分函数依赖，不是完全函数依赖。因此该关系不是规范的函数依赖，还需要进一步分解，降低冗余。但从函数依赖来看，关系模式 TC 的主属性为 SNo、CNo，其他为非主属性。

4.3　函数依赖的公理系统

研究函数依赖最主要的目的是解决关系模式中存在的问题，例如最为突出的数据冗余问题。其中，首要的问题是在一个给定的关系模式中，找出其中的各种函数依赖。对于一个关系模式来说，在理论上总有函数依赖存在，例如平凡函数依赖和候选码确定的函数依赖；在实际应用中，人们通常也会指定一些语义明显的函数依赖。这样，一般一个关系中总会有一个函数依赖集 F 作为已知函数依赖集。本节主要讨论如何通过已知函数依赖 F 得到其他大量的未知函数依赖。

4.3.1 函数依赖集的完备性

1. 问题的引入

首先看一个例子，在关系模式 R 中，已知函数依赖 $X \rightarrow \{A,B\}$，根据函数依赖的定义，可推出未知函数依赖 $X \rightarrow \{A\}$ 和 $X \rightarrow \{B\}$；再如，关系模式 R，已知非平凡函数依赖集 $F\{X \rightarrow Y, Y \rightarrow Z\}$，根据传递函数依赖的定义，可推出新的未知函数依赖 $X \rightarrow Z$。在关系模式 R 中，$X \rightarrow \{A\}$、$X \rightarrow \{B\}$ 和 $X \rightarrow Z$ 并不是直接在给定的函数依赖 F 中，而是依据一定的推理规则和已知条件推导出来的。本节主要内容就是将这种由已知的函数依赖集合 F，推导出新的函数依赖的问题一般化。解决该问题需要有一套推理规则理论，即函数依赖的公理系统。

2. 函数依赖集 F 的逻辑蕴含

定义 4.5 设有关系模式 $R(U,F)$，X 和 Y 是属性集合 U 的两个子集，若对于 R 中任何一个满足函数依赖集 F 的关系 r，函数依赖 $X \rightarrow Y$ 都成立，则称 F 逻辑蕴含 $X \rightarrow Y$，或称 $X \rightarrow Y$ 可以由 F 推出。记为 $F \models X \rightarrow Y$

【例 4.5】 关系模式 $R=(A,B,C)$，函数依赖集 $F=\{A \rightarrow B, B \rightarrow C\}$，证明：$F$ 逻辑蕴含 $A \rightarrow C$。

证： 设 u、v 为 r 中任意两个元组，若 $A \rightarrow C$ 不成立，则有 $u[A]=v[A]$，而 $u[C] \neq v[C]$。

由函数依赖集 F：$\{A \rightarrow B, B \rightarrow C\}$，知 $u[A]=v[A]$，$u[B]=v[B]$，$u[C]=v[C]$。

即若 $u[A]=v[A]$，则 $u[C]=v[C]$，与假设矛盾。

故 F 逻辑蕴含 $A \rightarrow C$。

3. 函数依赖集的闭包

定义 4.6 设关系模式 $R(U,F)$，F 是函数依赖集，被 F 逻辑蕴含的函数依赖的全体构成的集合，称为函数依赖集 F 的闭包（Closure），记为 F^+，即

$$F^+ = \{X \rightarrow Y | F \models X \rightarrow Y\}$$

由以上定义可知，由已知函数依赖集 F 求新函数依赖，可以归结为求 F 的闭包 F^+。为系统求得 F^+，必须提供一套函数依赖的推理规则。下面将介绍函数依赖的推理规则。

4.3.2 函数依赖的推理规则

在关系模式 R 中，为了从已知的函数依赖集 F 中推导出其闭包 F^+，1974 年，阿姆斯特朗（W. W. Armstrong）在论文中提出了一套推理规则，即著名的"Armstrong 公理系统"，其为函数依赖集 F^+ 的推导提供了一个有效且完备的理论基础。

1. Armstrong 公理及其正确性

在 Armstrong 公理系统中，有 3 条基本公理：自反律（Reflexivity）、增广律（Augmentation）及传递律（Transitivity）。经研究发现，任何函数依赖关系都可由此三条基本公理推出。

设关系模式 $R(U,F)$，X、Y、Z 均为 U 的子集，则对于 $R(U,F)$ 来说，其三条基本公理如下。

（1）A1 自反律

如果 $Y \subseteq X \subseteq U$，则 $X \rightarrow Y$ 在 R 上成立。

证明：因 $Y \subseteq X$，若 r 中存在两个元组在 X 上的值相同，那么 Y 的值也必然相同，其中平凡函数依赖就可以依据自反律推出。

例如，在教学关系模式 TC 中，可知(SNo,CN)→SNo 和(SNo,CN)→CN。

（2）A2 增广律

如果 $X \rightarrow Y$ 在 R 上成立，且 $Z \subseteq U$，则 $XZ \rightarrow YZ$ 在 R 上成立。

证明：用反证法。

假设 r 中存在两个元组 u_1 和 u_2 并违反 $XZ{\to}YZ$，即 $u_1[XZ]=u_2[XZ]$，但 $u_1[YZ]{\neq}u_2[YZ]$。

由 $u_1[YZ]{\neq}u_2[YZ]$ 可知，$u_1[Y]{\neq}u_2[Y]$ 或者 $u_1[Z]{\neq}u_2[Z]$。

若 $u_1[Y]{\neq}u_2[Y]$，则与已知 $X{\to}Y$ 相矛盾；若 $u_1[Z]{\neq}u_2[Z]$，则与假设的 $u_1[XZ]=u_2[XZ]$ 相矛盾。

因此假设不成立，从而得出增广律是正确的。

例如，教学关系模式 TC 中，已知 SNo${\to}$Sex，则(SNo,SN)${\to}$(SN,Sex)也成立。

（3）A3 传递律

如果 $X{\to}Y$ 和 $Y{\to}Z$ 在 R 上成立，则 $X{\to}Z$ 在 R 上也成立。

证明：用反证法。

假设 r 中存在两个元组 u_1 和 u_2 违反 $X{\to}Z$，即 $u_1[X]=u_2[X]$，但 $u_1[Z]{\neq}u_2[Z]$。

根据上述假设，$u_1[Y]=u_2[Y]$，但 $u_1[Z]{\neq}u_2[Z]$。

若 $u_1[Y]=u_2[Y]$，则与已知 $Y{\to}Z$ 相矛盾；若 $u_1[Y]{\neq}u_2[Y]$，则与已知 $X{\to}Y$ 相矛盾。

因此，假设不成立，传递律是正确的。

例如，教学关系模式 TC 中，已知 SNo${\to}$DNo，DNo${\to}$DN，则 SNo${\to}$DN。

根据以上 3 条基本定理的证明，可以得出如下定理。

定理 4.1　Armstrong 公理的推理规则是正确的。即：若 $X{\to}Y$ 是从 F 中用 Armstrong 公理推导出的，则 $X{\to}Y$ 被 F 逻辑蕴含，存在于 F^+ 中。

2. Armstrong 公理推论及其正确性

根据 Armstrong 基本公理 A1、A2 和 A3 可以导出如下 4 条推理规则。

（1）A4 合并律（Union Rule）

若 $X{\to}Y$，$X{\to}Z$ 在 R 上成立，则 $X{\to}YZ$ 在 R 上也成立。

证明：已知 $X{\to}Y$，根据增广律，两边用 X 扩充，得到 $X{\to}XY$。

又已知 $X{\to}Z$，根据增广律，两边用 Y 扩充，得到 $XY{\to}YZ$。

由 $X{\to}XY$ 和 $XY{\to}YZ$，根据传递律可知，$X{\to}YZ$。

例如，教学关系模式 TC 中，已知 SNo${\to}$(Sex,Age)，SNo${\to}$DN，则 SNo${\to}$(Sex,Age,DN)。

（2）A5 分解律（Decomposition Rule）

若 $X{\to}Y$，$Z{\subseteq}Y$ 在 R 上成立，则 $X{\to}Z$ 在 R 上也成立。

证明：已知 $Z{\subseteq}Y$，根据自反律，得到 $Y{\to}Z$，又已知 $X{\to}Y$，根据传递律，可以得到 $X{\to}Z$。

例如，教学关系模式 TC 中，已知 SNo${\to}$(Sex,Age)，Sex、Age 是(Sex,Age)的子集，则 SNo${\to}$Sex，SNo${\to}$Age。

A4 合并律和 A5 分解律是互逆的过程，由此可得如下定理。

定理 4.2　若 $A_1,A_2,\cdots,A_n$ 是关系模式 R 的属性集，则 $X{\to}A_1A_2\cdots A_n$ 的充分必要条件是 $X{\to}A_i(i=1,2,\cdots,n)$ 成立。

必要性证明：当 $X{\to}A_1A_2\cdots A_n$ 成立时，根据分解律，$X{\to}A_i(i=1,2,\cdots,n)$ 成立。

充分性证明：$X{\to}A_i(i=1,2,\cdots,n)$ 成立时，根据合并律，$X{\to}A_1A_2\cdots A_n$ 成立。

例如，在教学关系模式 TC 中，SNo${\to}$(SN,Sex,Age) $\Leftrightarrow$ (SNo${\to}$SN,SNo${\to}$Sex,SNo${\to}$Age)。

（3）A6 伪传递律（Pseudo-Transivity Rule）

若 $X{\to}Y$，$WY{\to}Z$ 在 R 上成立，则 $WX{\to}Z$ 在 R 上也成立。

证明：已知 $X{\to}Y$，根据增广律，两边用 W 扩充，得到 $XW{\to}YW$。

由 $XW{\to}YW$ 和 $WY{\to}Z$，根据传递律，得到 $WX{\to}Z$。

例如，在教学关系模式 TC 中，已知 CNo${\to}$CN，(SNo,CN)${\to}$Score，则(SNo,CNo)${\to}$Score。

（4）A7 复合律（Composition Rule）

若 $X{\rightarrow}Y$，$W{\rightarrow}Z$ 在 R 上成立，则 $XW{\rightarrow}YZ$ 在 R 上也成立。

证明：已知 $X{\rightarrow}Y$，根据增广律，两边用 W 扩充，得到 $XW{\rightarrow}YW$。

又已知 $W{\rightarrow}Z$，根据增广律，两边用 Y 扩充，得到 $YW{\rightarrow}YZ$。

对 $XW{\rightarrow}YW$ 和 $YW{\rightarrow}YZ$，根据传递律，得到 $XW{\rightarrow}YZ$。

例如，在教学关系模式 TC 中，已知 SNo→(SN,Age)，DNo→DN，则(SNo,DNo)→(SN,Age,DN)。

3. Armstrong 公理系统的完备性

由 Armstrong 公理的正确性可知，由 F 出发根据公理推导出的每一个函数依赖 $X{\rightarrow}Y$，都有 $F{\models}X{\rightarrow}Y$，同时，$X{\rightarrow}Y$ 一定在 F^+ 中，该性质为公理系统的有效性。另外，若 F^+ 中每个函数依赖都可以由 F 出发根据 Armstrong 公理系统推导出，就称 Armstrong 公理系统是完备的，而且可以证明。

由 Armstrong 公理系统的完备性和有效性可知：F^+ 是由 F 根据 Armstrong 公理系统导出的函数依赖的集合，求 F^+ 和逻辑蕴含是两个等价的概念，从而在理论上解决了由 F 计算 F^+ 的问题。由此得到求函数依赖集 F 的闭包 F^+ 的计算公式如下：

$$F^+ = \{X{\rightarrow}Y \mid X{\rightarrow}Y \text{ 由 } F \text{ 根据 Armstrong 公理系统导出}\}$$

【例 4.6】设有关系模式 $R(U,F)$，其中 $U = \{X,Y,Z\}$，$F = \{X{\rightarrow}Y,Y{\rightarrow}Z\}$，求函数依赖集 F 的闭包 F^+。

解：根据上述函数依赖集闭包的计算公式，理论上可以得到函数依赖集为 $2^3{\times}2^3$=64 个，本题给定了函数依赖集 F，根据 Armstrong 公理的推理规则，实际可以得到 F^+ 的 43 个函数依赖，如表 4.5 所示。

例如，由自反律 A1 可以知道，$X{\rightarrow}\varnothing$，$Y{\rightarrow}\varnothing$，$Z{\rightarrow}\varnothing$，$X{\rightarrow}X$，$Y{\rightarrow}Y$，$Z{\rightarrow}Z$；由增广律可以推出 $XZ{\rightarrow}YZ$，$XY{\rightarrow}Y$，$X{\rightarrow}XY$ 等；由传递律可以推出 $X{\rightarrow}Z$，…。为了清楚起见，F 的闭包 F^+ 列举在表 4.5 中。

表 4.5　F 的闭包 F^+

序号	函数依赖	序号	函数依赖	序号	函数依赖	序号	函数依赖
1	$X{\rightarrow}\varnothing$	12	$XY{\rightarrow}Z$	23	$XZ{\rightarrow}YZ$	34	$Y{\rightarrow}Y$
2	$X{\rightarrow}X$	13	$XY{\rightarrow}XY$	24	$XZ{\rightarrow}XYZ$	35	$Y{\rightarrow}Z$
3	$X{\rightarrow}Y$	14	$XY{\rightarrow}XZ$	25	$XYZ{\rightarrow}\varnothing$	36	$Y{\rightarrow}YZ$
4	$X{\rightarrow}Z$	15	$XY{\rightarrow}YZ$	26	$XYZ{\rightarrow}X$	37	$YZ{\rightarrow}\varnothing$
5	$X{\rightarrow}XY$	16	$XY{\rightarrow}XYZ$	27	$XYZ{\rightarrow}Y$	38	$YZ{\rightarrow}Y$
6	$X{\rightarrow}XZ$	17	$XZ{\rightarrow}\varnothing$	28	$XYZ{\rightarrow}Z$	39	$YZ{\rightarrow}Z$
7	$X{\rightarrow}YZ$	18	$XZ{\rightarrow}X$	29	$XYZ{\rightarrow}XY$	40	$YZ{\rightarrow}YZ$
8	$X{\rightarrow}XYZ$	19	$XZ{\rightarrow}Y$	30	$XYZ{\rightarrow}XZ$	41	$Z{\rightarrow}\varnothing$
9	$XY{\rightarrow}\varnothing$	20	$XZ{\rightarrow}Z$	31	$XYZ{\rightarrow}YZ$	42	$Z{\rightarrow}Z$
10	$XY{\rightarrow}X$	21	$XZ{\rightarrow}XY$	32	$XYZ{\rightarrow}XYZ$	43	$\varnothing{\rightarrow}\varnothing$
11	$XY{\rightarrow}XZ$	22	$XZ{\rightarrow}XZ$	33	$Y{\rightarrow}\varnothing$		

由表 4.5 可见，对于一个关系模式，通过只有两个函数依赖的 F 就可以推导出包含 43 个函数依赖的 F^+，从表中可以发现 F^+ 中有许多平凡函数依赖，例如 $X{\rightarrow}\varnothing$、$XY{\rightarrow}Y$ 等，这些函数依赖并非都是实际中所需要的，并且这种求解 F^+ 的方法效率非常低。

4.3.3　属性集闭包

由例 4.6 可知，对于任意一个给定的函数依赖集 F，通过不断地使用 Armstrong 公理系统的推理规则，直到不能再产生新的函数依赖为止，就可以求出 F 的闭包 F^+。但在实际应用中，这种方法明显效率极低，并且会产生很多平凡函数依赖。为解决以上问题，属性集闭包概念被引入。

1. 属性集闭包的概念

定义 4.7　设关系模式 $R(U,F)$，U 是属性集，F 是 R 上的函数依赖集，X 是 U 的子集（$X{\subseteq}U$）。依据 Armstrong 公理的推理规则，将可以从 F 中推导出的函数依赖 $X{\rightarrow}A$ 中所有 A 的集合称为属性集

X 关于 F 的闭包，记作 X^+（或 X_F^+），即：

$$X^+ = \{A \mid A \in U,\ X \to A\ 在\ F^+\ 中\}$$

根据属性集闭包的定义，可以得出如下定理。

定理 4.3　关系模式 $R(U,F)$，X、Y 是 U 的子集，则 F 逻辑蕴含 $X \to Y$ 的充要条件是 $Y \subseteq X^+$。

充分性证明：设 $Y = Y_1, Y_2, \cdots, Y_k$ 且 $Y \subseteq X^+$，由 X^+ 的定义可知，依据函数依赖的推理规则，可从 F 导出 $X \to Y_i\,(i=1,2,3,\cdots,k)$，根据合并律得 $X \to (Y_1,Y_2,\cdots,Y_k)$，即 $X \to Y$ 成立。

必要性证明：$X \to Y$ 能用函数依赖的推理规则推出。根据分解律，可得 $X \to Y_i\,(i=1,2,3,\cdots,k)$，根据 X^+ 的定义有 $(Y_1,Y_2,\cdots,Y_k) \subseteq X^+$，即 $Y \subseteq X^+$。

2. 求属性集闭包的算法

由 F 开始推导出 F^+ 的效率低，采用简单求属性集闭包的方法可以替代求 F^+，其具体的算法如下。

算法 4.1（属性集闭包算法）　设关系模式 $R(U,F)$，U 是属性集，F 是 R 上的函数依赖集，X 是 U 的子集（$X \subseteq U$）。求属性集 X 相对于函数依赖集 F 的闭包 X^+。

说明：算法中定义属性集闭包 X^+ 为 result，输入信息为属性集 U 和 U 上的函数依赖集 F，$X \subseteq U$；输出信息为 X 相对于函数依赖集 F 的闭包 X^+。其具体的算法如下。

```
result=X;
do{
    if(F中有某个函数依赖Y→Z满足Y ⊆ result)
        result=result UZ;
}while (result 有所改变);
```

【例 4.7】 设有关系模式 $R(U,F)$，其中 $U = \{A,B,C\}$，$F = \{A \to B, B \to C\}$，求 A^+、B^+、C^+。

解： 根据定义，A 应该属于 A^+（$A \subseteq A^+$），根据函数依赖 $A \to B$ 和属性集闭包算法可知，$B \subseteq A^+$；又因为 $B \to C$，则 $C \subseteq A^+$，因此属性集 A 的闭包 A^+ 为 $\{A,B,C\}$。

同理，B^+ 为 $\{B,C\}$，C^+ 为 $\{C\}$。

由此可见，属性集闭包的算法具有以下作用。

（1）判断属性集 X 是否为关系模式 R 的码，通过计算 X 的闭包 X^+，查看 X 是否包含了 R 中的全部属性。若 X 包含了 R 的全部属性，则属性集 X 是 R 的一个码；否则，属性集 X 不是码。

（2）通过检验 $Y \subseteq X^+$ 是否成立，可以验证函数依赖 $X \to Y$ 是否成立（即某个函数依赖 $X \to Y$ 是否在 F^+ 中）。

（3）一种计算函数依赖集 F 的闭包 F^+ 的方法：对任意的属性集 X，可以计算其闭包 X^+，对任意的 $Y \subseteq X^+$，输出一个函数依赖 $X \to Y$。

4.3.4　最小函数依赖集 $F_{\min}$

对于关系模式 $R(U,F)$，函数依赖集 F 可能存在平凡函数依赖，为此，求解一个与 F 等价的最小函数依赖集是本小节要研究的内容。

1. 函数依赖集的覆盖与等价

定义 4.8　设 F 和 G 是关系模式 R 上的两个函数依赖集，如果所有为 F 所蕴含的函数依赖都为 G 所蕴含，即 F^+ 是 G^+ 的子集：$F^+ \subseteq G^+$，则称 G 是 F 的覆盖。

即当 G 是 F 的覆盖时，只要实现了 G 中的函数依赖，就自动实现了 F 中的函数依赖。

定义 4.9　如果 G 是 F 的函数覆盖，同时 F 又是 G 的函数覆盖，即 $F^+ = G^+$，则称 F 和 G 是相互等价的函数依赖集。

即当 F 和 G 等价时，只要实现了其中一个的函数依赖，就自动实现了另一个的函数依赖。

2. 最小函数依赖集 $F_{\min}$ 的定义

定义 4.10　对于任意的关系模式 R，其函数依赖集为 F，若满足以下条件，则称函数依赖集 $F_{\min}$

为 F 的最小函数依赖集。

（1） $F_{\min}^+ = F^+$ 。

（2） $F_{\min}^+$ 中每个函数依赖的右边属性都为单属性。即若存在函数依赖 $X \rightarrow Y$，则 Y 只含有一个属性。

（3） $F_{\min}$ 中没有冗余的函数依赖，即减少任何一个函数依赖都将与原来的 F 不等价。

（4） $F_{\min}$ 中每个函数依赖的左边没有冗余属性，即减少任何一个函数依赖左边属性后，都将与原来的 F 不等价。

【例 4.8】设有如下的函数依赖集 F_1、F_2，判断它们是否为最小函数依赖集。

$F_1 = \{A \rightarrow BC, BD \rightarrow C, D \rightarrow C\}$

$F_2 = \{AB \rightarrow C, A \rightarrow C, C \rightarrow D, A \rightarrow D\}$

解：（1）在 F_1 中，因存在函数依赖 $A \rightarrow BC$，其右边不是单属性，且函数依赖 $BD \rightarrow C$，$D \rightarrow C$ 中存在部分函数依赖，因此，F_1 不是最小函数依赖集。

（2）在 F_2 中，因为由函数依赖 $A \rightarrow C$，$C \rightarrow D$，可以推导出 $A \rightarrow D$，所以 $A \rightarrow D$ 为冗余函数依赖，因此，F_2 不是最小函数依赖集。

3. 最小函数依赖集的算法

由最小函数依赖集 $F_{\min}$ 的定义可知，最小函数依赖集 $F_{\min}$ 是函数依赖集 F 的一种没有冗余的规范形式，对于任意关系模式 R，其函数依赖集 F 的最小函数依赖集 $F_{\min}$ 都是存在的，但并不唯一。下面将介绍求解最小函数依赖集 $F_{\min}$ 的算法。

算法 4.2（最小函数依赖集的求解算法） 设关系模式 $R(U,F)$，求函数依赖 F 的最小函数依赖集 $F_{\min}$，其具体算法步骤如下。

（1）根据分解律，将函数依赖集 F 中存在右边不为单属性的函数依赖进行分解，得到一个与 F 等价的函数依赖集 G，确保 G 中所有函数依赖右边均为单属性。

如 $X \rightarrow Y$，若 Y 是一个包含 $\{Y_1, Y_2, \cdots, Y_K\}$（$K \geq 2$）的属性集，根据分解律，可以用 $X \rightarrow Y_1, X \rightarrow Y_2, \cdots, X \rightarrow Y_K$ 替代 $X \rightarrow Y$，使函数依赖右边均为单属性。

（2）消除 G 中每个函数依赖左边的多余属性。即对于任意函数依赖 $X \rightarrow Y$，判断 X 是否为单属性，若不是单属性，判断任意属性 A 去掉后是否影响函数依赖的决定因素，如果不能去掉，就不是冗余属性，如果能去掉，则为冗余属性。判断 A 是不是多余的属性，可以根据前面学习的属性集闭包判断，如果 A 的属性集闭包 A^+ 包括 Y，则说明 A 是多余的属性。依次消除 G 中函数依赖左边的多余属性。

（3）消除 G 中冗余的函数依赖。具体做法：从第一个函数依赖开始，在 G 中去掉一个函数依赖（例如 $X \rightarrow Y$），然后在剩下的函数依赖集中求 X^+，如果 X^+ 包含 Y，则称 $X \rightarrow Y$ 是多余的函数依赖，可以去掉，否则不可以去掉，依次类推。

【例 4.9】已知关系模式 $R(U,F)$，其中属性集 $U = \{A,B,C,D,E,G\}$，函数依赖集 $F = \{AB \rightarrow C, D \rightarrow EG, C \rightarrow A, BE \rightarrow C, BC \rightarrow D, CG \rightarrow BD, ACD \rightarrow B, CE \rightarrow AG\}$，求 F 的最小函数依赖集 $F_{\min}$。

解：根据最小函数依赖集 $F_{\min}$ 的求解算法，求解过程如下。

（1）依据分解律，将 F 中所有函数依赖右边都变为单属性的函数依赖，得到等价函数依赖 G，结果如下： $G = \{AB \rightarrow C, D \rightarrow E, D \rightarrow G, C \rightarrow A, BE \rightarrow C, BC \rightarrow D, CG \rightarrow B, CG \rightarrow D, ACD \rightarrow B, CE \rightarrow A, CE \rightarrow G\}$。

（2）消除 G 中每个函数依赖左边的多余属性。

① 根据属性集闭包算法的定义，结合函数依赖 G，判断 G 中左边复合属性是否存在多余属性。对于 $AB \rightarrow C$，$A^+ = \{A\}$，$B^+ = \{B\}$，A^+、B^+ 不包含 C，因此 $AB \rightarrow C$ 中不存在多余属性。

② 同理，依次判断函数 $\{BE \rightarrow C, BC \rightarrow D, CG \rightarrow B, CG \rightarrow D, ACD \rightarrow B, CE \rightarrow A, CE \rightarrow G\}$ 是不是冗余函数依赖。

➤ $B^+ = \{B\}$，$E^+ = \{E\}$，则 $BE \rightarrow C$ 没有左边的多余属性。

➢ $B^+=\{B\}$，$C^+=\{A,C\}$，则 $BC{\rightarrow}D$ 没有左边的多余属性。

➢ $C^+=\{A,C\}$，$G^+=\{G\}$，则 $CG{\rightarrow}B$ 没有左边的多余属性。

➢ $C^+=\{A,C\}$，$G^+=\{G\}$，则 $CG{\rightarrow}D$ 没有左边的多余属性。

➢ $A^+=\{A\}$，$C^+=\{A,C\}$，$AC^+=\{A,C\}$，$AD^+=\{A,D,E,G\}$，$CD^+=\{A,B,C,D,E,G\}$，CD^+ 包括了 B，则 A 是多余属性，$ACD{\rightarrow}B$ 可以简化为 $CD{\rightarrow}B$。再用同样的方法判断 C、D 是否多余。由 $C^+=\{A,C\}$，$D^+=\{D,E,G\}$，则 $CD{\rightarrow}B$ 没有左边的多余属性。

➢ 由 $C^+=\{A,C\}$，$E^+=\{E\}$，C^+ 包含 A，则 E 是左边的多余属性，$CE{\rightarrow}A$ 可简化为 $C{\rightarrow}A$。

➢ 由 $C^+=\{A,C\}$，$E^+=\{E\}$，则 $CE{\rightarrow}G$ 没有左边的多余属性。

第二步后，函数依赖集 G 为：$\{AB{\rightarrow}C,D{\rightarrow}E,D{\rightarrow}G,C{\rightarrow}A,BE{\rightarrow}C,BC{\rightarrow}D,CG{\rightarrow}B,CG{\rightarrow}D,CD{\rightarrow}B,CE{\rightarrow}G\}$。

（3）消除 G 中冗余函数依赖。

① 对于 $AB{\rightarrow}C$，如果去掉，根据属性集闭包的求解算法得知，$AB^+=\{A,B\}$，不包含 C，因此 $AB{\rightarrow}C$ 不是冗余函数依赖。

② 对于 $D{\rightarrow}E$，如果去掉，根据属性集闭包的求解算法得知，$D^+=\{D,G\}$，不包含 E，因此 $D{\rightarrow}E$ 不是冗余函数依赖。

③ 对于 $D{\rightarrow}G$，如果去掉，根据属性集闭包的求解算法得知，$D^+=\{D,E\}$，不包含 G，因此 $D{\rightarrow}G$ 不是冗余函数依赖。

④ 对于 $C{\rightarrow}A$，如果去掉，根据属性集闭包的求解算法得知，$C^+=\{C\}$，不包含 A，因此 $C{\rightarrow}A$ 不是冗余函数依赖。

⑤ 对于 $BE{\rightarrow}C$，如果去掉，根据属性集闭包的求解算法得知，$BE^+=\{B,E\}$，不包含 C，因此 $BE{\rightarrow}C$ 不是冗余函数依赖。

⑥ 对于 $BC{\rightarrow}D$，如果去掉，根据属性集闭包的求解算法得知，$BC^+=\{A,B,C\}$，不包含 D，因此 $BC{\rightarrow}D$ 不是冗余函数依赖。

⑦ 对于 $CG{\rightarrow}B$，如果去掉，根据属性集闭包的求解算法得知，$CG^+=\{A,B,C,D,E,G\}$，包含 B，因此 $CG{\rightarrow}B$ 是冗余函数依赖，应该去掉。得到新的函数依赖集 $G'=\{AB{\rightarrow}C,D{\rightarrow}E,D{\rightarrow}G,C{\rightarrow}A,BE{\rightarrow}C,BC{\rightarrow}D,CG{\rightarrow}D,CD{\rightarrow}B,CE{\rightarrow}G\}$。

⑧ 对于 $CG{\rightarrow}D$，如果去掉，根据属性集闭包的求解算法，在 G' 中剩余的函数依赖中求 $CG^+=\{A,C,G\}$，不包含 D，因此 $CG{\rightarrow}D$ 不是冗余函数依赖。

⑨ 对于 $CD{\rightarrow}B$，如果去掉，根据属性集闭包的求解算法，在 G' 中剩余的函数依赖中求 $CD^+=\{A,C,D,E,G\}$，不包含 B，因此 $CD{\rightarrow}B$ 不是冗余函数依赖。

⑩ 对于 $CE{\rightarrow}G$，如果去掉，根据属性集闭包的求解算法得知，$CE^+=\{A,C,E\}$，不包含 G，因此 $CE{\rightarrow}G$ 不是冗余函数依赖。

因此 $F_{min}=\{AB{\rightarrow}C,D{\rightarrow}E,D{\rightarrow}G,C{\rightarrow}A,BE{\rightarrow}C,BC{\rightarrow}D,CG{\rightarrow}D,CD{\rightarrow}B,CE{\rightarrow}G\}$。

【例 4.10】设教学关系模式 $TC(U,F)$，其中属性集 $U=\{SNo,SN,Age,DN,CNo,CN,Score\}$，函数依赖集 $F=\{SNo{\rightarrow}(SN,Age,DN),(SNo,CN){\rightarrow}Score,CNo{\rightarrow}CN\}$，求 F 的最小函数依赖集 F_{min}。

解：（1）依据分解律，将 F 中所有函数依赖右边都变为单属性的函数依赖，得到等价函数依赖 F_1，结果如下：

$F_1=\{SNo{\rightarrow}SN,SNo{\rightarrow}Age,SNo{\rightarrow}DN,(SNo,CN){\rightarrow}Score,CNo{\rightarrow}CN,(SNo,CNo){\rightarrow}Score\}$

（2）消除 F_1 中每个函数依赖左边的多余属性。因为 $SNo{\rightarrow}SN$，$SNo{\rightarrow}Age$，$SNo{\rightarrow}DN$，$CNo{\rightarrow}CN$ 左边都为单属性，不存在多余属性。

对于 $(SNo,CN){\rightarrow}Score$，$SNo^+=\{SNo,Age,SN\}$，$CN^+=\{CN\}$，不包含 Score，因此不存在左边的多余属性，同理，$(SNo,CNo){\rightarrow}Score$ 中也不存在左边的多余属性。

（3）消除 G 中冗余的函数依赖，根据属性集闭包的求解算法，将(SNo,CNo)→Score 去掉后，在 F_1 中剩下的函数依赖中求(SNo,CNo)$^+$={SNo,Age,SN,CNo,CN,Score}，包含 Score，因此(SNo,CNo)→Score 是多余的函数依赖，故 F 的最小函数依赖集 F_{min} 为：

$$F_{min} = \{SNo \to SN, SNo \to Age, SNo \to DN, (SNo,CN) \to Score, CNo \to CN\}$$

4.4 关系模式的规范化

由 4.1 节知，由于关系模式中各属性间存在多种依赖关系，因此导致关系模式存在多种问题，如数据冗余、数据插入、数据删除、数据修改异常等问题。关系模式规范化的根本目的是消除关系模式中的数据冗余，消除不合适的数据依赖部分，解决数据更新异常现象。在关系数据库中，关系模式规范化对不同程度的规范化要求设立不同的标准，称为范式。以这个标准来衡量规范化程度，规范化程度不同，会产生不同的范式。

范式是满足某一种规范化程度的关系模式的集合，其概念最早是由科德提出的。在 1971—1972 年，他先后提出了第一范式（First Normal Form，1NF）、第二范式（Second Normal Form，2NF）、第三范式（Third Normal Form，3NF）的概念。1974 年，科德和博伊斯又共同提出了 Boyce-Codd 范式，简称 BC 范式（Boyce-Codd Normal Form，BCNF）。1976 年，罗纳德·费金（Ronald Fagin）提出了第四范式（Fourth Normal Form，4NF）的概念，随后又有人给出第五范式（Fifth Normal Form，5NF）的概念。根据规范化程度，各个范式之间的关系可以表示为 5NF⊂4NF⊂BCNF⊂3NF⊂2NF⊂1NF，如图 4.1 所示。

由图 4.1 可知，关系模式通过模式分解，将一个低级的范式转换为高一级范式的过程称为规范化。

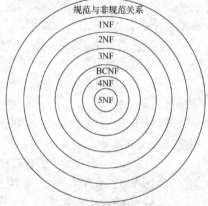

图 4.1　各范式之间的关系

4.4.1 第一范式

定义 4.11　若关系模式 R 中每个属性值都是一个原子属性，不可再分，则称该关系模式为第一范式，记为 $R \in 1NF$。

由定义可知，满足第一范式的关系模式中的属性值都是原子属性，排除了属性值为元组、数组或某种复合数据的可能，这是对每个规范化关系的基本要求。即在关系数据库中，只讨论规范化关系，所有关系均要至少满足 1NF，如若不是规范化的关系，必须转化为规范化的关系。

例如，教学关系模式 TC 中的属性集为{SNo,SN,Sex,DNo,DN,CScore}，其表结构如表 4.6 所示。该关系模式中存在组合属性 CScore，该属性可以再分为 CN、Score，因为要想知道某门课程的成绩，必须知道课程名称。因此该关系模式不属于 1NF，是非规范化关系。如果要将表 4.6 所示的非规范化关系转化为 1NF，直接对表进行横向展开即可，展开后如表 4.7 所示。方法很简单，当然也不是唯一的，对表 4.6 进行横向和纵向展开，即可转化为表 4.8 和表 4.9 所示的符合 1NF 的关系。

表 4.6　具有组合数据项的非规范化关系

SNo	SN	Sex	DNo	DN	CScore	
					CN	Score
S01	蒙迪	男	08	计算机与数据科学学院	高等数学	83
S01	蒙迪	男	08	计算机与数据科学学院	计算机专业英语	92
S01	蒙迪	男	08	计算机与数据科学学院	数字电子技术	86

表 4.7　消除多值数据项后的规范化关系

SNo	SN	Sex	DNo	DN	CN	Score
S01	蒙迪	男	08	计算机与数据科学学院	高等数学	83
S01	蒙迪	男	08	计算机与数据科学学院	计算机专业英语	92
S01	蒙迪	男	08	计算机与数据科学学院	数字电子技术	86

　　由表 4.1 及表 4.7 可以看到，满足第一范式的关系模式并不一定是一个很好的关系模式，它仍存在数据冗余、数据更新异常（插入、删除和修改等异常）等问题。例如表 4.7 的关系模式中，根据语义，其函数依赖集 F 有{SNo→SN,SNo→Sex,SNo→DNo,DNo→DN,(SNo,CN)→Score}，根据码的定义可知，该关系模式中的码为{SNo,CN}，是主属性。再根据函数依赖的分类，用函数依赖图表示函数依赖关系，如图 4.2 所示。

　　由图 4.2 可知，表 4.7 的教学管理关系模式中，既存在完全函数依赖，又存在部分函数依赖和传递函数依赖，这种情况在数据库中一般是要避免的，也正是因为这种复杂关系的存在，导致关系数据中出现各类问题。要解决问题，可以通过关系模式分解的方式，去掉不合理的函数依赖关系，向更高一级范式转化。

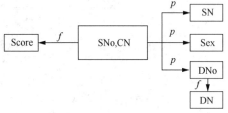

图 4.2　函数依赖关系

4.4.2　第二范式

　　定义 4.12　如若关系模式 $R \in 1NF$，且它任意一个非主属性都完全函数依赖于 R 的任一候选码，则称该关系模式为第二范式，记为 $R \in 2NF$。

　　例如，在教学管理关系模式 TC 中，如表 4.7 所示，主属性为(SNo,CN)，非主属性为(SN,Sex,DNo,DN,Score)，由图 4.2 可知，关系模式 TC 中存在非主属性对主属性的部分函数依赖，因此 $TC \notin 2NF$，且这样会使关系模式存在大量的数据冗余，引起更新异常。

　　为解决数据冗余的问题，可以采用投影分解，将教学管理关系模式分解为学生实体 SD 和学生选课实体 SC，其关系模式为 SD(SNo,SN,Sex,DNo,DN)和 SC(SNo,CN,Score)，关系 SD 和 SC 分别如表 4.8 和表 4.9 所示。

表 4.8　关系 SD

SNo	SN	Sex	DNo	DN
S01	蒙迪	男	08	计算机与数据科学学院
S02	王严迪	女	08	计算机与数据科学学院
S03	陈迁	男	17	艺术设计学院
S04	郭开	男	17	艺术设计学院

表 4.9　关系 SC

SNo	CN	Score
S01	高等数学	83
S01	计算机专业英语	92
S01	数字电子技术	86
S03	计算机基础	97

　　从表 4.8 和表 4.9 中可以看出，在关系 SD 中，其主属性为 SNo；在关系 SC 中，其主属性为 SNo 和 CN，它们的函数依赖关系如图 4.3 所示。

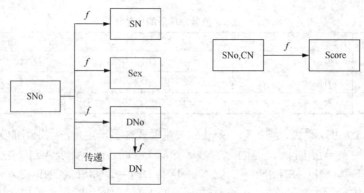

图 4.3　函数依赖关系

由表 4.8 和表 4.9 可知，1NF 转化为 2NF 后，消除了部分数据冗余。例如学生的姓名、性别等不需要多次重复；同时，由于学生信息和选课信息分开了，解决了学生没有选课不能插入基本信息的异常问题。但是从表 4.8、表 4.9 和图 4.3 中又可以看出，2NF 虽然解决了 1NF 存在的部分问题，但是仍然存在一些问题，例如关系 SD 中，仍然存在以下问题。

（1）数据冗余：由表 4.8 可知，院系信息仍然存在冗余。如果某院系有几名学生，院系信息就会被重复 n 次。

（2）插入异常：如果新成立一个院系，但是该院系还没有招生学生，院系信息就无法插入。

（3）删除异常：如果某院系的学生全部毕业，院系信息也随着学生信息的删除而被删除。

（4）更新异常：如果要更新院系名称，或者更新院系编号，所有学生记录都要被更新，一旦出错将会带来很多问题。

由图 4.3 可知，以上问题之所以存在，是因为关系 SD 中存在非主属性对主属性的传递函数依赖关系。在关系 SD 中，函数依赖有：SNo→SN，SNo→Sex，SNo→DNo，DNo→DN。其中，SNo $\xrightarrow{\text{传递}}$ DN，非主属性 DN 对主属性 SNo 的传递函数依赖。因此，为了消除以上问题，关系模式 SD 还需进一步向高一级范式转化，消除传递函数依赖。

4.4.3　第三范式

定义 4.13　如若关系模式 $R \in 2NF$，且任意一个非主属性都不传递函数依赖于 R 的主属性，则称该关系模式为第三范式，记为 $R \in 3NF$。

例如，根据前面讲解的内容，将教学管理关系模式 TC 分解为关系 SD(SNo,SN,Sex,DNo,DN) 和关系 SC(SNo,CN,Score)，它们都属于 2NF。

其中，在关系 SC 中，其主属性为 SNo 和 CN，非主属性为 Score，且 (SNo,CN) $\xrightarrow{f}$ Score，不存在非主属性对主属性的传递函数依赖，因此，SC $\in$ 3NF。

对于关系 SD，其主属性为 SNo，非主属性为 SN、Sex、DNo、DN。因为存在非主属性 DN 对主属性 SNo 的传递函数依赖，因此，SC $\notin$ 3NF。对于关系 SD 需要进一步分解，将其转换为 3NF。

为了消除传递函数依赖，将 SD 实体分解为学生实体和院系实体，即为学生关系 S(SNo,SN,Sex,DNo) 和院系关系 D(DNo,DN)，其表结构分别如表 4.10 和表 4.11 所示。

表 4.10　关系 S

SNo	SN	Sex	DNo
S01	蒙迪	男	08
S02	王严迪	女	08
S03	陈迁	男	17

表 4.11　关系 D

DNo	DN
01	土木与交通工程学院
03	市政与环境工程学院
08	计算机与数据科学学院

对于关系 S，其主属性为 SNo，非主属性为 SN、Sex、DNo，不存在非主属性对主属性的传递函数依赖，因此，S∈3NF。同理，关系 D 中也不存在非主属性对主属性的传递函数依赖，因此，D∈3NF。

由表 4.10 和表 4.11 可知，3NF 解决了关系模式存在的数据冗余大、更新异常（删除异常、插入异常和修改异常）的问题。例如，如果学生全部毕业了，删除学生信息，不会影响院系信息；再如，如果新建一个院系，即便没有学生信息，院系也可以成功插入。但是，是不是 3NF 就完全消除了所有关系模式中的数据冗余和异常情况呢？回答是否定的，对于某些关系模式，即使它属于 3NF，不存在大部分异常问题和大量的数据冗余，但还可能存在不足。

例如，假设存在关系模式 SC(SNo,SN,CN,Score)，且明确规定 SN 是唯一的，那么该关系模式的候选码包括(SNo,CN)和(SN,CN)，而 Score 对于两个候选码都是完全函数依赖关系，且不存在对两个候选码的传递函数依赖关系，因此 SC∈3NF。

但以上关系还存在删除异常问题，例如，如若学生退选了课程，与课程对应的元组将全部被删除，学生信息也同时被删除。另外，如果一个学生选择多门课程，学生姓名也将重复存储，造成数据冗余。可见，3NF 虽已是较好的范式，但仍存在优化的余地。

4.4.4　BC 范式

定义 4.14　如若关系模式 $R \in 1NF$，对 R 的任何函数依赖 $X \rightarrow Y$（$Y \not\subseteq X$），都有属性组 X 是超码，则称该关系模式为 BC 范式，记为 $R \in BCNF$。

由 BCNF 的定义可知，BCNF 的关系模式具有以下 3 个性质。

（1）任意非主属性都完全函数依赖于所有候选码。

（2）任意主属性都完全函数依赖于所有不包含它的候选码。

（3）不存在任何属性完全函数依赖于非主属性的任意一组属性。

因此，满足 BCNF 的关系模式中，不存在任何属性（主属性和非主属性）对主属性的部分函数依赖和传递函数依赖，即若 $R \in BCNF$，则 $R \in 3NF$，但若 $R \in 3NF$，R 未必属于 BCNF。

【例 4.11】关系模式 $R(U,F)$，属性集 U 为 $\{A,B,C\}$，$F=\{AC \rightarrow B,AB \rightarrow C,B \rightarrow C\}$，判断该关系模式是否属于 BCNF。

解： 由函数依赖集 F 可知，关系模式 R 的码为 AC、AB，不存在非主属性，即不存在非主属性对主属性的部分函数依赖和传递函数依赖，因此，$R \in 3NF$。

但是函数依赖中存在 $B \rightarrow C$，由于 B 不是超码，因此，$R \notin BCNF$。

如果通过分解将 R 转化为 BCNF，可以转换为 $S(A,B)$ 和 $T(B,C)$ 两个关系实体，关系 S 和 T 都不存在非主属性，同时 AB、BC 都是超码，所以 $S \in BCNF$，$T \in BCNF$。

【例 4.12】假设存在关系模式 SC(SNo,SN,CN,Score)，其中，SNo 为学号，SN 为学生姓名，且明确规定不能重名，CN 为课程名称，Score 为课程成绩，函数依赖集 F 为 $\{(SNo,CN) \rightarrow Score,(SN,CN) \rightarrow Score,SNo \rightarrow SN\}$。判断 SC 是否为 BCNF。

解： 根据函数依赖可以判断，关系模式 SC 的候选码为(SNo,CN)、(SN,CN)，因此主属性为 SNo、CN、SN，非主属性为 Score，关系模式 SC 中不存在非主属性对主属性的部分函数依赖和传递函数依赖，因此 SC∈3NF。但是关系 SC 中存在 SNo↔SN，则(SNo,CN) $\xrightarrow{p}$ SN，(SN，CN) $\xrightarrow{p}$ SNo，所以 SC∉BCNF。正是因为主属性对候选码存在部分函数依赖关系，使得 SC 关系中存在大量的数据冗余。

若想将 SC 转化为 BCNF，通过投影分解，可以将 SC 分为关系 S(SNo,SN)和 C(SNo,CN,Score)。这样，对于关系 S，SNo、SN 都为超码，不存在非主属性，因此 S∈BCNF；对于关系 C，SNo 和 CN 是超码，Score 为非主属性，不存在任何属性（主属性和非主属性）对主属性的部分函数依赖和传递函数依赖，因此 C∈BCNF。关系 SC、S 和 C 的函数依赖关系如图 4.4 所示。

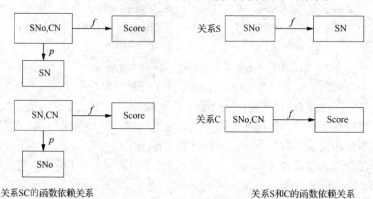

图 4.4　关系 SC、S 和 C 的函数依赖关系

至此，如果一个关系模式仅考虑其属性之间的函数依赖这一种数据依赖关系，那么对于任意关系模式 R，$R∈BCNF$ 就已经是最完美的关系数据库了。由 4.1 节可知，一个关系模式中属性间的数据依赖关系包括"多对一"的函数依赖和"一对多"的多值依赖、连接依赖。那么，什么是多值依赖？多值依赖中满足 BCNF 的关系模式还存在什么样的问题？请认真学习 4.5 节内容。

4.5　多值依赖与 4NF

在关系模式中，属性之间存在各种关系，关系数据库设计存在的各种数据冗余及数据更新异常等问题，大都是由于对联系的不合理处理引起的。前面讲解的函数依赖是最基本的一种数据依赖关系，可以通过对关系模式的不断分解，转化为较为合理的关系模式，以有效地消除关系模式中存在的数据冗余、数据更新异常等问题。

通过学习可知，函数依赖实质上反映的是"多对一"关系，在具体的实际应用中，"一对多"的数据关系也很常见，这种数据关系也会产生数据冗余，引发各种数据异常问题。本节主要讨论数据依赖中"一对多"联系及其产生的问题。

4.5.1　问题的引入

下面先看一个例子。

【例 4.13】假设有教师授课关系 TC(TNo,CNo,BNo)，其中，TNo 为教师编号，CNo 为课程编号，BNo 是教材书名，如表 4.12 所示。请分析在关系模式 TC 中各属性之间存在的关系。

表 4.12　教师授课关系 TC

TNo	CNo	BNo
T01	C01	B01
T02	C02	B02
T02	C01	B03
T05	C01	B04

TNo	CNo	BNo
T03	C02	B03
T02	C03	B05
T04	C03	B07

解： 由表 4.12 我们发现如下语义规范。

（1）编号相同的课程可以由不同的教师授课，同时教师可以选用不同的教材。

（2）编号相同的教师可以教授不同的课程，同时教材可以相同或者不相同。

很显然，表 4.11 中存在"一对多"关系，且表中存在大量的冗余。通过对教师授课关系 TC 仔细分析发现，该关系存在以下特点。

（1）属性集{TNo}与{CNo}之间存在着数据依赖关系，属性集{CNo}与{BNo}之间也存在着数据依赖关系，而这两种数据依赖都不属于"函数依赖"。即当属性子集{CNo}的一个值确定之后，属性子集{TNo}就有一组值与之对应。例如，课程号"C01"确定后，就有一组任课教师 TNo 的值"T01、T02 和 T05"与之对应。对于属性集{CNo}与{BNo}的数据依赖也是如此。

（2）属性集{TNo}和{BNo}之间也有数据关系，该关系是通过{CNo}建立起来的间接关系，然而，这种关系值得注意的是，当{CNo}的一个值确定之后，其所对应的一组{TNo}值与{$U-\{CNo\}-\{TNo\}$}中的属性值无关，显然，这是"一对多"关系中的一种特殊情况，即"多对多"的关系。

经过以上分析可知，若属性 X 与 Y 之间的数据关系具有上述特征，就不再属于函数依赖关系，这种关系称为多值依赖。

4.5.2 多值依赖的基本概念

1. 多值依赖的概念

定义 4.15 设有关系模式 $R(U)$，X、Y 是属性集 U 中的两个子集，而 r 是 $R(U)$ 中任意给定的一个关系。如果有下述条件成立，则称 Y 多值依赖于 X，记为 $X \rightarrow \rightarrow Y$。

（1）对于关系 r 在 X 上的一个确定的值（元组），都有 r 在 Y 中的一组值与之对应。

（2）Y 的这组对应值与 r 在 $Z = U - X - Y$ 中的属性值无关。

此时，若 $X \rightarrow \rightarrow Y$，但 $Z = U - X - Y \neq \varnothing$，则称为非平凡多值依赖，否则称为平凡多值依赖。平凡多值依赖的一个常见情形是 $U = X \cup Y$，此时 $Z = \varnothing$，多值依赖定义中关于 $X \rightarrow \rightarrow Y$ 的要求总是满足的。

由定义可知，说明了以下两点。

（1）X 与 Y 之间的对应关系是相对宽泛的，即一个 X 值所对应的 Y 值的个数没有作任何强制性规定，Y 值的个数可以是从零到任意多个自然数，是"一对多"的情形。

（2）所谓的"宽泛性"是指全模式的依赖关系，即 X 所对应的 Y 的取值与 $U - X - Y$ 无关，是一种特殊的"一对多"的情形。

2. 多值依赖的性质

多值依赖根据定义可以推出其具有以下性质。

（1）多值依赖具有对称性，即在 $R(U)$ 中，$X \rightarrow \rightarrow Y$ 成立的充分必要条件是 $X \rightarrow \rightarrow U - X - Y$ 成立。

如例 4.13 中，教师授课关系模式 TC 中的每个课程 CNo 有若干个老师授课，每个教师 TNo 选择的教材不受限制。每种教材可能被若干个教师选择。因此根据语义，对于 CNo 的每个值 C_i，TNo 都有一个完整的集合与之对应，且与 BNo 没有关系。因此，CNo $\rightarrow \rightarrow$ TNo。同理，对于 CNo 的每个值 C_i，BNo 都有一个完整的集合与之对应，但这种关系是借助于中间 TNo 集合对应的，而 CNo 和 BNo 的集合关系与 TNo 没有太大的关系。因此，CNo $\rightarrow \rightarrow$ BNo 是一种特殊的关系。

（2）函数依赖可以看作是多值依赖的特殊情况，即在 $R(U)$ 中，如若 $X \rightarrow Y$ 成立，则必有 $X \rightarrow \rightarrow Y$。这是因为当 $X \rightarrow Y$ 时，对于 X 的每个值 x 都有唯一的值 y 与之对应。

（3）多值依赖具有传递性。即：若 $X \rightarrow \rightarrow Y$，$Y \rightarrow \rightarrow Z$，则 $X \rightarrow \rightarrow ZY$。

（4）多值依赖具有合并律。即：若 $X \rightarrow \rightarrow Y$，$X \rightarrow \rightarrow Z$，则 $X \rightarrow \rightarrow YZ$。

除此之外，多值依赖也有多值依赖公理及推理，在此不再介绍。

3. 多值依赖与函数依赖的区别

多值依赖与函数依赖相比，具有下面两个基本的区别。

（1）多值依赖的有效性与属性集的范围有关。

若 $X \rightarrow \rightarrow Y$ 在 $R(U)$ 上成立，则在 W（$XY \subseteq W \subseteq U$）上一定成立；如若 $X \rightarrow \rightarrow Y$ 在 W（$W \subset U$）上成立，在 U 上并不一定成立。这是因为多值依赖的定义中不仅涉及属性组 X 和 Y，而且涉及 U 中的其余属性 Z。

（2）若函数依赖 $X \rightarrow Y$ 在 $R(U)$ 上成立，则对于任何 $Y' \subset Y$ 均有 $X \rightarrow Y'$ 成立。而多值依赖 $X \rightarrow \rightarrow Y$ 若在 $R(U)$ 上成立，却不能断言对于任何 $Y' \subset Y$ 均有 $X \rightarrow \rightarrow Y'$ 成立。

例如，假设有多值依赖关系 $R(U)$，属性集 U 包括 $\{A,B,C,D\}$，如若 $A \rightarrow \rightarrow BC$，则 $A \rightarrow \rightarrow D$ 成立，但是 $A \rightarrow \rightarrow B$ 不一定成立，如表 4.13 所示。

表 4.13　$R(U)$ 的一个实例

A	B	C	D
a_1	b_1	c_1	d_1
a_1	b_1	c_2	d_2
a_1	b_1	c_1	d_1
a_1	b_1	c_2	d_2

4.5.3　第四范式

定义 4.16　设关系模式 $R(U,F) \in 1NF$，X 和 Y 为 R 中的任意两个属性子集，如若对于任何非平凡的多值依赖 $X \rightarrow \rightarrow Y$（$Y \not\subset X$），$X$ 都为 R 的超码，则称 R 为第四范式，记作：$R \in 4NF$。

根据多值依赖的性质可知，如果关系模式 $R(U,F)$ 上存在函数依赖 $X \rightarrow Y$，则存在多值依赖 $X \rightarrow \rightarrow Y$，如若 $R(U,F)$ 属于 4NF，则 X 为超码，由 BCNF 的定义知，$R(U,F) \in BCNF$。因此，由 4NF 的定义可以得出下面两点结论。

（1）4NF 中的多值依赖都是非平凡的多值依赖。

（2）4NF 中的所有的函数依赖都满足 BCNF，但 BCNF 不一定是 4NF。

例如例 4.13 中，关系模式 TC(CNo,TNo,BNo) 唯一的候选码为 {CNo,TNo,BNo}，因此主属性为 CNo、TNo、BNo，没有非主属性，不存在非主属性对主属性的部分函数依赖和传递函数依赖，因此，TC 属于 BCNF。但在多值依赖 CNo $\rightarrow \rightarrow$ TNo 和 CNo $\rightarrow \rightarrow$ BNo 中，由于 CNo 不是超码，因此关系模式 TC 不属于 4NF。如若对关系模式 TC 进行分解，得到关系模式 CT 和 CB，关系 CT 和 CB 分别如表 4.14 和表 4.15 所示。

表 4.14　关系 CT

CNo	TNo
C01	T11
C01	T12
C01	T13
C02	T21
C02	T22

表 4.15　关系 CB

CNo	BNo
C01	B11
C01	B12
C01	B21
C02	B22
C02	B23

　　分解后，在关系模式 CT 中，有 CNo→TNo，是非平凡多值依赖，且 CNo 是候选码，因此关系模式 CT 属于 4NF；同理，关系模式 CB 也属于 4NF。

　　4NF 并不是我们最终的范式，因为关系模式属性间的数据依赖包括函数依赖、多值依赖和连接依赖，如果 4NF 中还存在连接依赖关系，还可以将 4NF 转换到 5NF。本书对连接依赖和 5NF 不再讨论，如若读者想了解相关知识，可以查阅其他书籍。

4.6　关系模式分解

　　在讲解了函数依赖和各类范式之后，下面我们将对关系模式分解的概念、分类及测试算法进行详细的介绍。

　　定义 4.17　假设有关系模式 $R(U,F)$，U 是属性全集，F 是函数依赖集，其中，$\{U_1,U_2,\cdots,U_n\}$ 是 U 的子集，且 $U=U_1\cup U_2\cup\cdots\cup U_n$，如果用一个关系模式的集合 $\rho=\{R_1(U_1,F_1),R_2(U_2,F_2),\cdots,R_n(U_n,F_n)\}$ 代替 $R(U)$，就称 ρ 是关系模式 $R(U)$ 的一个分解。

　　为确保模式分解前后保持一致性，在 $R(U,F)$ 分解为 ρ 的过程中，我们需要考虑以下两个问题。

　　（1）R 和 ρ 是否等价。即原关系模式 R 与分解后的关系模式 ρ 能否表示相同的数据。

　　（2）$\{F_1,F_2,\cdots,F_n\}$ 是否与 F 等价。即关系模式 R 分解前的函数依赖集与分解后 ρ 的函数依赖是否保持一致。

　　对以上两个问题的讨论，主要考虑模式分解后数据依赖的一致性，即分解要能够保持无损连接性和保持函数依赖性，如若破坏这种依赖关系，就失去了分解的意义。下面将详细介绍以上两个问题。

4.6.1　无损分解

1. 无损分解的定义

　　定义 4.18　设 $R(U,F)$ 是一个关系模式，F 是 R 上的一个函数依赖集，R 分解为关系模式集合 $\rho=\{R_1(U_1,F_1),R_2(U_2,F_2),\cdots,R_n(U_n,F_n)\}$。如果对于 R 中满足 F 的每一个关系 r，都有

$$r=\prod_{R_1}(r)\bowtie\prod_{R_2}(r)\bowtie\cdots\bowtie\prod_{R_n}(r)$$

则称分解相对于 F 是无损连接分解（Lossingless Join Decomposition），简称为无损分解，否则就称为有损分解（Lossy Decomposition）。

　　【例 4.14】 已知关系模式 $R(U,F)$，其中属性集 $U=\{A,B,C\}$，$F=\{A\to B,A\to C\}$，如若将 R 分解后的关系模式集合为：$\rho_1=\{R_1\{A,B\},R_2\{A,C\}\}$，$\rho_2=\{R_3\{A,B\},R_4\{B,C\}\}$，依据无损分解的定义，判断 ρ_1、ρ_2 是否为无损分解。

　　解：如图 4.5（a）所示，r 是关系模式 $R(U,F)$ 上的一个关系，图 4.5（b）和图 4.5（c）分别是 r 在 R_1、R_2 上的投影 r_1 和 r_2。r_1 与 r_2 自然连接后，得到图 4.5（d）所示的关系模式。由图 4.5（a）与图 4.5（d）可知，分解后 ρ_1 能够恢复到 r，因此 ρ_1 是一个无损分解。

　　图 4.5（e）和图 4.5（f）分别是 r 在 R_3、R_4 上的投影 r_3 和 r_4。r_3 与 r_4 自然连接后，得到图 4.5（g）所示的关系模式。由图 4.5（g）可知，分解后 ρ_2 不能够恢复到 r，因此 ρ_2 是一个有损分解。

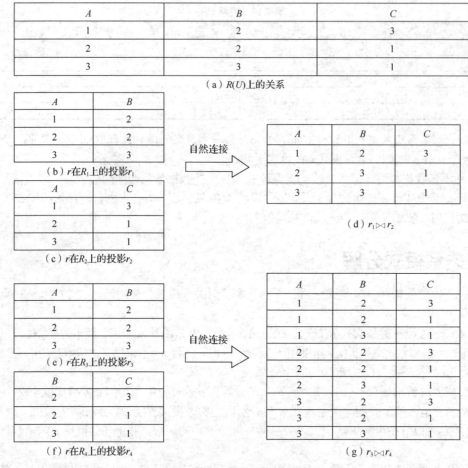

图 4.5　有损分解与无损分解示意图

2. 无损分解测试算法

由图 4.5 可知，如若一个关系模式分解是无损分解，则分解前后的关系是等价的，否则，分解后的关系通过自然连接运算后无法恢复到分解前的关系。为保证关系模式分解是无损分解，结合前面所学知识，关系模式中属性间存在各种依赖关系，可以利用属性间的依赖关系设定一种算法，对分解过程进行追踪。

算法 4.3（无损分解测试算法）　假设有关系模式 $R(U,F)$，其中，$U = \{A_1, A_2, \cdots, A_n\}$，$R(U)$ 的一个分解是 $\rho = \{R_1(U_1), R_2(U_2), \cdots, R_k(U_k)\}$，判断 ρ 是否为无损分解的算法如下。

输入：

（1）关系模式 $R(U)$，其中，$U = \{A_1, A_2, \cdots, A_n\}$；

（2）$R(U)$ 上成立的函数依赖集 F；

（3）$R(U)$ 的一个分解 $\rho = \{R_1(U_1), R_2(U_2), \cdots, R_k(U_k)\}$，而 $U = U_1 \bigcup U_2 \bigcup \cdots U_k$。

输出：

ρ 相对于 F 是否为无损分解。

具体步骤如下。

（1）构造一个 k 行 n 列的表格，每列对应一个属性 $A_j (j=1,2,\cdots,n)$，每行对应一个模式 $R_i(U_i)(i=1,2,\cdots,k)$ 的属性集合。如果 A_j 在 U_i 中，那么在表格的第 i 行第 j 列处填写 a_j，否则填写 b_{ij}。

（2）根据函数依赖集 F 中的每个函数依赖，重复地修改表格中的元素，直至表格不能修改为止。

具体过程如下。

从 F 中按照某种顺序取某一函数依赖 $X \rightarrow Y$，在表格中查询 X 分量，在如若存在表格内有两行在 X 上分量相等，在 Y 分量上不相等，则修改 Y 分量的值，使这两行在 Y 分量上相等，具体修改过程分以下两种情况。

① 如若其中一个 Y 分量是 a_j，则将另一个也修改成 a_j。

② 如若 Y 分量均不是 a_j，则用标号较小的 b_{ij} 替换另一个标号。

（3）重复操作，当按着 F 中的顺序，根据所有函数依赖对表格修改完毕后，如若表格中有一行全是 a，即 $a_1, a_2, \cdots, a_n$，则 ρ 相对于 F 是无损分解，否则是有损分解。

【例 4.15】设有关系模式 $R(U,F)$，其中 $U=\{A,B,C,D,E\}$，$F=\{A \rightarrow C, B \rightarrow C, C \rightarrow D, \{D,E\} \rightarrow C, \{C,E\} \rightarrow A\}$。$R(U,F)$ 的一个模式分解 $\rho = \{R_1(A,D), R_2(A,B), R_3(B,E), R_4(C,D,E), R_5(A,E)\}$。下面使用无损分解测试算法"追踪"判断 ρ 是否为无损分解。

解：（1）根据题意，构建一个 5 行 5 列的初始表格，如表 4.16 所示。

表 4.16　5 行 5 列的初始表格

	A	B	C	D	E
{A,D}	a_1	b_{12}	b_{13}	a_4	b_{15}
{A,B}	a_1	a_2	b_{23}	b_{24}	b_{25}
{B,E}	b_{31}	a_2	b_{33}	b_{34}	a_5
{C,D,E}	b_{41}	b_{42}	a_3	a_4	a_5
{A,E}	a_1	b_{52}	b_{53}	b_{54}	a_5

（2）根据函数依赖 F 中的函数依赖，修改表格元素。

① 根据函数依赖 $A \rightarrow C$，可对表 4.16 进行处理，因为第 1、2 和 5 行在 A 分量（列）上的值均为 a_1，而在 C 分量上的值都不相同，且不为 a_3，所以属性 C 列的第 1、2 和 5 行上的值 b_{13}、b_{23} 和 b_{53} 统一修改为最小的标号 b_{13}，其结果如表 4.17 所示。

表 4.17　根据函数依赖 $A \rightarrow C$ 修改后的结果

	A	B	C	D	E
{A,D}	a_1	b_{12}	b_{13}	a_4	b_{15}
{A,B}	a_1	a_2	b_{13}	b_{24}	b_{25}
{B,E}	b_{31}	a_2	b_{33}	b_{34}	a_5
{C,D,E}	b_{41}	b_{42}	a_3	a_4	a_5
{A,E}	a_1	b_{52}	b_{13}	b_{54}	a_5

② 根据函数依赖 $B \rightarrow C$，修改表 4.17，因为第 2、3 行在 B 列上相等，在 C 列上不相等且不为 a_3，所以将属性 C 列的第 2、3 行中的 b_{13} 和 b_{33} 改为最小标号 b_{13}，其结果如表 4.18 所示。

表 4.18　根据函数依赖 $B \rightarrow C$ 修改后的结果

	A	B	C	D	E
{A,D}	a_1	b_{12}	b_{13}	a_4	b_{15}
{A,B}	a_1	a_2	b_{13}	b_{24}	b_{25}
{B,E}	b_{31}	a_2	b_{13}	b_{34}	a_5
{C,D,E}	b_{41}	b_{42}	a_3	a_4	a_5
{A,E}	a_1	b_{52}	b_{13}	b_{54}	a_5

③ 根据函数依赖 $C \rightarrow D$，修改表 4.18，因为第 1、2、3 和 5 行在 C 列上的值均为 b_{13}，在 D 列上的值不相等，所以将 D 列的第 2、3 和 5 行上的元素 b_{24}、b_{34}、b_{54} 都改为 a_4，其结果如表 4.19 所示。

表 4.19　根据函数依赖 $C{\rightarrow}D$ 修改后的结果

	A	B	C	D	E
{A,D}	a_1	b_{12}	b_{13}	a_4	b_{15}
{A,B}	a_1	a2	b_{13}	a_4	b_{25}
{B,E}	b_{31}	a_2	b_{13}	a_4	a_5
{C,D,E}	b_{41}	b_{42}	a_3	a_4	a_5
{A,E}	a_1	b_{52}	b_{13}	a_4	a_5

④ 根据函数依赖 ${\{D,E\}}{\rightarrow}C$，修改表 4.19，因为第 3、4 和 5 行在 D 和 E 列上的值均为 a_4 和 a_5，在 C 列上的值不相等，所以将 C 列的第 3、5 行上的元素都改为 a_3，其结果如表 4.20 所示。

表 4.20　根据函数依赖 ${\{D,E\}}{\rightarrow}C$ 修改后的结果

	A	B	C	D	E
{A,D}	a_1	b_{12}	b_{13}	a_4	b_{15}
{A,B}	a_1	a_2	b_{13}	a_4	b_{25}
{B,E}	b_{31}	a_2	a_3	a_4	a_5
{C,D,E}	b_{41}	b_{42}	a_3	a_4	a_5
{A,E}	a_1	b_{52}	a_3	a_4	a_5

⑤ 根据函数依赖 ${\{C,E\}}{\rightarrow}A$，修改表 4.20，因为第 3、4 和 5 行在 D 和 E 列上的值均为 a_3 和 a_5，在 A 列上的值不相等，所以将 A 列的第 3、4 行的元素都改成 a_1，其结果如表 4.21 所示。

表 4.21　根据函数依赖 ${\{C,E\}}{\rightarrow}A$ 修改后的结果

	A	B	C	D	E
{A,D}	a_1	b_{12}	b_{13}	a_4	b_{15}
{A,B}	a_1	a_2	b_{13}	a_4	b_{25}
{B,E}	a_1	a_2	a_3	a_4	a_5
{C,D,E}	a_1	b_{42}	a_3	a_4	a_5
{A,E}	a_1	b_{52}	a_3	a_4	a_5

至此，F 中的所有函数依赖均已检查完毕，由表 4.21 可知，第 3 行全为 a，根据算法的定义，关系模式 $R(U)$ 的分解 ρ 是无损分解。

【例 4.16】假设有授课关系 SCT(SNo,CNo,Score,TNo,TN)，其中，属性 SNo 为学生学号，CNo 为课程号，Score 为课程成绩，TNo 为教师号，TN 为教师名称。关系 SCT 的函数依赖集 $F=\{(SNo,CNo){\rightarrow}$ Score,CNo${\rightarrow}$TNo,TNo${\rightarrow}$TN$\}$。判断 SCT 的一个分解 $\rho=\{R_1(SNo,CNo,Score),R_2(CNo,TNo),R_3(TNo,TN)\}$ 相对于 F 是否为无损分解。

解：（1）根据算法的定义，关系模式 SCT 有 5 个属性，分解为 3 个模式，则需要构建一个 3 行 5 列的表格，并根据算法 4.3 向表格内填入相应的符号，构建的初始表格如表 4.22 所示。

表 4.22　3 行 5 列的初始表格

	SNo	CNo	Score	TNo	TN
{SNo,CNo,Score}	a_1	a_2	a_3	b_{14}	b_{15}
{CNo,TNo}	b_{21}	a_2	b_{23}	a_4	b_{25}
{TNo,TN}	b_{31}	b_{32}	b_{33}	a_4	a_5

（2）根据函数依赖(SNo,CNo)${\rightarrow}$Score 修改表 4.22，由于在表格中，SNo、CNo 所对应的列中没有相同的行，因此不用修改。

（3）根据函数依赖 CNo${\rightarrow}$TNo 修改表 4.22，由于在表格中，CNo 所对应的列中第 1、2 行都为 a_2，因此把 TNo 列所对应的第 1 行修改为 a_4，使其与第 2 行相同，修改后的结果如表 4.23 所示。

表 4.23 根据函数依赖 CNo→TNo 修改后的结果

	SNo	CNo	Score	TNo	TN
{SNo,CNo,Score}	a_1	a_2	a_3	a_4	b_{15}
{CNo,TNo}	b_{21}	a_2	b_{23}	a_4	b_{25}
{TNo,TN}	b_{31}	b_{32}	b_{33}	a_4	a_5

（4）根据函数依赖 TNo→TN 修改表 4.23，因为在表格中 TNo 列对应的第 1、2、3 行均为 a_4，TN 列中第 3 行为 a_5，所以将 TN 列的第 1、2 行都修改为 a_5，修改后的结果如表 4.24 所示。

表 4.24 根据函数依赖 TNo→TN 修改后的结果

	SNo	CNo	Score	TNo	TN
{SNo,CNo,Score}	a_1	a_2	a_3	a_4	a_5
{CNo,TNo}	b_{21}	a_2	b_{23}	a_4	a_5
{TNo,TN}	b_{31}	b_{32}	b_{33}	a_4	a_5

对 F 中的所有函数依赖均已检查完毕，由表 4.24 可知，第 1 行全为 a，根据无损分解算法的定义可知，关系模式 SCT 的分解 ρ 是无损分解。

定理 4.4 假设 $\rho=\{R_1,R_2\}$ 是关系模式 R 的一个分解，F 是 R 上成立的函数依赖集，那么分解 ρ 相对于 F 是无损分解的充分条件是：

$$(R_1 \cap R_2) \to R_1 - R_2 \text{ 或 } (R_1 \cap R_2) \to R_2 - R_1$$

其中，$(R_1 \cap R_2)$ 表示两个模式的交集，$R_1 - R_2$ 和 $R_2 - R_1$ 表示两个模式的差集。当模式 R 分解成两个模式 R_1 和 R_2 时，如果两个模式的交集不为空，且能够决定 R_1 或 R_2 的其他属性，则该分解为无损分解。该定理可以用算法 4.3 证明，此处不再展开证明。该定律可以作为选学内容，不再详细展开。

4.6.2 保持函数依赖

1. 保持函数依赖的概念

定义 4.19 假设有关系模式 $R(U,F)$，F 是属性集 U 上的函数依赖集，Z 是 U 的一个子集，F 在 Z 上的一个投影用 $\prod_z F$ 表示：

$$\prod_z F=\{X \to Y \mid (X \to Y) \in F^+ \wedge XY \subseteq Z\}$$

定义 4.20 假设有关系模式 $R(U,F)$，$\rho = \{R_1(U_1),R_2(U_2),\cdots,R_n(U_n)\}$ 是 R 的一个分解，如若 $F^+ = (U \prod_{U_i}(F))^+$，则称分解 ρ 保持函数依赖集 F，简称 ρ 为保持函数依赖分解。

【例 4.17】 已知有关系模式 $R(U,F)$，其中 $U = \{CNo,CN,BN\}$，CNo 为课程号，CN 为课程名称，BN 为教材名称；$F = \{CNo \to CN,CN \to BN\}$。语义规定，一门课程可以有多个课程号（开设不同的专业），每门课程可以订购不同的教材。

假设将 $R(U,F)$ 分解为 $\rho = \{R_1(U_1,F_1),R_2(U_2,F_2)\}$，其中，$U_1 = \{CNo,CN\}$，$F_1 = \{CNo \to CN\}$，$U_2 = \{CNo,BN\}$，$F_2 = \{CNo \to BN\}$，判断 ρ 是否为无损分解和保持函数依赖分解。

解：通过表 4.25～表 4.28 很容易就可以证明该模式分解 ρ 是无损分解。我们再分析一下 ρ 是不是保持函数依赖分解。

已知 R_1 上的函数依赖 CNo→CN 和 R_2 上的函数依赖 CNo→BN 无法得到在 R 上成立的函数依赖 CN→BN，即分解 ρ 丢失了 CN→BN，ρ 不能保持函数依赖 F，因此 ρ 不是保持函数依赖分解。

表 4.25 关系模式 R 的原关系 r

CNo	CN	BN
C1	计算机基础	大学计算机基础教程
C2	计算机基础	计算思维
C3	数据库原理	数据库原理及应用

表4.26　ρ分解中 R_1 的关系 r_1

CNo	CN
C1	计算机基础
C2	计算机基础
C3	数据库原理

表4.27　ρ分解中 R_2 的关系 r_2

CNo	BN
C1	大学计算机基础教程
C2	计算思维
C3	数据库原理及应用

表4.28　 $r_1 \bowtie r_2$

CNo	CN	BN
C1	计算机基础	大学计算机基础教程
C2	计算机基础	计算思维
C3	数据库原理	数据库原理及应用

2. 保持函数依赖分解的测试算法

由保持函数依赖分解的概念可知，检验一个分解是否为保持函数依赖分解，其实就是检验函数依赖集 $G = U\prod_{U_i}(F)$ 与 F^+ 是否相等，也就是检验一个函数依赖 $X \rightarrow Y \in F^+$ 是否可以由 G 根据 Armstrong 公理导出，即是否有 $Y \subseteq X_G^+$ 。

按照上述分析，可以得到保持函数依赖分解的测试方法。

算法 4.4（保持函数依赖分解的测试算法）　假设有关系模式 $R(U,F)$ ， $\rho = \{R_1(U_1),R_2(U_2),\cdots,R_n(U_n)\}$ 是 R 的一个分解，判断 ρ 是否为保持函数依赖分解的测试算法如下。

输入：

（1）关系模式 $R(U)$ ；

（2）关系模式集合 $\rho = \{R_1(U_1),R_2(U_2),\cdots,R_n(U_n)\}$ 。

输出：

ρ 是否为保持函数依赖分解。

算法：

（1）令 $G = U\prod_{U_i}(F)$ ， $F=F-G$ ， Result = True；

（2）对于 F 中的第一个函数依赖 $X \rightarrow Y$ ，计算 X_G^+ ，并令 $F = F - \{X \rightarrow Y\}$ ；

（3）若 $Y \not\subset X_G^+$ ，则令 Result = False，转向（4）；否则，若 $F \neq \varnothing$ ，转向（2），否则转向（4）；

（4）若 Result = True，则 ρ 是保持函数依赖分解；否则， ρ 不是保持函数依赖分解。

【例4.18】设有关系模式 $R(U,F)$ ，其中 $U = \{A,B,C,D\}$ ， $F = \{A \rightarrow B,B \rightarrow C,C \rightarrow D,D \rightarrow A\}$ 。 $R(U,F)$ 的一个模式分解 $\rho = \{R_1(U_1,F_1),R_2(U_2,F_2),R_3(U_3,F_3)\}$ ，其中， $U_1 = \{A,B\}$ ， $U_2 = \{B,C\}$ ， $U_3 = \{C,D\}$ ， $F_1 = \prod U_1 = \{A \rightarrow B\}$ ， $F_2 = \prod U_2 = \{B \rightarrow C\}$ ， $F_3 = \prod U_3 = \{C \rightarrow D\}$ 。判断 ρ 是否为保持函数依赖分解。

解：保持函数依赖分解算法的分析如下。

（1） $G = \{A \rightarrow B,B \rightarrow C,C \rightarrow D\}$ ， $F = F - G = \{D \rightarrow A\}$ ， Result = True。

（2）对于函数依赖 $D \rightarrow A$ ，根据算法，有 $X \rightarrow Y$ ，令 $X=\{D\}$ ， $Y=\{A\}$ ，计算 X_G 的闭包 $X_G^+ = \{A,B,C,D\}$ ，根据算法 $F=F - \{X \rightarrow Y\}=F - \{D \rightarrow A\} = \varnothing$ 。

（3）由于 $Y = \{A\} \subseteq X_G^+ = \{A,B,C,D\}$ ，且 $F=\varnothing$ ，故转向（4）。

（4）由于 Result = True，因此模式分解 ρ 是保持函数依赖分解。

【例 4.19】假设有授课关系 SCT(SNo,CNo,Score,TNo,TN)，其中，属性 SNo 为学生学号，CNo 为课程号，Score 为课程成绩，TNo 为教师号，TN 为教师名称。关系 SCT 的函数依赖集 F={(SNo,CNo)→Score,CNo→TNo,TNo→TN}，SCT 的一个分解为 ρ={$R_1(U_1,F_1),R_2(U_2,F_2),R_3(U_3,F_3)$}，其中，$U_1$={SNo,CNo,Score}，$U_2$={CNo,TNo}，$U_3$={TNo,TN}，$F_1 = \prod U_1$ = {(SNo,CNo)→Score}，$F_2 = \prod U_2$ = {CNo→TNo}，$F_3 = \prod U_3$ = {TNo→TN}。

（1）判断 ρ 相对于 F 是否为无损分解。

（2）判断 ρ 相对于 F 是否为保持函数依赖分解。

解：（1）由例 4.16 可知，ρ 相对于 F 为无损分解。

（2）根据保持函数依赖分解算法判断 ρ 相对于 F 是否为保持函数依赖分解。

① G = {(SNo,CNo)→Score,CNo→TNo,TNo→TN}，$F=F-G=\varnothing$，Result = True。

② 因 F 为空，故不用求 X_G^+。

③ 由于 $F=F-G=\varnothing$，且 Result = True，则 ρ 相对于 F 为保持函数依赖分解。

4.7 关系模式规范化步骤

通过本章的学习可知，关系模式可能是规范化程度最低的关系，虽然其可能是对现实世界最直接的描述，但是该关系模式不一定是最好的关系模式，可能会存在插入异常、删除异常、修改复杂、数据冗余等问题。要解决以上问题，可以通过不断地进行模式分解，使关系模式从低级范式向高级范式不断地转化，最终将不合理的关系模式变为合理的关系模式。

规范化的基本思想是逐步消除不合适的数据依赖，使模式中的各个关系模式达到某种程度的"分离"。即采用"一事一地"的模式设计原则，让一个关系描述一个概念、一个实体或实体间的一种联系。若多于一个概念就把它"分离"出去。因此，规范化实质上是概念的单一化，即一个关系对应一个实体。

关系模式规范化的基本步骤如图 4.6 所示。

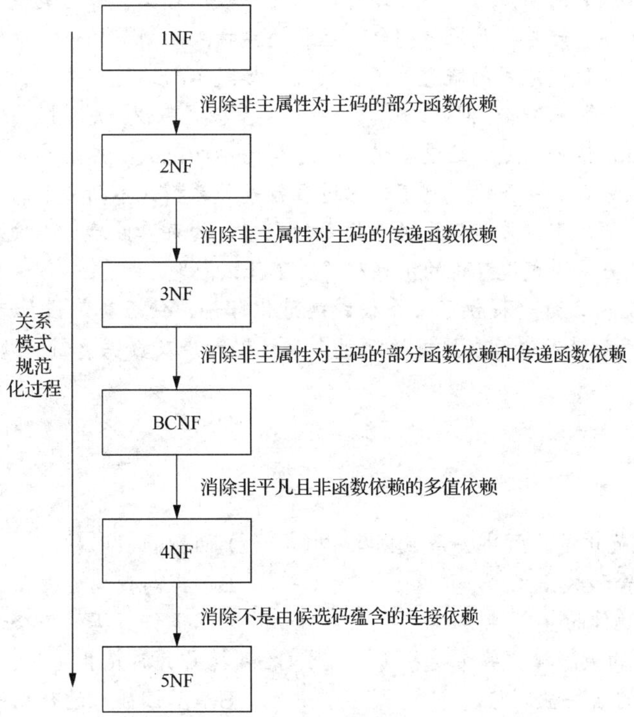

图 4.6 关系模式规范化的基本步骤

（1）对 1NF 关系进行投影，消除原关系中非主属性对主码的函数依赖，将 1NF 关系转换成为若干个 2NF 关系。

（2）对 2NF 关系进行投影，消除原关系中非主属性对主码的传递函数依赖，从而产生一组 3NF。

（3）对 3NF 关系进行投影，消除原关系中主属性对主码的部分函数依赖和传递函数依赖（也就是说，使决定属性都成为投影的候选码），得到一组 BCNF 关系。

以上三步也可以合并为一步：对原关系进行投影，消除非主属性、主属性与主码之间的任何传递函数依赖和部分函数依赖。

（4）对 BCNF 关系进行投影，消除原关系中非平凡且非函数依赖的多值依赖，从而产生一组 4NF 关系。

（5）对 4NF 关系进行投影，消除原关系中不是由候选码蕴含的连接依赖，即可得到一组 5NF 关系。

（6）5NF 是最终范式。

规范化程度过低的关系可能会存在插入异常、删除异常、修改复杂、数据冗余等问题，需要对其进行规范化，转换成高级范式。但这并不意味着规范化程度越高的关系模式就越好。在设计数据库模式结构时，必须根据现实世界的实际情况和用户应用需求作进一步分析，确定一个合适的、能够反映现实世界的模式，即上面的规范化步骤可以在其中任何一步终止。

本章小结

本章首先通过关系规范化的引入，介绍为什么要引入规范化问题，非规范化的关系模式存在什么样的问题。其次，通过介绍函数依赖让读者意识到关系模式中存在的问题是由关系模式中不同属性间存在的函数依赖和数据依赖关系引起的，重点介绍函数依赖的定义、分类及符号表示方式。函数依赖是语义范畴的定义，是关系模式产生数据冗余的主要原因。函数依赖的公理系统一方面可以解决由已知函数推出未知函数依赖的问题，另一方面还可以简化函数依赖集，并为关系模式的候选码提供了求解方法，即求属性集闭包。此外，属性集闭包为后续关系模式的规范化过程提供了理论依据。再次，重点介绍了关系模式规范化中范式的概念，通过对关系模式不断地进行分解，实现了不同范式之间的转化，解决了关系模式中存在的部分问题。对于一般的关系模式来说，关系模式转化到 3NF 或者 BCNF 就可以了。但是对于多值依赖问题，还需要进一步分解为第四范式。然后，介绍了关系模式分解：无损分解和保持函数依赖分解。关系模式规范化的过程就是关系模式不断分解的过程，在分解的过程中一定要保持以上两种分解规则，才能保证关系模式的完整性约束。最后，再次明确关系模式规范化的定义，概括性地介绍了关系模式规范化的步骤及解决了什么问题。

本章的内容为数据库设计者提供了关系模式规范化理论，使数据库设计者能够设计出更好的关系模式，避免数据库关系模式中存在严重的问题，如数据冗余及数据更新问题等。

习题

一、选择题

1. 关系数据库规范化是为解决关系数据库中（　　）问题而引入的。

    A. 插入、删除和数据冗余　　　　　　　　B. 提高查询速度

    C. 减少数据操作的复杂性　　　　　　　　D. 保证数据的安全性和完整性

2. 关系规范化中的删除操作异常是指（　　），插入操作异常是指（　　）。

    A. 不该删除的数据被删除　　　　　　　　B. 不该插入的数据被插入

    C. 应该删除的数据未被删除　　　　　　　D. 应该插入的数据未被插入

3. 规范化理论是关系数据库进行逻辑设计的理论依据。根据这个理论，关系数据库中的关系必须满足：其每一属性都是（　　）。

    A. 互不相关的　　　　　　B. 不可分解的　　　　　　C. 长度可变的　　　　　D. 互相关联的

4. 关系数据库设计理论中，起核心作用的是（　　）。

    A. 范式　　　　　　　　　B. 模式设计　　　　　　　C. 函数依赖　　　　　　D. 数据完整性

5. 在关系模式 R 中，函数依赖 $X \rightarrow Y$ 的语义是（　　）。

    A. 在 R 的某一个关系中，若两个元组的 X 值相等，则 Y 值也相等

    B. 在 R 的每一个关系中，若两个元组的 X 值相等，则 Y 值也相等

    C. 在 R 的某一个关系中，Y 值应与 X 值相等

    D. 在 R 的每一个关系中，Y 值应与 X 值相等

6. 在关系模式中，如果属性 A 和 B 存在一对一的联系，则可以表示为（　　）。

    A. $A \rightarrow B$　　　　　　B. $B \rightarrow A$　　　　　　C. $A \leftarrow \rightarrow B$　　　　D. 以上都不是

7. 关系模式的候选码可以有（　　），主码有（　　）。

    A. 0 个　　　　　　　　　B. 1 个　　　　　　　　　C. 1 个或多个　　　　　D. 多个

8. $X \rightarrow Y$ 为平凡函数依赖是指（　　）。

    A. $X < Y$　　　　　　　　B. $X > Y$　　　　　　　　C. $X = Y$　　　　　　　D. $X \neq Y$

9. 两个函数依赖集 F 和 G 等价的充分必要条件是（　　）。

    A. $F = G$　　　　　　　　B. $F^+ = G$　　　　　　　C. $F = G^+$　　　　　　D. $F^+ = G^+$

10. 设有关系模式 $R(X,Y,Z,W)$ 与它的函数依赖集 $F = \{XY \rightarrow Z, W \rightarrow X\}$，则属性集 (Z,W) 的闭包为（　　）。

    A. $\{Z,W\}$　　　　　　　B. $\{X,Z,W\}$　　　　　　C. $\{Y,Z,W\}$　　　　　D. $\{X,Y,Z,W\}$

11. 设有关系模式 $R(X,Y,Z)$ 与它的函数依赖集 $F = \{X \rightarrow Y, Y \rightarrow Z\}$，则 F 的闭包 F^+ 中左边为 $\{X,Y\}$ 的函数依赖有（　　）个。

    A. 32　　　　　　　　　　B. 16　　　　　　　　　　C. 8　　　　　　　　　　D. 4

12. 在最小函数依赖集 F 中，下面叙述不正确的是（　　）。

    A. F 中的每个函数依赖的右边都是单属性

    B. F 中的每个函数依赖的左边都是单属性

    C. F 中没有冗余的函数依赖

    D. F 中的每个函数依赖的左边没有冗余属性

13. 关系模式 1NF 是指（　　）。

    A. 不存在传递依赖现象　　　　　　　　　　B. 不存在部分依赖现象

    C. 不存在非主属性　　　　　　　　　　　　D. 不存在组合属性

14. 设有某关系模式 $R(A,B,C,D)$，函数依赖集为 $\{A \rightarrow C, D \rightarrow B\}$，则 R 最高满足（　　）。

    A. 1NF　　　　　　　　　B. 2NF　　　　　　　　　C. 3NF　　　　　　　　D. BCNF

15. 若关系 R 的候选码都是由单属性构成的，则 R 的最高范式必定是（　　）。

    A. 1NF　　　　　　　　　B. 2NF　　　　　　　　　C. 3NF　　　　　　　　D. 无法确定

16. 在关系模式 $R(A,B,C,D)$ 中，有函数依赖集 $F = \{B \rightarrow C, C \rightarrow D, D \rightarrow A\}$，则 R 能达到（　　）。

    A. 1NF　　　　　　　　　B. 2NF　　　　　　　　　C. 3NF　　　　　　　　D. 以上三者都不行

17. 对关系模式进行分解时，要求保持函数依赖，最高可以达到（　　）。

    A. 2NF　　　　　　　　　B. 3NF　　　　　　　　　C. BCNF　　　　　　　D. 4NF

18. 设有关系 W(工号,姓名,工种,定额)，将其规范化到第三范式，正确的答案是（　　）。

    A. W_1(工号,姓名)　W_2(工种,定额)　　　　　B. W_1(工号,工种,定额)　W_2(工号,姓名)

    C. W_1(工号,姓名,工种)　W_2(工种,定额)　　　D. 以上都不对

19. 关系模式 $R(A,B)$ 已属于 3NF，下列说法中（　　）是正确的。

    A. 它一定消除了插入和删除异常   B. 仍存在一定的插入和删除异常

    C. 一定属于 BCNF   D. A 和 C 都是

20. 根据数据库规范化理论，下面命题中正确的是（　　）。

    A. 若 $R\in 2NF$，则 $R\in 3NF$ B. 若 $R\in 1NF$，则 R 不属于 BCNF

    C. 若 $R\in 3NF$，则 $R\in BCNF$ D. 若 $R\in BCNF$，则 $R\in 3NF$

21. 关系模式 R 中的属性全部是主属性，则 R 的最高范式必定是（　　）。

    A. 2NF   B. 3NF   C. BCNF   D. 以上都不是

22. 若关系模式 $R\in 1NF$，且 R 中存在 $X\rightarrow Y$，则 X 必含关键字，称该模式（　　）。

    A. 满足 3NF   B. 满足 BCNF   C. 满足 2NF   D. 满足 1NF

23. 下列叙述中，正确的是（　　）。

    A. 对于关系模型，规范化程度越高越好

    B. 如果 F 是最小函数依赖集，则 $R\in 2NF$

    C. 如果 $R\in BCNF$，则 F 是最小函数依赖集

    D. 关系模式分解为 BCNF 后，函数依赖关系可能被破坏

24. 能够消除多值依赖引起的冗余的是（　　）。

    A. 2NF   B. 3NF   C. 4NF   D. BCNF

25. 设有关系模式 $R(A,B,C,D,E)$，函数依赖集 $F=\{B\rightarrow A,A\rightarrow C\}$，$\rho=\{R_1(U_1,F),R_2(U_2,F),R_3(U_3,F)\}$ 是 R 上的一个分解，其中 $U_1=\{A,B\}$，$U_2=\{A,C\}$，$U_3=\{A,D\}$，那么分解 ρ 相对于 F（　　）。

    A. 既是无损分解，又是保持函数依赖的分解

    B. 是无损分解，但不是保持函数依赖的分解

    C. 不是无损分解，但是保持函数依赖的分解

    D. 既不是无损分解，也不是保持函数依赖的分解

二、填空题

1. 关系规范化的目的是＿＿＿＿＿＿＿＿＿＿＿＿＿＿＿＿＿＿＿＿＿＿＿＿＿＿。

2. "从已知的函数依赖集使用推理规则导出的函数依赖在 F^+ 中"，是推理规则的＿＿＿＿性，而 "不能从已知的函数依赖使用推理规则导出的函数依赖不在 F^+ 中"，是推理规则的＿＿＿＿性。

3. 由属性集 X 函数决定的属性的集合，称为＿＿＿＿＿；被函数依赖集 F 逻辑蕴含的函数依赖的全体构成的集合，称为＿＿＿＿＿。

4. 如果 $X\rightarrow Y$ 和 $Y\subseteq X$ 成立，那么 $X\rightarrow Y$ 是一个＿＿＿＿＿，它可以根据推理规则的＿＿＿＿性推出。

5. 设有关系模式 $R(A,B,C,D)$，函数依赖集 $F=\{AB\rightarrow C,C\rightarrow D,D\rightarrow A\}$，则 R 的 3 个可能的候选码分别是＿＿＿＿、＿＿＿＿、＿＿＿＿。

6. 对于非规范化的模式，经过＿＿＿＿转变为 1NF，将 1NF 经过＿＿＿＿转变为 2NF，将 2NF 经过＿＿＿＿转变为 3NF。

7. 在一个关系 R 中，若每个数据项都是不可再分割的，那么 R 一定属于＿＿＿＿。

8. 1NF、2NF、3NF 之间是一种＿＿＿＿＿＿＿＿＿＿＿＿关系。

9. 若关系为 1NF，且它的每一个非主属性都＿＿＿＿＿＿＿＿候选码，则该关系为 2NF。

10. 关系模式分解中两个相互独立的标准是＿＿＿＿＿＿＿＿＿和＿＿＿＿＿＿＿＿＿。

11. 设有关系模式 $R(A,B,C,D)$，函数依赖 $F=\{A\rightarrow B,B\rightarrow C,A\rightarrow D,D\rightarrow C\}$，$\rho=\{R_1(U_1,F),R_2(U_2,F),R_3(U_3,F)\}$ 是 R 上的一个分解，其中 $U_1=\{A,B\}$，$U_2=\{A,C\}$，$U_3=\{B,D\}$，则分解 ρ 中所丢失的函数依赖分别是＿＿＿＿、＿＿＿＿、＿＿＿＿。

三、简答题

1. 理解并给出下列术语的定义：函数依赖、部分函数依赖、完全函数依赖、传递函数依赖、候选码、主码、外码、全码、1NF、2NF、3NF、BCNF。

2. 关系规范化中的操作异常有哪些？它们分别是由什么引起的？解决的办法是什么？

3. 第一范式、第二范式和第三范式是什么？

4. 什么是部分依赖？什么是传递依赖？举例说明。

5. 简述什么是关系模式分解、为什么要有关系模式分解及关系模式分解要遵守的准则。

四、综合应用题

1. 指出下列关系模式是第几范式，并说明理由。

（1）$R(X,Y,Z)$，$F = \{XY{\rightarrow}Z\}$；

（2）$R(X,Y,Z)$，$F = \{Y{\rightarrow}Z,XZ{\rightarrow}Y\}$；

（3）$R(X,Y,Z)$，$F = \{Y{\rightarrow}Z,Y{\rightarrow}X,X{\rightarrow}YZ\}$；

（4）$R(X,Y,Z)$，$F = \{X{\rightarrow}Y,X{\rightarrow}Z\}$；

（5）$R(W,X,Y,Z)$，$F = \{X{\rightarrow}Z,WX{\rightarrow}Y\}$。

2. 设有关系模式 TEACHER(教师编号,教师姓名,电话,所在部门,借阅图书编号,书名,借书日期,还书日期,备注)，回答下列问题。

（1）教师编号是该关系的候选码吗？

（2）该关系模式是否存在部分函数依赖？如果存在，请写出至少两个。

（3）该关系模式满足第几范式？

3. 假设某商业集团数据库中有关系模式 R(商店编号,商品编号,库存量,部门编号,负责人)，若规定：

① 每个商店能销售多种商品（每种商品有一个编号），商店的每种商品只在一个部门销售；

② 每个商店的每个部门只有一个负责人；

③ 每个商店的每种商品只有一个库存数量。

回答下列问题。

（1）写出关系 R 的基本函数依赖。

（2）找出 R 的候选码。

（3）判断 R 是否属于 3NF，如果不是，按照规范化算法规范到 3NF，并写出规范化过程。

4. 已知有关系模式 $R(U,F)$，$U=\{A,B,C,D\}$，$F=\{A{\rightarrow}C,C{\rightarrow}A,B{\rightarrow}A,B{\rightarrow}C,D{\rightarrow}A,D{\rightarrow}C, BD{\rightarrow}A\}$，求 F 的最小函数依赖集。

5. 已知有关系模式 $R(U,F)$，$U=\{A,B,C,D,E,G\}$，$F=\{BE{\rightarrow}G,BD{\rightarrow}G,CDE{\rightarrow}AB,CD{\rightarrow}A,CE{\rightarrow}G,BC{\rightarrow}A,B{\rightarrow}D,C{\rightarrow}D\}$，求 F 的最小函数依赖集。

6. 已知有关系模式 $R(U,F)$，$U=\{A,B,C,D,E,G\}$，$F=\{BG{\rightarrow}C,BD{\rightarrow}E,DG{\rightarrow}C,ADG{\rightarrow}BC,AG{\rightarrow}B,B{\rightarrow}D\}$，求解如下问题。

（1）R 的候选码。

（2）R 属于哪级范式。

（3）将模式 R 按规范化要求分解。

7. 已知存在关系模式 $R(U,F)$，$U=\{A,B,C,D,E,G\}$，$F=\{B{\rightarrow}G,CE{\rightarrow}B,C{\rightarrow}A,CE{\rightarrow}G,B{\rightarrow}D, C{\rightarrow}D\}$，求解下列问题。

（1）R 的候选码。

（2）R 属于哪级范式。

（3）将模式 R 按规范化要求分解。

8. 已知存在关系模式 $R(U,F)$，$U=\{A,B,C,D\}$，$F=\{A \rightarrow C, C \rightarrow A, B \rightarrow AC, D \rightarrow AC\}$，求解下列问题。

（1）求 $(AD)F^+$，R 的候选码。

（2）求 F 的最小函数依赖集，并使用算法将模式分解为 3NF，并且保持无损连接性和函数依赖性。

9. 设有关系模式 $R(U,F)$，其中 $U=\{A,B,C,D,E\}$，$F=\{A \rightarrow D, E \rightarrow D, D \rightarrow B, BC \rightarrow D, DC \rightarrow A\}$，求解下列问题。

（1）求出 R 的候选码。

（2）求出 F 的最小函数依赖集 F_{min}。

（3）根据函数依赖关系，确定关系模式 R 属于第几范式。

（4）判断 $\rho=\{R_1(A,B), R_2(A,E), R_3(C,E), R_4(B,C,D), R_5(A,C)\}$ 是否为无损分解。

10. 设有关系模式 $R(A,B,C,D,E)$，其函数依赖集 $F=\{A \rightarrow C, B \rightarrow D, C \rightarrow D, DE \rightarrow C, CE \rightarrow A\}$，试问分解 $\rho=\{R_1(A,D), R_2(A,B), R_3(B,E), R_4(C,D,E), R_5(A,E)\}$ 是否为 R 的无损分解。

11. 设有关系模式 $R(F,G,H,I,J)$，R 的函数依赖集 $F=\{F \rightarrow I, J \rightarrow I, I \rightarrow G, GH \rightarrow I, IH \rightarrow F\}$。求解下列问题。

（1）求出 R 的所有候选码。

（2）求出 F 的最小函数依赖集 F_{min}。

（3）根据函数依赖关系，确定关系模式 R 属于第几范式。

（4）判断 $\rho=\{R_1(F,G), R_2(F,J), R_3(J,H), R_4(I,G,H), R_5(F,H)\}$ 是否为无损分解。

（5）将 R 分解为 3NF，并具有无损连接性和依赖保持性。

12. 设有关系模式 $R(A,B,C,D)$，函数依赖集 $F=\{A \rightarrow C, C \rightarrow A, B \rightarrow AC, D \rightarrow AC\}$，求解下列问题。

（1）求 $(AD)^+$，B^+。

（2）求出 R 的所有候选码。

（3）求出 F 的最小函数依赖集 F_{min}。

（4）根据函数依赖关系，确定关系模式 R 属于第几范式。

（5）将 R 分解为 3NF，并保持无损连接性和函数依赖性。

（6）将 R 分解为 BCNF，并保持无损连接性。

05 第 5 章 数据库系统设计

数据库应用系统与现实世界有着紧密的联系，以数据存储、数据处理为基础的各种信息管理系统为人们的日常生活、办公和出行提供了便利，如学生信息管理系统、教务管理系统、大学生毕业设计（论文）管理系统、办公自动化系统和票务订购系统等。

那么什么是数据库设计呢？从数据库理论的抽象角度看，数据库设计是针对一个特定的应用环境，依据组织机构和相关用户对预期应用系统的需求，运用数据库设计的相关方法和技术，对预期应用系统构建合适的数据库模式，并以此为基础建立数据库及其应用系统，使之能够有效地完成数据的存储、管理和操作功能，从而满足组织机构和相关用户的信息存储、管理及数据操作要求。

用户对信息（数据）在预期应用系统中的加工与处理过程的要求，称为用户的数据需求，该需求是数据库设计的起点。数据库设计者以此为基础进行结构设计和行为设计，形成系统的逻辑模式；当把系统的逻辑模式转化为物理模式后，再进行数据库实施和运行维护，整个数据库设计的流程结束。

本章将从数据库系统设计概述、需求分析、结构设计（包括概念结构设计、逻辑结构设计和物理结构设计）、数据库实施、数据库运行和维护等方面介绍数据库设计的流程。在数据库设计的每个阶段，本章将详细介绍数据库设计过程中使用的相关方法和技术，从而使数据库设计者掌握数据库设计所需的知识体系和过程框架。

5.1 数据库系统设计概述

本节将从数据库系统设计的内容、特点、方法、基本过程和步骤及数据库系统设计过程中所涉及的模式 5 个方面，详细介绍数据库系统设计的基本内容。

5.1.1 数据库系统设计的内容

数据库设计是根据用户需求研制数据库系统结构的过程。具体地说，数据库设计是数据库设计人员基于给定的应用环境，运用数据库设计的相关方法和技术，建立一个性能良好的、能满足不同用户使用要求又能被选定的数据库管理系统接受的数据库系统模式。数据库系统设计包含两方面的内容：一是数据库系统的结构设计，二是数据库系统的行为设计。

1. 数据库系统的结构设计

数据库系统的结构设计是指针对特定的应用环境，进行数据库模式设计的过程，包括数据库的概念结构设计、逻辑结构设计和物理结构设计。

数据库的结构设计的过程是：设计人员首先将现实世界中的实体、实体间的联系用 E-R 图表示，再将各个 E-R 图汇总，得出数据库的概念结构模型；然后，将概念结构模型转化为数据库的逻辑结构模型表示；最后，把数据库的逻辑结构模型进行物理实现，获得数据库系统的存储模式和存取方法。

由于数据库系统的结构是静态的，一般情况下不会随意改变，所以数据库系统的结构设计又称为数据库系统的静态结构设计。

2. 数据库系统的行为设计

数据库系统的行为设计是指设计者确定数据库用户的行为和动作的过程。

数据库用户的行为和动作是指用户对数据进行的查询和统计、事务处理及报表处理等操作。在数据库系统的行为设计阶段，设计人员最终要设计出数据库应用系统的层次结构、功能结构和系统数据流图，最后据此设计数据库系统的子模式。

数据库系统的行为设计步骤是：将现实世界中的数据对象及使用情况用数据流图和数据字典表示，详细描述在特定应用环境下各种用户对数据的操作要求（包括操作对象、方法、频度和实时性要求），进而得出系统的层次结构，确定系统的功能模块结构、数据库系统的子模式和系统数据流图。

由于用户总是进行数据存取操作，这将导致数据库内容发生变化，因此用户的行为设计是动态的。数据库的行为设计也被称为数据库的动态结构设计。

5.1.2 数据库系统设计的特点

数据库系统设计的过程是一个自顶向下、逐步求精的过程。数据库系统设计有如下两个特点。

1. 综合性

数据库系统设计，既要完成后台数据库创建工作，也要完成前端应用软件的开发工作，因此这既是一项数据库工程，也是一项软件工程。设计人员需要了解应用软件系统所涉及的业务领域知识、掌握数据库原理及相关设计技术、某种程序设计的方法和技巧、软件工程及软件测试等专业知识体系，因此，数据库系统设计是一个量大且流程复杂的工作。

由于数据库系统设计以特定环境下用户的业务需求为基础，需要对企业中业务部门数据及各业务部门之间的数据联系进行描绘、抽象、设计及实现，所以它涉及的知识领域广，不仅包含计算机专业知识，还包含应用系统的业务领域知识；同时它还要解决技术及非技术两方面的问题。非技术问题包括组织机构的调整、经营方针和管理体制的改变等，这些问题都不是设计人员能决定的，但新的信息管理系统又要求必须有与之相适应的新的组织结构、新的经营方针和新的管理体制，这对设计人员来说是一个非常大的挑战。因此，"三分技术，七分管理，十二分基础数据"是数据库设计的基本规律。在整个数据库系统的设计过程中，数据库系统设计的管理人员要加强管理和控制，做好基础数据的收集、入库工作。

2. 结构设计和行为设计相互分离又紧密联系

结构设计是指数据库的模式结构设计和物理实现，它包括概念结构设计、逻辑结构设计和物理结构设计；行为设计是指应用程序设计，包括功能组织、流程控制等方面的设计。这是两个独立的内容，但同时又紧密结合，是一种"反复探索，逐步求精"的过程。

需要强调的是，在数据库系统设计中，结构特性设计和行为特性设计必须紧密结合才能达到其设计目标。数据库系统设计人员应当具有战略眼光，考虑到当前、近期和远期 3 个时段的用户需求。设计的系统应当能完全满足用户当前和近期对系统的数据需求，并对远期的数据需求有相应的处理方案。数据库系统设计人员应充分考虑到系统可能的扩充与改变，使设计出的系统有较长的生命力。

5.1.3　数据库系统设计的方法

由于数据库系统设计涉及的内容广泛，所以，设计一个性能良好的数据库系统并不容易。为了使数据库系统设计更合理、更有效，在数据库设计的过程中需要有效的指导原则，这种原则被称为数据库系统设计方法。

多年来，经过不断的努力和探索，人们提出了各种各样的数据库系统设计方法。数据库系统设计方法主要分为直观设计法、规范设计法和计算机辅助设计法 3 类。

1. 直观设计法

直观设计法，也被称为手工试凑法，它是设计人员最早使用的数据库系统设计方法。这种方法依赖于设计者的经验和技术水平，缺乏科学理论和工程方法的支持，设计的质量很难保证。数据库往往在交付用户使用一段时间后又被发现各种问题，需要重新进行修改甚至重新设计，增加了系统维护的代价。因此，这种方法越来越不能适应数据库系统设计发展的需要。

2. 规范设计法

随后人们对直观设计法进行了多次完善，逐步形成了数据库系统设计的第二种方法：规范设计法。其中比较常用的是新奥尔良方法。

新奥尔良方法改变了使用直观设计法在进行数据库系统设计时存在的缺陷和不足，将数据库系统设计分成需求分析（分析用户需求的数据及数据的联系）、概念结构设计（信息分析和定义）、逻辑结构设计（设计实现）和物理结构设计（物理数据库设计）4 个阶段，是目前公认的比较完整和权威的一种规范设计法。

新奥尔良方法的数据库系统设计步骤如图 5.1 所示。

图 5.1　新奥尔良方法的数据库系统设计步骤

数据库设计人员首先对待开发的系统进行需求分析，得到系统的需求说明书；其次从需求说明中凝练数据库系统设计用到的所有信息，把信息进行综合、归纳和抽象，从而获得数据库的概念结构；在获得数据库系统的概念结构后，数据库设计人员需要选择合适的数据模型，进行逻辑结构设计，将上一阶段获得的概念结构转换为逻辑结构，形成数据库的逻辑模式；再根据用户的处理要求、安全性考虑等，建立必要的数据视图，形式数据库的外模式；最后，把得到的逻辑模式，根据具体选取的数据库管理系统的特点和处理需求，进行物理存储实现，确定系统要建立的索引，得出数据库的内模式。

新奥尔良方法只注重数据库系统的结构设计，忽略了数据库系统用户在使用数据库时进行的查询、统计、事务处理和报表处理等操作，而用户的这些操作总会更新数据库的相关内容，此时数据库的响应速度作为数据库系统性能的重要指标，直接影响最终用户对数据库系统的评价。

为了弥补新奥尔良方法的不足，随后人们又对该方法进行了多次完善。其中，由中国学者姚诗斌等人主张的改进新奥尔良方法认为，数据库系统设计应包括设计系统开发的全过程。他们把数据库系统设计分为需求分析、结构设计、行为设计、数据库实施、数据库运行和维护 5 个阶段。其中，结构设计包含概念结构设计、逻辑结构设计和物理结构设计 3 个阶段；行为设计包含应用系统总体设计、详细设计、编码与实现 3 个阶段。

实体分析法、属性分析法和基于抽象语义的设计方法也属于规范设计法的范畴，这里不再详细介绍。

在数据库结构设计的不同阶段，具体使用的方法有基于 E-R 模型的数据库设计方法、基于 3NF 的数据库设计方法和基于视图的数据库设计方法等。

规范设计法从本质上来说仍然是手工设计方法，其基本思想是过程迭代和逐步求精。

3. 计算机辅助设计法

随着自动化技术的普及，设计人员逐渐使用自动化设计技术和工具来辅助数据库系统的规范设计工作，这就是计算机辅助设计法。计算机辅助设计法是指设计人员以过往的知识或经验为主导，在数据库系统设计的某些过程中使用相关自动化技术和工具模拟某一方面的规范化设计工作，通过人机交互方式实现设计中的某些部分的方法。目前，许多计算机辅助软件工程（Computer Aided Software Engineering，CASE）工具可以自动辅助设计人员完成数据库系统设计过程中的很多任务，如 Sybase 公司的 PowerDesigner 和卓软公司的 Navicat 等。

现代数据库设计方法是上述设计方法相互融合的产物，围绕软件工程的思想和方法，通常以 E-R 图设计为主体，辅以 3NF 设计和视图设计实现模式的评价与优化，从而吸收各种设计方法的优势。同时，为提高设计的协同效率和规范化程度，现代数据库设计过程还会通过计算机辅助设计工具（如 PowerDesigner 等）获得规范的数据库设计结果。

5.1.4 数据库系统设计的基本过程和步骤

1. 数据库系统设计的基本过程

数据库系统设计人员首先对待开发的现实世界中给定的数据库应用环境进行数据分析和用户业务活动分析，得到系统的数据需求和业务需求。然后对数据需求进行结构设计，包括概念结构设计、逻辑结构设计、物理结构设计和用户子模式设计；同时，设计人员对业务需求进行行为设计，包括功能分析、创建功能模型，事务设计、应用程序设计。此时，数据库系统的设计工作暂时告一段落。之后，设计人员加载试验数据，调试和运行数据库系统。在数据库系统试运行期间，数据库系统设计人员考核系统的性能，如果用户对系统的运行和性能表现满意，则加载数据库，把系统交付给用户使用并定期进行系统的维护工作，至此，数据库系统设计过程结束。如果用户对系统的运行和性能表现不满，则需要设计人员返回数据库系统设计的起始阶段，对开发的现实世界中给定的数据库应用环境进行第二次数据分析和用户业务活动分析，重复上述过程，直到用户对开发的系统运行和性能表现满意，并把开发的系统成功交付给用户使用为止。数据库系统设计的基本过程如图 5.2 所示。

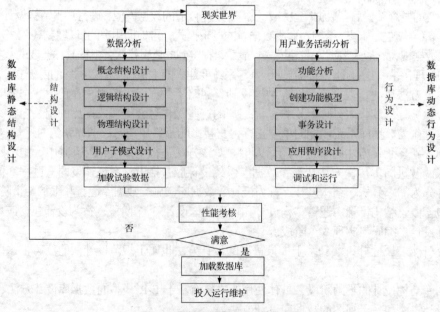

图 5.2 数据库系统设计的基本过程

从图 5.2 中可见，左侧的流程是数据库静态结构设计，右侧的流程是数据库动态行为设计，它们在软件设计开发的过程中各自并行展开，但同时又相互依赖，紧密联系。例如，子模式的设计需要以应用程序的处理需求为基础，程序的成功运行必须依赖于正确的数据库的构建；数据库的逻辑结构设计要与事务设计结合起来，以支持全部事务处理的要求；为了更有效地支持事务处理，还需要进行数据库的物理结构设计，以实现数据存取功能。

2. 数据库系统设计的步骤和各阶段要完成的工作

从软件工程的角度看，应用软件系统开发方法分两种，一是结构化系统设计方法，二是面向对象的软件开发方法，本章主要介绍结构化系统设计方法。

使用结构化系统设计方法进行数据库及其应用系统开发时，数据库系统设计分为需求分析、概念结构设计、逻辑结构设计、物理结构设计、数据库实施及数据库运行和维护 6 个步骤。其中，需求分析、概念结构设计与 SQL Server、Oracle、MySQL、Sybase 等具体的数据库管理系统无关，逻辑结构设计和物理结构设计则需要与具体的数据库管理系统相结合来开展相关工作。

（1）需求分析阶段

需求分析需要设计人员深入了解待开发系统的行业背景、业务领域知识及业务处理流程，分析最终用户对系统的要求和需要，弄清系统要达到的业务目标和实现的功能。这是数据库系统设计的起点，是最重要、最困难、设计者需要花费时间最多的一步。需求分析工作是否做得充分与准确的程度，直接决定着以此工作为基础构建数据库大厦的速度与质量。如果需求分析做得不够精准，会影响整个系统的性能，甚至会导致整个数据库系统设计返工重做。

需求分析阶段结束的标志是形成经过各方签字认可的需求规格说明书（软件工程领域有一个专有名词——里程碑，是指标志软件开发某一过程结束的时间点或事件）。也就是说，在需求分析阶段，各方签字认可，数据库设计人员和软件开发人员获得需求规格说明书的那一天，就是需求分析阶段的里程碑。它标志着需求分析阶段工作的结束，数据库设计人员将进入下一阶段的工作。这里所说的各方包括用户代表、行业评审专家、开发设计人员、软件测试人员等。需要强调的是，在需求分析阶段需要以上各方及时沟通、充分合作，这样才能为以后的数据库设计工作打好基础。

（2）概念结构设计阶段

概念结构设计需要设计人员以需求规格说明书为基础对用户需求进行归纳、抽象和综合，设计出一个独立于计算机硬件和具体数据库管理系统等相关软件的概念模型。这是整个数据库系统设计的关键环节。

（3）逻辑结构设计阶段

逻辑结构设计需要设计人员选定一个具体的数据库管理系统（常用的有 SQL Server、Oracle、MySQL、Sybase 等），将概念结构转换为该数据库管理系统所支持的数据模型；随后，根据模型转换规则和数据库管理系统的要求与优化方法，进行逻辑结构优化，获得系统优化后的逻辑结构。

（4）物理结构设计阶段

物理结构设计需要设计人员为逻辑数据模型选取一个最适合应用环境的物理结构，包括数据存储位置、数据存储结构和存取方法。

设计好物理结构后，设计人员需要评价设计，并进行性能预测。如果用户对数据库的设计结构和预期性能的表现不满意，需要设计人员返回逻辑结构设计阶段，重新进行逻辑结构设计和物理结构设计，修改逻辑模型，调整物理结构，直到满意为止。

（5）数据库实施阶段

数据库实施阶段需要系统设计人员运用数据库管理系统提供的数据操作语言和宿主语言，根据数据库的逻辑设计结果和物理设计结果创建数据库，编写与调试应用程序，组织数据入库并进行系统试运行。

（6）数据库运行和维护阶段

数据库应用系统经过试运行后即可投入正式运行。在数据库系统运行过程中，设计人员需要对其结构性能进行评价、调整和修改。

数据库系统设计的步骤如图 5.3 所示。

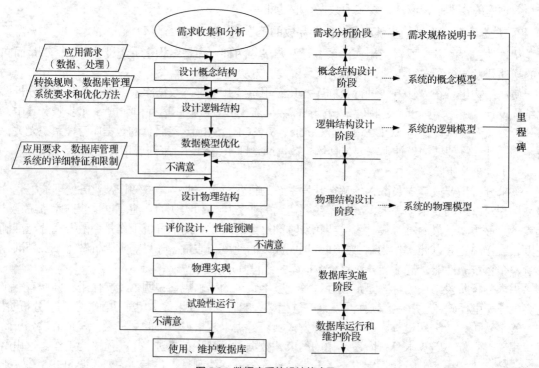

图 5.3　数据库系统设计的步骤

设计一个完善的数据库应用系统是不可能一蹴而就的，它往往是上述 6 个阶段的不断反复。

需要说明的是，这 6 个设计步骤既是数据库系统设计的过程（静态结构设计），也是应用系统的开发过程（对数据库中数据处理的设计）。在设计过程中，应把数据库的结构设计和数据处理的操作设计紧密结合起来，这两个方面的需求分析、数据抽象、系统设计及实现等各个阶段应同时进行，相互参照和相互补充。如果不了解应用环境对数据的处理要求或没有考虑如何实现这些处理要求，设计人员不可能设计出一个良好的数据库结构。

本章侧重讨论数据设计描述。有关处理特性的设计描述、设计原理、设计方法、工具等具体内容，在软件工程等其他相关课程中有详细介绍。

5.1.5　数据库系统设计过程中所涉及的模式

数据库系统设计各阶段的设计成果需要从数据设计描述和处理设计描述两方面进行，如表 5.1 所示。

表 5.1　数据库系统设计各阶段成果描述

设计阶段	设计成果描述	
	数据	处理
需求分析	数据字典、全系统中的数据项、数据流、数据存储的描述	数据流图和判定表（判定树）、数据字典中处理过程的描述

续表

设计阶段	设计成果描述	
	数据	处理
概念结构设计	概念模型（E-R 图）	系统说明书包括：新系统的要求、方案和概念图；反映新系统信息流的数据流图
逻辑结构设计	某种数据模型、关系模型或非关系模型	系统结构图（模块结构）
物理结构设计	存储安排、方法选择、存取路径的建立	模块设计、IPO 表
数据库实施	编写模式、装入数据、数据库试运行	程序编码、编译、连接、测试
数据库运行和维护	性能监测、转储/恢复、数据库重组和重构	新旧系统转换、运行、维护（修正性、适应性、改善性维护）

从表 5.1 中可以看出，在需求分析阶段，设计人员的中心工作是弄清并综合各个用户的应用需求；在概念结构设计阶段，设计人员要将应用需求转换为与计算机硬件无关的、与各个数据库管理系统产品无关的概念模型（即 E-R 图）；在逻辑结构设计阶段，要完成数据库的逻辑模式和外模式的设计工作，即系统设计人员要先将 E-R 图转换成具体的数据库产品支持的数据模型，形成数据库逻辑模式，然后根据用户处理的要求、安全性的考虑建立必要的数据视图，形成数据的外模式；在物理结构设计阶段，要根据具体使用的数据库管理系统的特点和处理的需要进行物理存储安排，并确定系统要建立的索引，得出数据库的内模式。另外两个阶段是数据库具体实施与运行维护阶段，不涉及模式，是模式的具体实现（创建数据库、数据表、聚簇与索引等）。

数据库结构设计的不同阶段对应要完成的不同级别的数据模式设计如图 5.4 所示。

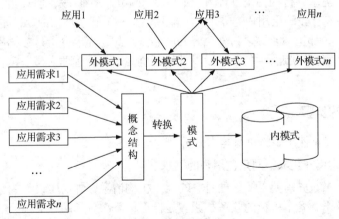

图 5.4　数据库的各级模式示意图

5.2　需求分析

需求分析，简单来说就是设计人员了解、收集不同角色用户对开发系统的要求，获得待开发系统的数据需求和行为需求，并使用需求规格说明书对需求进行统一描述的过程。

5.2.1　需求的类型

需求可以分为业务需求、用户需求和系统需求 3 类。

（1）业务需求：从组织机构的角度明确待开发系统的发展方向、工作内容、目标客户和产品价值等。

（2）用户需求：从系统用户的角度确定待开发系统需要完成的功能（或提供的服务）和要达到的指标或要求（例如性能、存储空间要求、吞吐量、安全性、可靠性、容错性）。

（3）系统需求：从设计人员的角度详细、准确地描述系统应该完成的功能和非功能性需求。功能需求是待开发系统必须提供的服务。非功能性需求包括性能需求、可靠性和可用性需求、容错性需求、接口需求、约束、逆向需求和将来可能提出的要求。下面重点介绍非功能性需求。

① 性能需求：待开发系统必须满足的定时约束或容量约束，通常包括速度（响应时间）、信息量速率、主存容量、磁盘容量、安全性等方面的要求。

② 可靠性和可用性需求：可靠性需求定量地指定待开发系统的可靠性，例如，教务管理系统在一个月内不能出现一次以上故障；可用性需求量化了用户可以使用系统的程度。例如，在任何时候主机或备份机上的个人储蓄业务办理系统应该至少有一个是可用的，而且在一个月内在任何一台计算机上该系统不可用的时间不能超过总时间的 2%。

③ 容错性需求：说明待开发系统对环境错误应该怎样响应。如系统接收到一个违反协议格式的消息应该做什么。

④ 接口需求：描述待开发系统与它的应用环境通信的格式。常见的接口需求有用户接口需求、硬件接口需求、软件接口需求和通信接口需求等。

⑤ 约束：说明用户或环境强加给项目的限制条件。常见的约束有：精度；语言和工具约束；设计约束；应该使用的标准；应该使用的硬件平台。

⑥ 逆向需求：说明待开发系统不需要做什么。

⑦ 将来可能提出的要求：明确清晰地列出不属于当前系统开发的任务，但将来很可能会提出来的要求。

需要强调的是，需求分析往往是设计人员最容易忽略的一个阶段，但其实它具有非常重要的地位。一个软件产品只有真正满足用户的需求，才能称它是一个好产品；否则，即使它的功能再强大，如果不是用户需要的，那也不能称之为一个好的产品。因此，需求分析是数据库系统设计的基础，它的结果是否准确，直接影响后续各个阶段设计的正确性，设计管理人员一定要强调并认真对待这个阶段的工作。

5.2.2 需求分析的步骤

设计人员一般分以下 4 个步骤进行需求分析。

1. 调查了解、收集并获取不同角色用户的需求

软件设计开发人员首先需要了解管理对象的组织机构情况，弄清所设计的数据库系统与哪些部门相关，这些部门及下属各个单位的联系和职责是什么；其次，了解相关部门的业务活动情况。例如，各部门需要输入和使用什么数据；在部门中是如何加工处理这些数据的；各部门需要输出什么信息；这些信息需要输出到什么部门；输出数据的格式是什么。

具体来说，设计人员需要明确数据库中的信息内容、数据处理内容，以及数据的安全性和完整性需求。

数据库中的信息内容就是信息需求，它是指数据库中需要存储哪些数据，包括用户将从数据库中直接获得或间接导出的信息内容和性质。

数据处理内容就是处理需求，它是指用户要完成什么数据处理功能以及用户对数据处理响应时间的要求和数据处理的工作方式等。

数据安全性需求是指数据的保密措施和存取控制要求；数据完整性需求是指数据自身的或数据间的约束限制。

2. 分析用户需求，确定新系统的边界

软件设计开发人员需要明确哪些功能现在就由计算机完成；哪些功能将来准备让计算机完成；哪些功能或活动由人工完成。由计算机完成的功能就是新系统应该实现的功能。

3. 使用规格说明描述用户需求，编写系统分析报告

系统分析报告也称为需求规格说明书，它是对需求分析阶段的一个总结，编写系统分析报告是一个不断反复、逐步深入和逐步完善的过程。

（1）系统分析报告应包括如下内容。

① 系统概况，包括系统开发的背景、目标、范围、历史和现状。

② 系统的原理和技术，以及对原系统的改善。

③ 系统总体结构与子系统结构说明。

④ 系统功能说明。

⑤ 数据处理概要、工程体制和设计阶段的划分。

⑥ 系统方案及技术、经济、功能和操作上的可行性。

（2）随系统分析报告提供下列附件。

① 系统的硬件、软件支持环境的选择及规格要求（所选择的数据库管理系统、操作系统、汉字平台、计算机型号及其网络环境等）。

② 组织机构图、组织之间的联系图和各机构功能业务一览图。

③ 数据流图、功能模块图和数据字典等图表。

4. 需求验证

完成系统的分析报告后，在项目单位的领导下，软件开发项目组要组织有关技术专家评审系统分析报告，通过后，项目方和开发方的领导签字认可。

需要强调的是，需求分析是整个数据库系统设计的基础，极其重要，同时需求分析也是非常困难且麻烦的一步，它的困难之处不在于技术上，而在于要想准确地了解和表达客观世界，并非易事，通常普通的用户缺少计算机专业知识，往往不能准确清晰地表达自己的需求，而软件设计开发人员往往缺少具体应用的专业领域知识，不容易准确理解用户的真正需求，设计人员必须采取多种方法，不断深入地与用户进行反复交流，帮助不熟悉计算机的用户建立对数据库环境的概念，并对设计工作的最后结果承担共同责任，才能逐步确定用户的实际需求。

5.2.3 获取需求的常用方法

调查方法是设计人员获取需求使用的重要手段，是设计数据库系统不可缺少的环节。

在调查进行之前，软件开发机构需要进行一些必要的准备工作，成立项目领导小组（包括客户项目组和开发项目组）。

在调查时，设计人员需要深入到应用待开发系统的组织机构和业务领域，与具有业务领域知识和行业背景的人员反复沟通、确认，并用计算机知识和建模技术清晰、准确地描述用户需求，获得用户认可的需求文档。其中，用户的积极参与配合是做好调查的关键。常用的调查方法有以下 5 种。

1. 跟班作业调查法

跟班作业调查法需要设计人员亲自加入不同角色用户的业务工作中，在熟悉业务处理过程的同时，获得比较准确的用户需求。这种方法能够获得较准确的信息，但需要设计人员花费较多的时间。当使用其他方法无法得到可信赖的用户需求时，可以采用这种方法。

2. 开调查会

开调查会需要组织机构从不同的角色用户中选出具有丰富业务经验的人，与设计人员一起参与

座谈会议，快速地帮助设计人员了解业务活动情况及用户需求。座谈时，为了使双方能够进行高效的交流和讨论，调查人员应该提前了解组织机构所从事的行业背景知识，并提前掌握一定的业务基础知识。

3. 请专人介绍

设计人员针对组织机构中某些业务活动的重要环节，邀请业务熟练的专家或用户，介绍业务专业知识和业务活动情况。

4. 填写调查表

设计人员将提前设计好的要调查的内容，以表格或调查问卷的形式发放给系统用户填写。这种方法的关键在于调查表的内容设计一定要合理，同时需要给用户提供填写的样板，以保证用户填写的数据真实有效。

5. 资料查阅

在调查过程中，设计人员经常需要查阅与原系统有关的数据记录，如档案、文献等，以快速了解原系统功能及用户对原系统需要改变的细节要求。

5.2.4 需求分析创建模型的方法

在获得用户需求后，设计人员需要分析并准确描述不同角色用户的需求。为了准确描述系统能够"做什么"，方便设计人员、用户及其他相关人员之间的沟通，设计人员需要使用相应的需求建模方法创建需求模型（数据流图和数字字典，或状态转换图、序列图、协作图、类图、部署图等），从而真实、准确、完整地描述目标系统的业务需求和用户需求。

常用的需求建模方法有结构化分析（Structured Analysis，SA）方法和面向对象的（Object-Oriented）方法。

1. 结构化分析方法

结构化分析方法由美国 Yourdon 公司和密歇根大学于 20 世纪 70 年代中期在开发 ISDOS 系统工具时提出，一直是比较流行和普及的需求分析方法。结构化分析方法采用"自顶向下，化繁为简，由外到内，逐层分解"的分治策略，把复杂的信息处理系统分解为若干个人们易于分析和描述的子系统，用各方人员易于理解的数据流图表示待开发系统的模型，验证模型是否满足用户对目标系统的需求，并在设计过程中逐渐把与实现有关的细节加入模型中，直至最终使用程序实现模型。分治策略如图 5.5 所示。

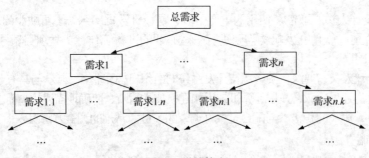

图 5.5 分治策略

分治策略的基本思想是：按照复杂系统内部各部分之间的逻辑关系和特性，由抽象到具体，把复杂系统逐层分解，确定软件系统内部的数据流、处理（又称加工）的关系，用数据流图表示，创建系统的顶层、中间层和底层的数据流图。这样子系统足够简单，易于理解，分析和设计人员能清楚地知道系统的具体细节。同时，分析人员需要创建数据字典（Data Dictionary，DD）来准确描述数据流图（Data Flow Diagram，DFD）中出现的每一个数据元素。逐层分解思想如图 5.6 所示。

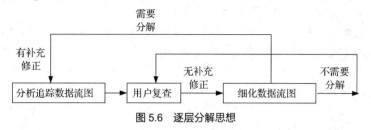

图 5.6　逐层分解思想

2. 面向对象的方法

面向对象的方法基于面向对象的程序设计思想，以统一建模语言（Unified Modeling Language，UML）和相应的需求建模工具（比较知名的有 PowerDesigner、StarUML、Netbeans UML Plugin、Rational Rose 等）为基础，从获取到的需求信息中抽象出重点业务领域中的类与对象，确定类之间的关系，并建立简单、准确和易于理解的用例图、序列图、协作图、状态转换图、类图、部署图等需求模型。

面向对象的方法一般分两个步骤进行需求建模。

（1）问题分析阶段

在该阶段，设计人员首先收集并确认用户的需求信息，对组织机构中的重点业务进行功能分析和过程分析，从中抽象出重点业务中的基本概念、属性和操作；然后用泛化、组成和关联结构描述概念实体间的静态关系；最后，将概念实体标识为待开发系统的对象类，定义对象类之间的静态结构关系和信息连接关系，最终建立关于对象的分析模型。

（2）应用分析阶段

在该阶段，分析对象在待开发系统中的与其他对象之间可能发生的所有事件，并按事件发生时间的先后顺序列出所有事件，用动态模型去表达对象的动态行为、对象之间的消息传递和协同工作的动态信息，并用活动图、序列图、协作图、数据流图等模型描述。

不管采用哪种建模方法，需求分析阶段收集到的基础数据要用数据字典和一组数据流图来表达，它们是下一步概念结构设计的基础。数据字典能够精确和详尽地描述系统数据的各个层次和各个方面，并且把数据和处理有机地结合起来，可以使概念结构的设计变得相对容易。

5.2.5　数据流图

数据流图是描述系统内部的业务处理流程，表达软件系统功能需求的模型。它从数据传递、数据加工和数据存储的角度，以图形的方式刻画数据从输入到输出的变换过程。

1. 数据流图的模型

数据流图的简单模型如图 5.7 所示。

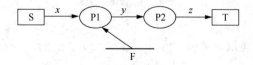

图 5.7　数据流图的简单模型

数据流 x 从源点 S 流出，被处理 P1 变换为数据流 y，P1 执行时要访问文件 F。然后数据流 y 被处理 P2 变换为数据流 z，并流向终点 T。

从数据流图的简单模型中可以看出，数据流图由 4 个基本元素组成。

（1）数据源点和终点：表示数据的来源和最终去向，通常用方框表示。它们均代表软件系统外的实体，如用户或其他软件系统。

（2）数据流：是一组数据项组成的数据，通常用带标识的有向弧表示。

（3）处理（也称加工或变换）：主要用于描述对数据进行的操作或变换，通常用圆圈或椭圆表示。

（4）文件（也称数据存储）：是存放数据的逻辑单位，通常用图形符号"丄""丄""丄"分别表示加工写文件、读文件和读写文件。在相应的图形符号中还要给出文件名。

某培训中心学员报名缴费信息管理系统的数据流图如图 5.8 所示。从图中可以看出，该系统涉及一个外部实体——学员实体，学员实体既是数据的源点，也是数据的终点。学员实体作为数据流图的源点，向系统提供了 3 个输入数据流，分别是电子邮件数据流、信函数据流和学费数据流，表示学员可以通过电子邮件、信函的方式报名缴费。最终经过学员报名缴费管理信息系统的相关处理流程，生成了 4 个输出数据流。这 4 个输出数据流分别是回答信息、入学通知单、收据和注销通知单，它们表示的信息是学员报名缴费后，经过系统的处理，可以向学生提供问题咨询回答信息、入学成功通知单和收据。如果学生提出退出学习的注销请求，则注销通知单。除了输入数据流、输出数据流，输入的数据流经过收集信息、分类事务、处理查询、处理报名、处理学费、处理注销、产生收费单、复审单据 8 个处理过程，产生了事务请求、查询请求、报名请求、注销请求、学费、收据、注册单、收费单等其他数据流，以及学生、课程、收费 3 个数据存储，它们一起构成了整个系统的数据流图。

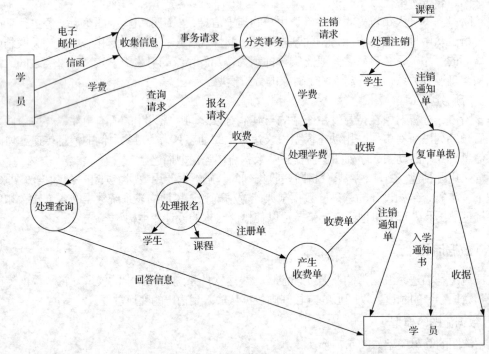

图 5.8　数据流图实例

需要注意以下几点。

（1）数据流可以由单个数据项组成，也可以由一组数据项组成；另外，数据流要有一个合适的名字。

（2）数据流可以从处理流向处理，从源点流向处理，从处理流向终点，从处理流向文件，从文件流向处理。

（3）从处理流向文件或从文件流向处理的数据流可不指定数据流名，给出文件名即可。

（4）两个处理之间允许有多股数据流。数据流不分先后次序，处理只描述具体功能——"做什么"，不需要考虑"怎么做"。

2. 分层的数据流图

对于较为复杂的问题的数据处理过程，用一个数据流图往往不够，这是因为用一个图表示全部数据处理过程会面临两个问题：第一个问题是数据处理过程多而复杂，不容易理解；第二个问题是如果系统过于复杂，数据流图占用的篇幅过大，难以表示全部数据处理过程。为了准确、清晰、简单地表示数据处理过程，一般采用化繁为简、逐层分解的方法，用分层的数据流图来反映待开发系统的层次结构。根据层次关系，一般将数据流图分为顶层数据流图、中间层数据流图和底层数据流图。

（1）顶层数据流图（又称 0 层数据流图）：用于表示系统的边界，即系统的输入/输出。顶层数据流图需要抽象出与待开发系统交互的外部实体（即数据源点与终点）及待开发系统的处理名称。

（2）中间层数据流图：把上一层的数据处理过程进一步分解，描述外部实体与具体处理过程中涉及的数据流入、流出、存储、加工或转换过程。其组成部分可进一步细分。

（3）底层数据流图：由一些不可再分的处理组成，这些处理功能单一、含义明确、足够简单，也称为基本处理。

说明：逐层分解的目的是把复杂的处理分解成比较简单和易于理解的基本处理，但分解的层次不宜太深，否则会影响数据流图的可理解性，一般分解的层次不宜超过 7 层或 8 层。

达到底层的分解标准，一般来说要满足两个条件：一是处理用几句或十几句话就可以准确、清晰地描述其含义；二是一个处理只有一个输入流和一个输出流。

以上分解标准只是参考，需要设计人员灵活运用，不能生搬硬套。

3. 分层数据流图的绘制方法

一般来说，绘制分层数据流图分为 3 个步骤。

（1）确定待开发系统的输入/输出数据流、数据的源点和终点。

（2）将基本系统模型加上源点和终点，构成顶层数据流图。

（3）按照分层原则，绘制各层的数据流图。

说明：数据流图的绘制方法不唯一，不同经验的设计人员绘制出的数据流图可能不同。绘制各层的数据流图时需要遵循以下原则。

（1）对组织机构中开展的业务进行功能分析和过程分析，从中抽象出重点业务中的基本概念、属性和操作，集中精力找出数据流。

（2）找到数据流后，标识该数据流，然后分析该数据流的组成成分及来去方向，并将其与处理连接。标识处理，继续寻找其他的数据流。

（3）当处理需要用到共享和暂存数据时，设置文件及其标识。

（4）分析处理的内部，如果处理还比较抽象或其内部还有数据流，需要将该处理进一步分解，直到达到底层图。

（5）为所有的数据流命名。

（6）为所有的处理编号。编号方法：处理编号应从第 1 层开始，处理的编号按顺序为 1、2、3、…；对于子图的编号，通常是父类图中相应被分解处理的编号+小数点号+子图中局部处理的顺序号。

（7）将所有软件的输入/输出数据流用一连串处理连接起来。

（8）顶层数据流图只有一个，只有一个处理，该加工不用编号。

某学校拟开发一个教务管理系统。该系统根据学生选课情况，自动生成课表（学生课表、教师课表等），实现成绩录入与统计查询等功能。

教务管理系统的学生、教师、管理员等角色的需求如下。

（1）学生的需求：选课，查看自己的选课情况、课表及课程成绩。

（2）教师的需求：能查看自己的个人信息、授课课表、所授课班级的所有学生的名单，并提交课程成绩。

（3）系统管理员的需求：对院系信息、学生信息、教师信息、课程信息、教室信息及学生选课信息进行管理。

（4）学院管理员的需求：管理开课信息、教师授课信息。

业务流程如下。

（1）超级教务管理员设置院系信息（包含院系编号、院系名、院系位置、院系办公电话等信息）、学生信息（包括学号、姓名、性别、年龄、系编号等信息）、教师信息（包括教工号、姓名、性别、入职日期、职称、系编号等信息）、课程信息（包括课程号、课程名称、课程类型、学时、学分等信息）、教室信息（包括教室号、教室类别、地点、容量等信息）等。

（2）一般学院管理员设置每个班级的每门课程的任课教师。

（3）超级教务管理员编排课表，生成教师授课表(教工号,课程号)。

（4）学生选课。

（5）选课后，生成学生选课表(学号,课程号,成绩)。

（6）教师录入成绩，发布、查看、打印成绩。

（7）学生查看课程成绩信息。

（8）一些限制规定：如每名学生、每位教师只能属于一个学院；每名学生最多可选修几门课程；每门课程最多可有多少人参加选修；达到课程选修人数上限后的处理；每门课程的场地限制；每位任课教师每天的上课时间不能冲突；其他原因限定任课教师的上课时间等。

根据上述业务流程，用结构化分析方法建立该教务管理系统的需求模型。

教务管理有大量的数据需要及时处理，因此需要用计算机完成教务管理工作。这样就必须分析教务管理系统的业务流程，并获得相应的功能需求，明确计算机系统需要完成什么功能。为避免过于复杂，此例中省去了结构化分析方法中的某些具体步骤，直接建立该系统最终的需求模型。当然这个需求模型也只是描述了教务管理的基本功能，与实际开发工作有些差距，下面按照绘制数据流图的步骤建立教务管理系统的需求模型。

教务管理系统的需求模型用数据流图形式表示，如图 5.9 所示。

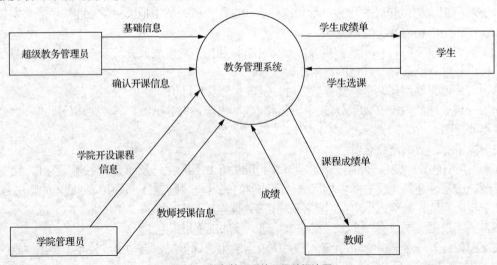

图 5.9　教务管理系统顶层数据流图

图 5.9 是第 0 层，主要描述系统的外部接口，即负责选课的超级教务管理员把各院系的基础信息（包括院系信息、课程信息、学生信息、教师信息、教室信息等）录入系统。然后，教务管理系统将基础信息提供给学院管理员，学院管理员确定开设课程信息及教师授课信息，并把开设课程信息和教师授课信息存入计算机。接着，超级教务管理员编排课表，确定教师授课时间和地点后向学生开放系统选课权限，学生登录系统进行选课工作；超级教务管理员处理学生选课异常情况，生成最终版本的学生课表和教师授课表；教师授课结束后，通过系统录入学生成绩，生成课程成绩单，学生查看成绩。

1 层数据流图将系统分为 6 个模块，即基础信息管理、开课信息管理、任课信息管理、课表编排管理、学生选课管理和成绩管理，用以描述选课前的准备工作和学生选课开始后系统应完成的功能。具体来说，基础信息管理模块的主要功能是把基础信息（包括院系信息、课程信息、学生信息、教师信息、教室信息、院系信息、专业信息、班级信息等）存入计算机；开课信息管理模块的主要功能是由学院管理员确定各专业课程开设情况，并把开课信息存入计算机；任课信息管理模块的主要功能是由学院管理员确定课程的授课教师，并把授课信息存入计算机；课表编排管理模块的主要功能是由超级教务管理员根据全校的教师任课信息编排上课时间及地点，并确定教师课表；学生选课管理模块的主要功能是超级教务管理员开放学生选课权限后，学生选课，生成临时课表，系统管理员处理选课异常情况，生成最终版本的学生课表和教师授课表；成绩管理模块的主要功能是教师录入学生的课程成绩，生成成绩单，查看并打印成绩单。教务管理系统 1 层数据流图如图 5.10 所示。

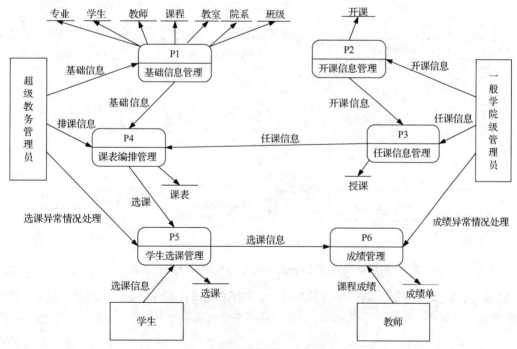

图 5.10　教务管理系统 1 层数据流图

2 层数据流图将基础信息管理、开课信息管理、任课信息管理、课表编排管理、学生选课管理和成绩管理 6 个子系统进一步分解。P5 学生选课管理模块、P6 成绩管理模块进一步分解的数据流图分别如图 5.11 和图 5.12 所示。2 层数据流图也给出了各处理模块的输入/输出数据流和访问的文件。

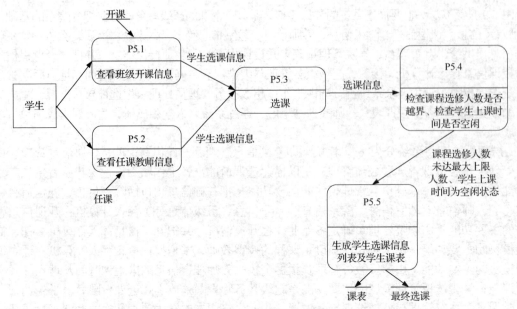

图 5.11 教务管理系统的 P5 学生选课管理模块 2 层数据流图

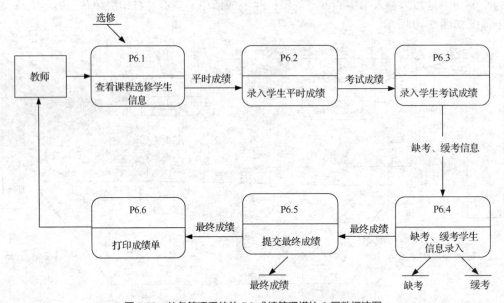

图 5.12 教务管理系统的 P6 成绩管理模块 2 层数据流图

　　数据流图确定后，还需要对图中涉及的每个数据流和处理进行详细定义和描述，这就是数据字典和处理过程的说明。这是一个很重要的步骤，是软件开发后续阶段的工作基础。

5.2.6 数据字典

　　数据字典是数据流图中涉及的各类数据的集合，即对元数据的描述，它从数据含义、数据结构组成和属性等方面对数据进行详细的描述，与数据流图互为注释。数据字典创建于需求分析阶段，在数据库系统设计过程中不断地被修正、补充和完善，是系统分析、设计人员进行数据库系统设计的参照文件和基础文档，通常包含以下 5 部分内容。

1. 数据项

数据项是组成数据的最小单位，不可再分。一个数据项由数据项名、数据项含义说明、别名、数据类型、长度、取值范围、与其他数据项的逻辑关系 7 部分组成，其中，"取值范围"和"与其他数据项的逻辑关系"两项定义了数据的完整性约束条件，它们是设计数据完整性检验功能的依据。

例如，以课程实体中"课程号"数据项为例，其各部分内容如下。

数据项名：课程号。

数据项含义说明：唯一标识每一门课程。

别名：课程代码。

数据类型：字符型。

长度：9。

取值范围：000000000～999999999。

与其他数据项的逻辑关系：为课程表的主码。

2. 数据结构

数据结构反映了数据项之间的组合关系。一个数据结构可以由若干个数据项组成，也可以由若干个数据结构组成或由若干数据项和数据结构混合组成。

一个数据结构通常由数据结构名、含义说明、数据项或数据结构组成 3 部分组成。

例如，以"课程"实体为例，其各部分内容如下。

数据结构名：课程。

含义说明：定义一门课程的有关信息，是教务管理系统中选课管理子系统的主体数据结构。

数据项组成：课程号、课程名称、课程类型、学分、学时等。

3. 数据流

数据流是数据结构在系统内传输的路径。一个数据流可由数据流名、说明、数据流来源、数据流去向、数据结构组成、平均流量、高峰期流量 7 部分组成。

其中，"流出过程"说明该数据流来自哪个过程；"流入过程"说明该数据流将到哪个过程中去；"平均流量"是指在单位时间（每天、每周、每月等）里传输的次数；"高峰期流量"是指在高峰时期的数据流量。

例如，以"学生选课信息"为例，其各部分内容如下。

数据流名：学生选课信息。

说明：学生某学期所选课程信息。

数据流来源："选课管理"。

数据流去向："选课"存储。

数据结构组成：学号、课程号。

平均流量：每天 2000 条。

高峰期流量：每天 20000 条。

4. 数据存储

数据存储是数据及其结构停留或保存的地方，也是数据流的来源和去向之一。数据存储可以是手工文档、手工凭单或计算机文档。

一个数据存储通常由数据存储名、说明、编号、输入的数据流、输出的数据流、数据结构组成、数据量、存取频度和存取方式 9 部分组成。其中，"数据量"说明每次存取多少数据；"存取频度"指每小时或每天或每周存取几次、每次存取多少数据等信息；"存取方式"指是批处理还是联机处理，是检索还是更新，是顺序检索还是随机检索等；"输入的数据流"指出数据的来源处；"输出的数据流"指出数据的去向处。

例如，以"成绩"存储为例，其各部分内容如下。

数据存储名：成绩单。

说明：记录学生某学期所选课程成绩。

编号：无。

输入的数据流：选课信息、课程成绩。

输出的数据流：成绩单。

数据结构组成：学号、课程号、成绩。

数据量：200000 条记录。

存取频度：每天 20000 条记录。

存取方式：随机存取。

5. 处理过程

处理过程是对数据流图中处理过程的描述性说明信息，一般需要结合判定表、判定树、IPO 图等工具来描述具体处理逻辑。数据字典中只需要描述处理过程的说明性信息。

一个处理过程通常由处理过程名、说明、输入的数据流、输出的数据流、处理的简要说明 5 部分组成。其中，"简要说明"中主要说明该处理过程用来做什么，而不是怎么做及处理频度要求，如单位时间里处理多少事务、多少数据量、响应时间要求等。

例如，以"成绩管理"处理过程为例，其各部分内容如下。

处理过程名：成绩管理。

说明：教师根据学生选课信息录入课程成绩。

输入的数据流：选课信息、课程成绩。

输出的数据流：成绩单。

处理的简要说明：教师根据学生选课信息把某门课程的成绩录入教务管理系统，成绩的取值范围为 0~100；若学生选课信息中出现无课程成绩的情况，录入无课程成绩的原因（缓考、缺考、作弊等）。

总之，需求分析阶段生成的成果主要包括数据和处理两个方面的文档，数据方面主要包括数据字典，处理方面主要包括数据流图和判定表、数据字典中处理过程的描述等。关于这些内容的详细介绍可以参考软件工程课程内容。

5.3　概念结构设计

概念结构设计是将需求分析阶段得到的需求规格说明书中所描述的系统需求，抽象为信息世界中概念结构（即概念模型）的过程。概念模型用 E-R 图进行描述。在数据库系统设计中，设计人员应该十分重视概念结构设计，它是整个数据库系统设计的关键。这是因为只有将系统需求抽象为概念结构，才能进行逻辑结构设计，从而把概念模型转化为计算机世界中的数据模型，并用数据库管理系统实现这些需求。

5.3.1　概念结构设计的特点

概念模型独立于数据库的逻辑结构和具体的数据库管理系统，有如下 4 个典型特点。

（1）概念模型是现实世界真实模型的一个抽象表示，应客观真实、完整细致地表示现实世界，以满足用户对数据的处理要求。

（2）概念模型应易于理解。这是因为概念模型只有被用户理解后，才能使用户深度参与数据库的设计，与设计者及时交换意见。

（3）概念模型应易于修改和扩充。这是因为随着计算机技术的发展及现实世界应用环境的改变，用户对系统的应用要求也会发生变化，概念模型也要随之而改变，易于修改的概念模型有利于数据库系统的修改和扩充。

（4）概念模型应易于向数据模型转换。这是因为概念模型最终要转换为数据模型，所以在设计概念模型时应当注意，使其向有利于特定的数据模型转换的方向努力。

5.3.2　概念结构设计使用的方法

概念结构设计通常有自顶向下、自底向上、由里向外逐步扩张和混合策略 4 种设计方法。

自顶向下：首先定义总体概念结构框架，然后逐步细化，直至形成完整的总体概念结构模型。

自底向上：首先定义各局部应用的概念结构，然后将它们集成起来，得到全局概念结构模型。

有里向外逐步扩张：首先定义核心业务的概念结构，然后逐步向外扩展，生成其他业务的概念结构，直至完成总体概念结构设计。

混合策略：它采用自顶向下与自底向上相结合的方法，首先用自顶向下策略设计一个总体概念结构框架，然后以它为骨架，通过自底向上策略设计各个局部应用的概念结构。

在 4 种方法中，最常用的是自底向上。需求分析与自底向上的概念结构设计方法如图 5.13 所示。

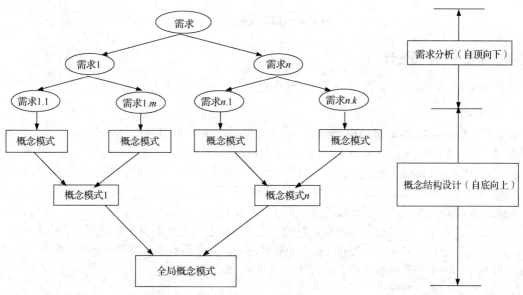

图 5.13　需求分析与自底向上的概念结构设计方法

5.3.3　概念结构设计的步骤

采用自底向上的设计方法获得概念结构的步骤如下。

（1）根据需求分析阶段得到的数据流图和数据字典，进行数据抽象并设计局部视图（E-R 图）。

（2）集成局部视图，得到全局概念结构。

（3）对全局概念结构进行优化，直到用户满意为止。

概念结构设计的步骤如图 5.14 所示。

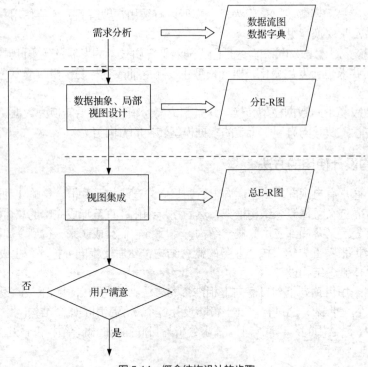

图 5.14　概念结构设计的步骤

5.3.4　局部 E-R 图设计

本小节主要介绍局部 E-R 图的设计方法和步骤。

1. E-R 图

E-R 图（Entity-Relationship Diagram）又称实体联系图或实体关联图，它由实体、实体间的联系和属性 3 个基本成分组成，用于描述系统的数据及数据间的联系。

其中，实体是数据项（也就是属性）的集合，通常用矩形框表示，框内标注实体名称。

属性是定义实体的性质，通常用椭圆或圆角矩形框表示，框内标注属性名称。

说明：实体和属性间通常用直线连接。实体之间有联系。

联系是指实体之间相互连接的方式，它确定了实体间逻辑上和数量上的联系，也称为关系、关联。通常用菱形框表示联系，并用直线连接有联系的实体。联系有 3 种类型：一对一联系（$1:1$）、一对多联系（$1:n$）和多对多联系（$m:n$）。

说明：联系也可以有属性。

E-R 图的 3 种基本组成及其表示方法如图 5.15 所示。

（a）实体　　　　　　　　（b）属性　　　　　　　（c）联系

图 5.15　E-R 图的 3 种基本组成及其表示方法

2. 数据抽象

依据系统需求，设计人员一般采用数据抽象技术定义实体、联系及它们的属性，用 E-R 图表示抽象概念。

所谓抽象就是总结现实世界中具有共同特性实体的特征，忽略非本质的细节，并把这些共同特性用各种概念精确地加以描述，形成某种模型。

数据抽象有 3 种基本方法：分类、聚集和概括。数据库系统设计人员利用数据抽象方法对现实世界中的数据对象进行抽象，在此基础上，得出概念模型的实体集及其属性。

（1）分类

分类（Classification）抽象了具体数据对象和类之间的"成员"语义，它针对现实世界中具有某些共同特性和行为的一组对象，定义类型概念模型，用共同特性作为该类的属性，行为作为该类与其他类发生的联系。在 E-R 图中，实体集就是这种抽象。

【例5.1】用分类方法设计教务管理系统中的教师实体。

在学校环境中，韩元飞是学校教师中的一员，因此具有所有教师共有的特性和行为，例如在某个部门工作，参与某个课程的讲授或网络课程建设等。与韩元飞属同一对象的还有刘新朝等其他教师。抽象所有教师的共同特性，把具有该特性的对象分为一类——教师类；教务管理系统涉及的对象可以分为四类：教师类、学生类、课程类和系统管理员类。分类实例如图 5.16 所示。

```
                                    ┌──────────┐
                                    │   教师    │         实体型
                                    └──────────┘
                                   ╱    │    ╲
                              韩元飞  ……  刘新朝    "成员"
```

图 5.16 分类实例

（2）聚集

聚集（Aggregation）抽象了对象所属类型和对象内部"组成成分"的语义，用于定义某一类型的组成成分（即属性），若干属性的聚集组成了实体型。

【例5.2】用聚集方法设计教师实体的详细属性。

作为教师，韩元飞具有教工号 T01、姓名韩元飞、性别男、入职日期 1995-07-07、职称教授、系别 08 等属性；田有才具有教工号 T08、姓名田有才、性别男、入职日期 1999-08-10、职称副教授、系别 06 等属性。把实体集"教师"的"教工号""姓名"等属性聚集为实体型"教师"，如图 5.17 所示。

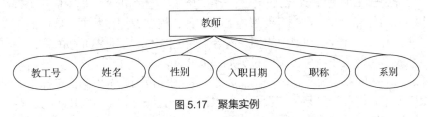

图 5.17 聚集实例

事实上，现实世界的事物是非常复杂的，某些类型的组成部分可能是一种更复杂的聚集。

【例5.3】用聚集方法设计部门实体的详细属性。

作为部门，销售部具有部门号 01、部门名称销售部、领导张文杰等属性；企划部具有部门号 09、部门名称企划部、领导赵芳等属性。把实体集"部门"的部门号、部门名称等属性聚集为实体型"部门"，如图 5.18 所示。其中领导这个属性，又具有姓名、年龄、性别、工资等属性，所以，在部门这个实体中，领导这个属性是另外一些属性的聚集。

（3）概括

概括（Generalization）抽象了类型之间的"所属"的语义，它定义了类型之间的父子联系。在 E-R 图中用双竖边的矩形框表示子类，用直线加小圆圈表示父类—子类的联系。

【例5.4】用概括方法设计"教师"实体与"教辅人员""实验员"和"行政管理人员"等实体间的联系。

教师是一个实体集，教辅人员、实验员、行政管理人员也是实体集，但教辅人员、实验员、行政管理人员均是教师的子集。把教师类称为父类（Super Class），教辅人员、实验员、行政管理人员称为教师类的子类（Subclass），如图 5.19 所示。

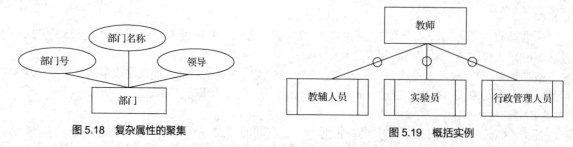

图 5.18 复杂属性的聚集 图 5.19 概括实例

概括具有一个重要性质——继承。继承是指子类继承父类中定义的所有属性。例如教辅人员、实验员、行政管理人员都可以有自己的特殊属性，但都继承了他们的父类属性，即教辅人员、实验员、行政管理人员都具有教师类的"教工号""姓名""性别""入职日期""职称""系别"等属性。

E-R 图的表示方法不唯一，在面向对象方法学中，用类图表示 E-R 图表达的语义，详细内容参见 UML 统一建模语言课程，在此不再一一赘述。

3. 局部 E–R 图的设计步骤

局部 E-R 图设计是利用数据抽象方法，对需求分析阶段收集到的数据，进行分类、聚集，形成实体集、属性和码；然后使用概括方法，确定实体集之间的联系类型（一对一、一对多或多对多的联系），进而得到局部 E-R 图。

设计局部 E-R 图的具体步骤如下。

（1）选择适当层次的数据流图，确定设计局部 E-R 图的范围。设计人员根据系统业务流程的具体情况，在多层数据流图中选择一个适当层次的数据流图，作为设计分 E-R 图的出发点。一般来说，一个局部应用子处理系统对应一个局部 E-R 图。

（2）逐步设计局部 E-R 图。设计人员梳理选择的数据流图中涉及的局部应用处理流程，使用抽象方法将其中涉及的外部实体、数据存储形成若干实体；根据数据在数据字典中的定义，确定相关的实体名、属性；最后结合数据字典中的相关内容，确定实体、实体之间的联系。

【例 5.5】根据教务管理系统数据流图设计局部 E-R 图。

（1）选择适当层次的数据流图，确定设计局部 E-R 图的范围。本例中，选择第 2 层数据流图，以学生选课模块为核心进行局部 E-R 图设计，并根据数据字典确定局部 E-R 图的边界。

（2）识别实体、属性，确定实体间的联系。

以学生选课管理模块中的学生-课程-教师局部 E-R 图为例，该局部 E-R 图涉及的实体有：学生、课程和教师。

各实体包含的属性：学生实体有学号、姓名、性别、年龄和系编号 5 个属性；课程实体有课程号、课程名称、课程类别、学时和学分 5 个属性；教师实体有教工号、姓名、性别、入职日期、职称和系别号 6 个属性。

实体间的联系：学生与课程实体间的选修联系（$n:m$）；教师与课程实体间的讲授联系（$m:n$）。

学生选课管理模块局部 E-R 图如图 5.20～图 5.23 所示。

说明：现实世界中的某些对象，有时可以作为实体，有时也可以作为属性。例如前面在讲聚集方法时，例 5.3 中部门实体的领导属性。因此实体和属性的划分是相对而言的，设计人员需要根据实际情况进行调整，通常情况要遵从以下设计原则。

（1）实体要尽可能少。现实世界中的实体如果能够作为属性对待，应尽量作为属性。这样做的目的是使设计人员画出来的 E-R 图尽可能简单，便于后期处置。

（2）只考虑系统范围内的属性。因为描述一个实体的属性非常多，系统范围以外的属性不属于需要操作和关注的对象，不用存储。

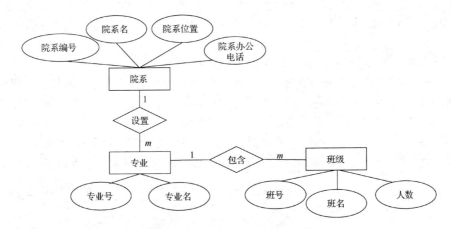

图 5.20 院系-专业-班级局部 E-R 图

图 5.21 院系-教师-职称局部 E-R 图

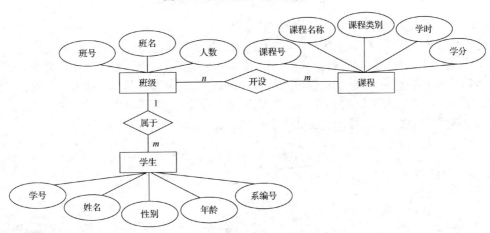

图 5.22 班级-学生-课程局部 E-R 图

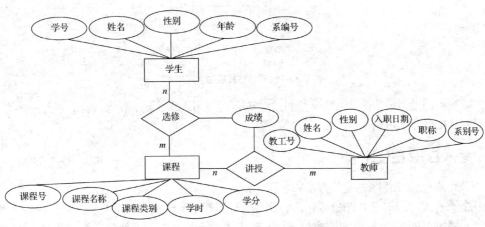

图 5.23 学生-课程-教师局部 E-R 图

（3）属性一般要满足以下两个原则：属性必须是不可再分的，它不能再包含其他的属性；属性不能和其他任何实体发生联系。

【例 5.6】将教师实体中的职称属性转换为职称实体。

在例 5.5 中，学生选课管理模块抽象出来的教师实体包含教工号、姓名、性别、入职日期、职称和系别号 6 个属性。但是在后期的分析中发现，对于职称，还需要进一步关注不同职称对应的工资及其他福利待遇等信息。因此职称又具有职称名、类别和工资等相关属性描述，如果再将它作为一个属性对待，那就违背了属性不可再分的原则，因此需要将此处的职称改为一个实体。而原有教师的职称信息，通过职称与教师之间的一对多的聘任联系体现，转换结果如图 5.24 所示。

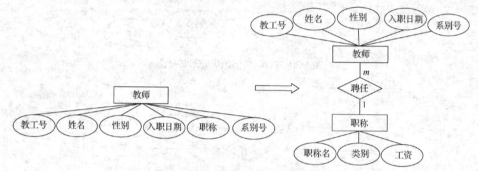

图 5.24 职称属性转换为职称实体

【例 5.7】将病人实体的病房属性转换为病房实体。

医生诊疗系统中有一个病人实体，它包含住院号、姓名和病房 3 个属性，此时的病房只有病房号这一个属性。但是进一步分析发现，病房与医生实体之间存在一个一对多的负责关系，即一个医生要负责管理多个病房，一个病房的管理医生只有一个，如果病房还是作为病人的属性，那么按照前面的规定属性不能与任何实体发生联系，就无法描述病房与医生之间的一对多联系。因此，在这里也需要将病房由属性改为实体，转换结果如图 5.25 所示。

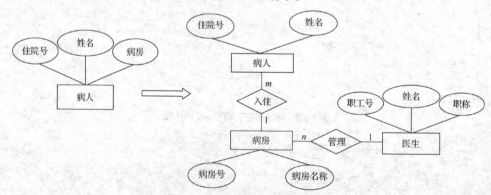

图 5.25 病房属性转换为病房实体

E-R 图绘制需要考虑实际应用需求。通过对实际的应用需求分析，就可以针对系统的各个局部应用设计其对应的局部 E-R 图。

5.3.5 总体 E-R 图设计

本小节介绍总体 E-R 图的设计方法和步骤。

将各个子系统的局部 E-R 图集成起来，就可以得到整个系统的总体 E-R 图。对于比较小的系统，可以一次性将所有的局部 E-R 图集成起来；而对于比较大的系统，为降低工作复杂度，通常采用逐步集成的方法，即一次只集成少量几个 E-R 图，逐步累加，直至得到总体 E-R 图。

无论采用哪种方法，在每次集成局部 E-R 图时，都要分两步进行。

（1）合并分 E-R 图，解决冲突问题，生成初步 E-R 图。

（2）重构初步 E-R 图，消除冗余，得到总体 E-R 图。

1. 合并分 E–R 图时的冲突及其解决方法

由于各局部 E-R 图对应不同的业务流程，在系统业务流程复杂且开发任务繁重的情况下，不同的设计人员进行不同的业务流程设计，各局部 E-R 图存在许多不一致的地方，称为冲突。在集成合并 E-R 图时，需要解决各个局部 E-R 图之间的冲突。

冲突主要有属性冲突、命名冲突和结构冲突 3 种类型。

（1）属性冲突

属性冲突主要包括属性域冲突和属性取值单位冲突两种类型。属性域冲突又分为同一属性的类型、取值范围和取值集合 3 种情况。

例如学生的学号，有的部门定义为整型，而有的部门定义为字符串类型，这就是类型冲突。在有些情况下，学号类型都被定义为整型，但有的部门定义的取值范围为 0000～9999，而有的部门把取值范围定义为 00000～99999，这是取值范围冲突。教室类别有的部门定义其取值集合为{多媒体教室,机房,一般教室}，而有的部门定义其取值集合为{智慧教室,多媒体教室,机房,画室,一般教室}，这属于取值集合冲突。再如，人的体重表示单位有的用千克，有的用斤，这属于属性取值单位冲突。

（2）命名冲突

命名冲突主要包括同名异义冲突和异名同义冲突两种类型。同名异义冲突指一些实体或属性在不同的 E-R 图中具有相同的名字，但它们的意义不同，代表不同的对象；异名同义冲突指一些相同的实体或属性，在不同的 E-R 图中使用了不同的名称。

例如，科研项目在财务部门被称为项目，在科研部门被称为课题，虽然这两个部门对其命名的名字不一样，但其实它们都是指的科研项目这一个实体。

两种命名冲突现象都可以通过相关部门的协商讨论加以解决。

（3）结构冲突

结构冲突可以分为以下几种情况。

① 同一对象在不同的 E-R 图中具有不同的抽象，有的图中将其作为属性，有的图中将其作为实体。合并时需要将其统一为实体或属性。而到底是统一为实体还是属性，要根据具体情况和前面讲解的确定实体或属性的原则进行具体分析。

② 同一实体在不同的 E-R 图中其属性的个数和排列顺序不完全一样，这种情况较常发生。这是因为在不同的应用中，不同的设计人员关注的实体内容不一样，其属性的内容就会不一样；而属性的排列顺序更会由于设计人员的习惯不同而千差万别。它们的解决方法也很简单，只需要把该实体的属性取值为各个不同局部 E-R 图中该实体属性的并集，然后再适当调整顺序即可。

③ 两个实体在不同的局部 E-R 图中具有不同的联系类型。如在一个 E-R 图中是一对多的联系，在另一个 E-R 图中却是多对多的联系。这种情况需要根据应用的实际语义进行综合调整。

将例 5.5 中教务管理系统的各局部 E-R 图合并生成全局 E-R 图。

教务管理系统全局 E-R 图的设计步骤如下。

（1）将院系-专业-班级局部 E-R 图与院系-教师-职称局部 E-R 图合并。找到各个局部 E-R 图的公共实体，然后以它们作为连接点进行合并。在院系-专业-班级局部 E-R 图和院系-教师-职称局部 E-R 图中，都有一个"院系"实体，以它为连接点，将这两个局部 E-R 图进行合并。合并形成的局部 E-R 图称为院系-专业-班级-教师-职称局部 E-R 图，如图 5.26 所示。

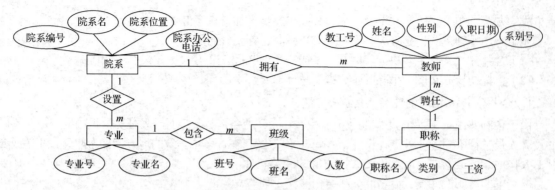

图 5.26　院系-专业-班级-教师-职称局部 E-R 图

（2）将班级-学生-课程局部 E-R 图和合并后的院系-专业-班级-教师-职称局部 E-R 图合并。找到各个局部 E-R 图的公共实体，然后以它们作为连接点进行合并。在班级-学生-课程局部 E-R 图和院系-专业-班级-教师-职称局部 E-R 图中都有一个"班级"实体，以它为连接点，将这两个局部 E-R 图进行合并。合并后形成的局部 E-R 图被称为院系-专业-班级-教师-职称-学生-课程局部 E-R 图，如图 5.27 所示。

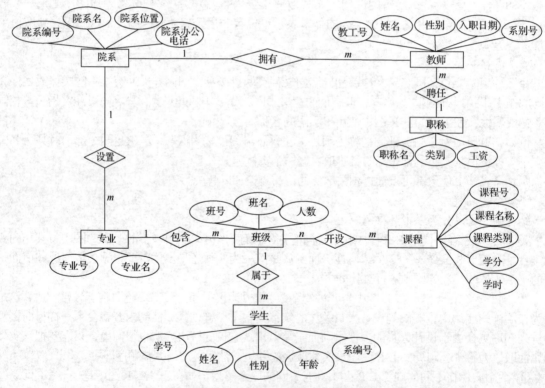

图 5.27　院系-专业-班级-教师-职称-学生-课程局部 E-R 图

（3）将学生-课程-教师局部 E-R 图和合并后的院系-专业-班级-教师-职称-学生-课程局部 E-R 图合并。找到各个局部 E-R 图的公共实体，然后以它们为连接点进行合并。在学生-课程-教师局部 E-R 图和院系-专业-班级-教师-职称-学生-课程局部 E-R 图中都有"学生""课程""教师"实体，以它们为连接点，将这两个局部 E-R 图进行合并。合并后形成教务管理系统全局 E-R 图，如图 5.28 所示。

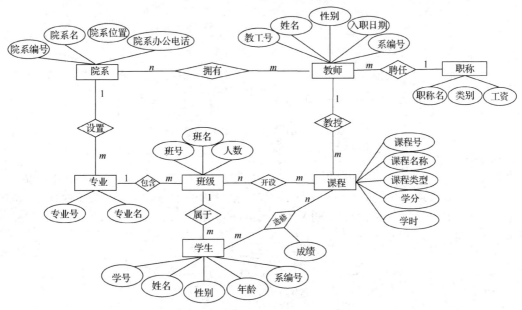

图 5.28　教务管理系统的全局 E-R 图

【例 5.8】将在线点餐系统的各局部 E-R 图合并生成全局 E-R 图。

在线点餐系统的各局部 E-R 图包括区域-餐厅-菜品、顾客-菜品和送餐员-派送单 3 个局部 E-R 图，分别如图 5.29～图 5.31 所示。

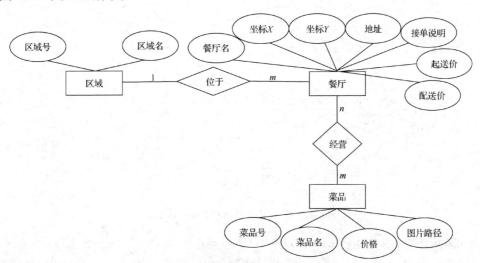

图 5.29　区域-餐厅-菜品局部 E-R 图

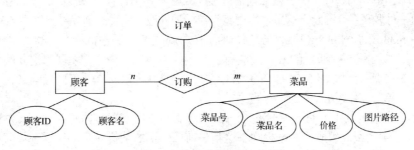

图 5.30　顾客-菜品局部 E-R 图

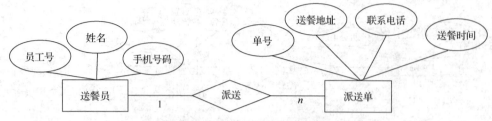

图 5.31 送餐员-派送单局部 E-R 图

在线点餐系统全局 E-R 图的设计步骤如下。

（1）将区域-餐厅-菜品局部 E-R 图与顾客-菜品局部 E-R 图合并。找到各个局部 E-R 图的公共实体，然后以它为连接点进行合并。在区域-餐厅-菜品局部 E-R 图和顾客-菜品局部 E-R 图中，都有一个"菜品"实体，以它为连接点，将这两个 E-R 局部图进行合并，合并后形成区域-餐厅-菜品-顾客局部 E-R 图，如图 5.32 所示。

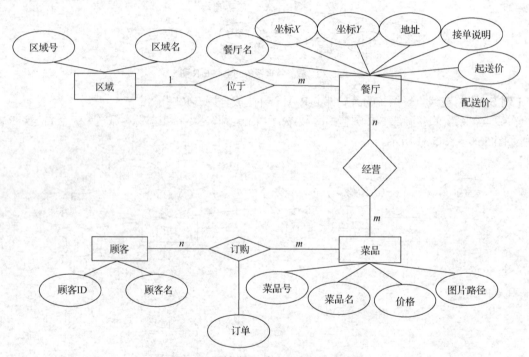

图 5.32 区域-餐厅-菜品-顾客局部 E-R 图

在图 5.30 所示的 E-R 图中，"订单"对象作为属性而存在，但是进一步分析发现，"订单"与"顾客"实体之间存在一个一对多的订购关系，即一个顾客可以预订多个订单，一个订单的预订顾客只有一个。如果订单还是作为属性，那么按照前面的规定属性不能与任何实体发生联系，就无法描述订单与顾客之间的一对多联系，因此，这里也需要将订单由属性改为实体，转换结果如图 5.33 所示。

（2）将图 5.33 所示的 E-R 图继续与送餐员-派送单局部 E-R 图进行合并。观察送餐员-派送单局部 E-R 图发现，其与图 5.33 所示的 E-R 图没有公共实体；但进一步分析发现，这儿的"派送单"实体，其实与图 5.33 所示的局部 E-R 图中的"订单"实体是同一对象，二者异名同义，于是可以将其统一命名为"订单"，并以该实体为连接点进行合并。

此时 3 个不同的局部 E-R 图已经完全合并到一起，但是在书写实体属性时，又发现订单实体在不同局部 E-R 图中的属性组成不完全相同，这就是前面所说的结构冲突，只要统一取其属性并集即可。解决完上述问题，就得到如图 5.34 所示的在线点餐系统初步总体 E-R 图。

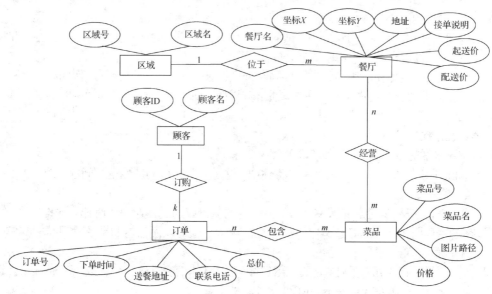

图 5.33　区域-餐厅-菜品-顾客-订单局部 E-R 图

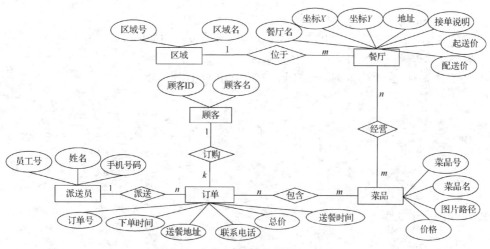

图 5.34　在线点餐系统初步总体 E-R 图

2. 总体 E-R 图的优化

在获得总体 E-R 图后，还需要对总体 E-R 图进行优化。

（1）优化总体 E-R 图的目的

一个设计合理的 E-R 模型，除了能正确反映用户需求之外，还应该满足以下条件：实体个数要尽可能少；实体所包含的属性也要尽可能少；实体之间没有冗余联系。简单来说，就是要尽量避免冗余信息，进行优化的目的就是要使 E-R 图满足以上条件。因此，优化的主要工作也就是消除不必要的冗余，修改与重构全局 E-R 图。

（2）冗余及消除冗余的方法

所谓冗余，是指冗余数据或实体间的冗余联系。冗余数据是指可由基本数据导出的数据；冗余联系是指可由其他联系导出的联系。

冗余数据和冗余联系容易破坏数据库的完整性，给数据库的维护增加困难，应当予以消除。消除冗余后形成的 E-R 图称为基本 E-R 图。

通常消除冗余的方法有 3 种：合并相关实体、消除冗余属性和消除冗余联系。

169

① 合并相关实体

合并实体时一般选择具有相同主码，或者是具有一对一联系的两个实体合并。但并不是所有的类似情况都一定要进行合并，而是要根据具体情况衡量。

通常，如果两个实体在应用中经常需要同时处理，就可以考虑加以合并。例如病人和病历，它们之间是一对一的联系，而在实际应用中，通常查看病人时也必然要查看其对应的病历，因此可以将这两个实体加以合并，从而减少连接查询开销，提高操作效率。

② 消除冗余属性

通常冗余属性的出现有以下两种情况。

● 相同的非主属性出现在了几个不同实体中，这是经常发生的属性重复问题，设计人员应该将其消除，只保留一处即可。

● 一个属性虽然和其他属性没有重复，但是它的值可以通过其他属性值计算或推导得出。例如学生实体有出生日期属性，同时还有年龄属性，而年龄完全可以用当前的系统时间减去其出生日期计算得出，因此两个属性只需要保留一个即可。

说明：并不是所有的冗余属性都一定要消除，需要具体情况具体分析，因为有时冗余属性的保留，可以用存储空间和维护代价来换取时间上的操作效率。

③ 消除冗余联系

通常冗余联系的出现有以下两种情况。

不同的联系出现在了两个有关联的实体中，这是经常发生的冗余联系问题，设计人员应该消除其中一个联系，只保留一处即可。

【例 5.9】消除图 5.35 所示的职工-部门 E-R 图中存在的冗余联系。

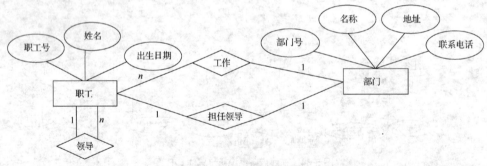

图 5.35　职工-部门 E-R 图

在职工-部门 E-R 图中，部门和职工之间有一对多的工作联系。同时，部门实体和担任领导的职工实体之间还有一个一对一的领导联系。普通职工与领导职工之间又有一个一对多的领导联系。经过分析可以发现，职工之间的领导联系与职工与部门之间的担任领导联系，其实表达的含义是相同的，属于冗余联系，应该将其中的一个删除。消除冗余联系后的 E-R 图如图 5.36 所示。

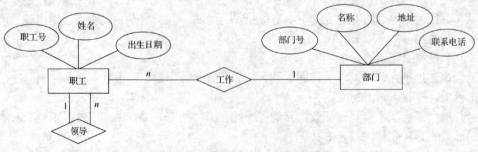

图 5.36　优化后的职工-部门 E-R 图

在 3 个及 3 个以上有关联实体的 E-R 图中，2 个实体间的联系可以通过其他属性值计算推导得出冗余属性，此时的联系就是冗余联系。设计人员在消除冗余属性时，把冗余联系一并删除即可。

【例 5.10】消除仓库-材料-零件-产品 E-R 图中存在的冗余联系。

仓库-材料-零件-产品 E-R 图如图 5.37 所示。仓库存放了 Q_5 数量的材料；在生产零件时，消耗了 Q_2 数量的材料，隐含的语义是生产每个零件需要消耗 Q_2 数量的材料；在生产产品时，使用了 Q_3 数量的材料；产品由 Q_1 个零件构成；仓库中材料的总库存量为 Q_4。从中可以看出，$Q_3=Q_1×Q_2$ 并且 $Q_4=\Sigma Q_5$，则 Q_3 和 Q_4 是冗余数据，Q_3 和 Q_4 就可以被消去。消除 Q_3，产品与材料间 $m:n$ 的冗余联系也应当被消去。但是，若物资部门经常要查询各种材料的库存总量，就应当保留 Q_4，并把"$Q_4=\Sigma Q_5$"定义为 Q_4 的完整性约束条件。每当 Q_5 被更新，就会触发完整性检查的例程，以便对 Q_4 作相应的修改。

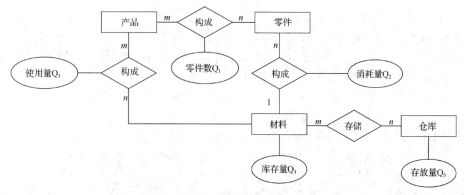

图 5.37　仓库-材料-零件-产品 E-R 图

Q_3 和 Q_4 为冗余数据，将它们消除后，即得到优化以后的总体 E-R 图。

另外，数据规范化理论中的函数依赖提供了消除冗余属性的形式化方法，有关内容请参考关系数据库理论章节内容，在此不再一一赘述。

5.4　逻辑结构设计

在获得系统的基本 E-R 图后，设计人员即可进行数据库逻辑结构设计。逻辑结构设计的任务就是把独立于任何一种数据库管理系统的抽象概念模型，转换为用户选定的某种数据库管理系统（常用的有 Oracle、DB2、SQL Server、MySQL、Sybase、Access 等）所支持的数据模型。本节主要介绍概念模型向关系模型转换的步骤、方法及用户子模式设计。

5.4.1　概念模型转换为逻辑模型的步骤

通常，把概念模型转换为逻辑模型的过程分以下 3 步进行。

（1）选择最佳的数据模型，把概念模型转换成一般的数据模型，并将一般的数据模型转换成特定的数据库管理系统所支持的数据模型。可供选择的数据模型有层次模型、网状模型、关系模型和面向对象模型 4 类，目前使用较多的数据模型为关系模型。

（2）通过优化方法将其转化为优化的数据模型。

（3）设计用户子模式。

5.4.2　概念模型向关系模型转换的原则

本节以关系模型为例介绍概念模型向关系模型转换的原则。

将 E-R 图转换成关系模型要解决两个问题：一是如何将实体集和实体间的联系转换为关系模式；二是如何确定这些关系模式的属性和码。

关系模型的逻辑结构是一组关系模式，而 E-R 图由实体集、属性及联系 3 个要素组成，将 E-R 图转换为关系模型实际上就是要将实体集、属性及联系转换为相应的关系模式。

1. 实体集、属性转换为关系模型的转换规则

概念模型中的一个实体集转换为关系模型中的一个关系，实体的属性就是关系的属性，实体的码就是关系的码，关系的结构是关系模式。

2. 实体集间的联系转换为关系模式的转换规则

由于两个实体间有 $1:1$，$1:n$，$m:n$ 这 3 种联系，在向关系模型转换时，需要分以下 3 种情况考虑。

（1）$1:1$ 联系转换为关系模式的转换规则

$1:1$ 联系转换为关系模式有以下两种转换方法。

① 将联系与任意一端实体所对应的关系合并。在被合并关系中增加属性，新增的属性为与联系相关的另一端实体对应关系的码，被合并关系中的码不变。

② 将联系转换为一个独立的关系。将与该联系相连的各实体的码及联系本身的属性均转换为关系的属性，且关系的码为两端实体码的联合。

【例 5.11】将图 5.38 所示的 $1:1$ 联系转换为关系模式。

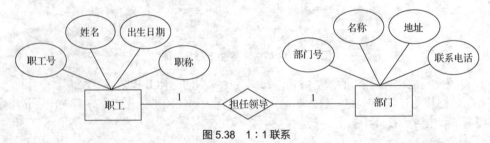

图 5.38 $1:1$ 联系

图 5.38 所示的 E-R 图中含有职工和部门两个实体集，职工实体与部门实体之间存在 $1:1$ 的担任领导联系，在将此 E-R 图转换为关系模型时，有 3 种方案可供选择（关系模式中标有下画线的属性为码）。

方案 1：将每个实体集转换为关系模型中的一个关系，$1:1$ 的联系形成一个担任领导关系独立存在。也就是说，职工实体转换为职工关系，它有 4 个属性，分别是职工号、姓名、出生日期和职称。其中，职工号是码。部门实体转换为部门关系，它有 4 个属性，分别是部门号、名称、地址和联系电话。其中，部门号是码。担任领导联系转换为担任领导关系，它有两个属性，分别是职工号和部门号，其中，职工号和部门号共同作为担任领导关系的码。该方案形成的关系模型如下。

职工(职工号,姓名,出生日期,职称)

部门(部门号,名称,地址,联系电话)

担任领导(职工号,部门号)

方案 2："担任领导"与"职工"关系合并。

这样，部门关系不变，职工关系新增一个属性——部门号。职工关系的码仍为职工号。该方案形成的关系模型如下。

职工(职工号,姓名,出生日期,职称,部门号)

部门(部门号,名称,地址,联系电话)

方案 3："担任领导"与"部门"关系合并。

这样，职工关系不变，部门关系新增一个属性——职工号。部门关系的码仍为部门号。该方案形成的关系模型如下。

　　职工(职工号,姓名,出生日期,职称)

　　部门(部门号,名称,地址,联系电话,职工号)

　　对比以上 3 种方案:方案 1 转换得到的关系多,增加了系统的复杂性;方案 2 中的职工关系,由于并不是每个职工都担任一个部门的领导,会造成部门号属性的空值过多。比较起来,方案 3 比较合理。

　　(2)1:n 联系转换为关系模式的转换规则

　　1:n 联系转换为关系模型有以下两种转换方法。

　　① 将联系转换为一个独立的关系。新关系的属性由与该联系相连的各实体的码及联系本身的属性组成,该关系的码为 n 端实体的码。

　　② 将联系与 n 端实体所对应的关系合并。在 n 端实体对应的关系中增加新属性,新属性由联系对应的 1 端实体的码和联系自身的属性构成,新增属性后 n 端实体对应关系的码不变。

　　【例 5.12】将图 5.39 所示的 1:n 联系转换为关系模式。

　　图 5.39 所示的 E-R 图中有专业和班级两个实体集。专业实体和班级实体之间存在 1:n 的包含联系,包含联系拥有一个年级属性。设计人员将该 E-R 图转换为关系模型时,有两种转换方案供选择。

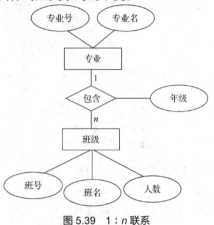

图 5.39　1:n 联系

　　方案 1:将每个实体转换为关系模型中的一个关系,1:n 联系形成新的关系独立存在。也就是说,专业实体转换为专业关系,它有 2 个属性,分别是专业号和专业名,其中,专业号是码。班级实体转换为班级关系,它有 3 个属性,分别是班号、班名和人数,其中,班号是码。包含联系转换为属于关系,它有 3 个属性,分别是专业号、班号和年级,其中,专业号和班号共同作为属于关系的码。该方案形成的关系模型如下。

　　专业(专业号,专业名)

　　班级(班号,班名,人数)

　　包含(班号,专业号,年级)

　　方案 2:与 n 端实体合并。这样,专业关系不变;班级关系新增专业号和年级 2 个属性,班级关系的码仍为班号。该方案形成的关系模型如下。

　　专业(专业号,专业名)

　　班级(班号,班名,人数,专业号,年级)

　　对比以上两个方案:方案 1 转换得到的关系较多,适用于属于关系频繁改变的应用场景;方案 2 的关系少,适用于属于关系变化概率较小的应用场景。

　　【例 5.13】将图 5.40 所示的 1:n 联系转换为关系模式。

　　图 5.40 所示的 E-R 图有一个职工实体集,在职工实体集上,存在一个 1:n 的领导联系,在将此 E-R 图转换为关系模型时,转换的方案有以下两种。

　　方案 1:将实体转换为关系模型中的一个关系,1:n 联系形成新的关系独立存在,即转换为两个关系模式。这样,职工关系拥有职工号、姓名和年龄 3 个属性,其中,职工号是码。领导关系有领导工号和职工号 2 个属性,其中,领导工号和职工号共同作为领导关系的码。该方案形成的关系模型如下。

　　职工(职工号,姓名,年龄)

　　领导(职工号,领导工号)

　　方案 2:将联系与 n 端实体合并,转换为一个关系模式。

此时，职工关系新增领导工号属性，它的码仍是职工号。该方案形成的关系模型如下。

职工(<u>职工号</u>,姓名,年龄,领导工号)

其中，因为同一关系中包含的属性名不能相同，所以，设计人员将领导的职工号改为领导工号。对比以上两种方案，方案 2 在充分表达原有数据联系的基础上，转化得到的关系模式较少，因此方案 2 更好。

（3）$m:n$ 联系转换为关系模式的转换规则

$m:n$ 联系转换为关系模型只有一种转换方法，即将一个 $m:n$ 联系转换为一个关系，与该联系相连的各实体的码及联系本身的属性均转换为新关系的属性，新关系的码为两个相连实体码的组合（该码为多属性构成的组合码）。

【例 5.14】将图 5.41 所示的 $m:n$ 联系转换为关系模式。

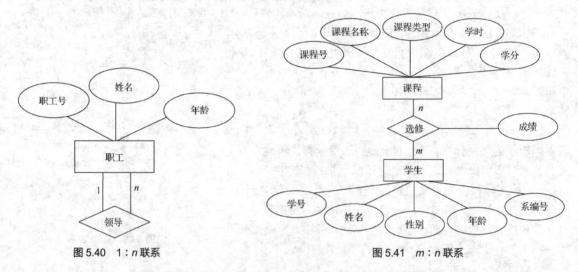

图 5.40   1 : n 联系   图 5.41   m : n 联系

图 5.41 所示的 E-R 图中含有学生和课程两个实体集。学生实体和课程实体间存在 $m:n$ 的选修联系，选修联系拥有一个成绩属性。在将该 E-R 图转换为关系模型时，将每个实体集转换为关系模型中的一个关系，$m:n$ 的选修联系形成一个独立的关系，即转换为 3 个关系模式。

形成的关系模型如下。

学生(<u>学号</u>,姓名,性别,年龄,系编号)

课程(<u>课程号</u>,课程名称,课程类型,学时,学分)

选修(<u>学号</u>,<u>课程号</u>,成绩)

（4）3 个或 3 个以上实体集间的多元联系的转换方法

3 个或 3 个以上的实体集间存在的多元联系分以下两种情况。

① 1 : n 联系：在转换为关系模型时，将与联系相关的一端实体的码和联系自身的属性作为新属性加入到 n 端实体集中。

② $n:m$ 联系：与两个实体之间的多对多联系是一样的，即将联系转换为一个独立的关系模式，新关系模式的属性为该联系相连的各实体的码，以及联系本身的属性。新关系的码为各相连实体码的组合（该码为多属性构成的组合码）。

【例 5.15】将图 5.42 所示的 3 个实体集间的多元联系转换为关系模式。

图 5.42 所示的 E-R 图中含有供应商、零件和产品 3 个实体集。供应商实体与零件实体存在多对多的供应联系，供应商实体与产品实体间也同样存在一个多对多的供应联系。供应联系拥有一个数量属性。转换时，3 个实体对应 3 个关系，对于 2 个多对多的多元联系，需要新建一个独立的关系，即转换为 4 个关系模式。

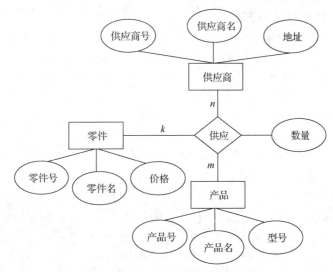

图 5.42　多个实体集间的多元联系

形成的关系模型如下。

供应商(<u>供应商号</u>,供应商名,地址)

零件(<u>零件号</u>,零件名,价格)

产品(<u>产品号</u>,产品名,型号)

供应(<u>供应商号</u>,<u>零件号</u>,<u>产品号</u>,数量)

5.4.3　逻辑模型优化及外模式设计

逻辑结构设计的结果并不是唯一的。为了进一步提高数据库应用系统的性能,还应该根据软件系统应用的需要对逻辑模型进行适当的修改和调整。这就是数据模型的优化。

1. 数据模型的优化

关系模型的优化,通常以关系规范化理论为指导,在提高模型范式级别的同时,兼顾系统性能,以提高查询效率,节省存储空间,方便数据库管理。

常用的优化方法包括规范化和分解两种。

(1)规范化。它使用关系规范化理论,逐一分析各关系模式中包含的属性间是否存在数据依赖,根据分析结果确定各关系模式的范式等级。

说明:在进行关系规范化时,规范化等级并不是越高越好,要结合具体的应用需求进行。

(2)分解。它使用模式分解技术(水平分解或垂直分解)将一个表分解为两个或多个表,目的是提高对表中数据进行处理(查询、分区保护)的效率,降低存储整个表所需的空间消耗,提高空间利用率。

2. 用户外模式设计

优化之后,应该根据局部应用需求,结合具体的数据库管理系统的特点,设计用户外模式。

用户外模式也称子模式,是设计人员依据用户对数据的使用要求、习惯及数据权限分配与安全性要求,对某一关系模式建立的适合具体局部应用的属性子集。

在关系数据库管理系统中,有以下两种用户外模式设计的实现方法。

(1)创建局部应用视图。

(2)使用垂直分解技术创建用户外模式。

设计用户外模式的意义有以下 3 点。

（1）定义更符合用户习惯的别名

在合并各分 E-R 图时消除命名的冲突，这在设计数据逻辑结构时是非常必要的，但统一命名会使某些用户感到别扭，设计人员可以用定义外模式的方法为某些关系模式和属性定义别名，与用户习惯保持一致，方便用户的使用。

（2）对不同级别的用户设计不同的外模式

依据模式分解理论，视图能够对关系模式的行和列进行限制，设计人员可以创建不同的外模式，限定用户的数据访问权限，保证系统的安全性。

例如，有关系模式：产品(产品号,产品名,规格,单价,生产车间,生产人,产品成本,产品合格率,质量等级)。可以在产品关系上建立以下两个视图。

为一般顾客建立视图：产品 1(产品号,产品名,规格,单价)。

为产品销售部门建立视图：产品 2(产品号,产品名,规格,单价,车间,生产负责人)。

产品 1 视图中包含了允许一般顾客查询的产品属性，产品 2 视图中包含允许销售部门查询的产品属性，生产领导部门可以利用产品关系查询产品的全部属性数据。这样既方便系统控制不同角色用户对产品数据的使用权限，也可以防止外部用户非法访问本来不允许他们查询的数据，保证了系统的安全性。

（3）简化用户操作，提高查询效率

现实世界中，人们经常要使用某些很复杂的查询获取自己想要的数据，这些查询包括多表连接、限制、分组和统计等。为了方便用户，设计人员可以将这些复杂查询定义为视图，用户每次只对定义好的视图进行查询，避免了每次查询都要对其进行重复描述，大大简化了用户的操作。

5.5 物理结构设计

数据库的物理结构（即内模式）是指实现在物理设备上的存储结构和存储方法。基于优化后的数据库逻辑结构，数据库设计人员利用具体数据库管理系统所提供的方法和技术，选取一个最适合应用要求的数据库存储结构和数据存取路径，设计合理的数据存储位置，分配适当的存储空间，设计出高效的、可实现的物理数据库结构的过程，称为物理结构设计。

5.5.1 物理结构设计的步骤

一般来说，数据库的物理结构设计分以下两步进行。

（1）确定数据的物理结构。即确定数据库的存取方法和存储结构。

（2）对物理结构进行评价。对物理结构评价的重点是时间效率和空间效率。如果评价结果能够满足用户对数据库系统的性能要求，则可以进行物理实施；否则应该返回物理结构设计阶段重新设计或修改物理结构，有时甚至要返回逻辑结构设计阶段修改数据模型。

说明：由于不同的数据库管理系统提供的硬件环境、存储结构和存取方法有所不同，数据库设计者在进行物理结构设计时选取的系统参数及其取值范围也不同，因此，物理结构设计的结果并不唯一。但数据库设计人员追求的设计目标是一致的：都希望自己设计的数据库物理结构在进行事务处理时所需要的响应时间短，数据库的存储空间利用率高且事务吞吐量大。为此，在开始进行物理结构设计时，数据库设计人员需要注意以下几个问题。

① 熟悉具体选定的数据库管理系统的特点，全面掌握选定数据库管理系统的功能、数据库管理系统提供的物理环境和工具及其限制条件。

② 详细分析将要在数据库上运行的事务，了解计算机系统的性能和数据使用频率。例如：用户事务处理涉及的数据是否频繁进行存取、查询等操作，用户对事务处理的响应时间要求；计算机系

统是单道处理系统还是多道处理系统，是数据库专用服务器还是多用途服务器等。

基于关系数据库理论的物理结构设计包含以下两方面的内容。

① 为关系模式选取合适的存取方法。

② 确定关系、索引、聚簇、日志和备份等的物理存储结构。

5.5.2 确定数据存取方法

设计人员在确定数据存取方法时，需要详细掌握以下与数据库相关的 3 种信息。

（1）查询事务信息。其中包括开展查询事务所涉及的关系、查询条件所涉及的属性、连接条件所涉及的属性（或属性组）、查询的投影属性等信息。

（2）更新事务信息。其中包括进行更新操作所涉及的关系、每个关系上的更新操作所涉及的属性、修改操作要改变的属性等信息。

（3）每个事务在各个关系上运行的频率和性能要求。

例如：某个事务必须在 3s 内完成，这将直接影响存取方法的选择。另外，随着时间的推移，事务信息会不断地发生变化，因此数据库的物理结构应能跟随应用需求的变化作适当调整，以满足事务变化的需要。

关系数据库系统一般提供多种数据存取方法，常见的有索引方法、聚簇方法和散列方法。本节主要介绍索引和聚簇方法。

1. 索引及其创建原则

索引是建立在数据库表上的一个附加表，表中存储了满足用户常用的查询操作的列值和对应的记录地址。通过在关系的某些属性或属性组上建立索引，用户在查找这些数据时，就可以通过索引快速确定相关记录的地址，从而提高基于该属性或属性组的数据查询效率。

在建立索引时，需要遵循以下 3 个原则。

（1）若某属性或属性组经常在查询条件中出现，则考虑在这个属性或属性组上建立索引。

（2）若某属性经常作为最大值和最小值等聚集函数的参数，则考虑在这个属性上建立索引。

（3）若某属性或属性组经常出现在连接操作的连接条件中，则考虑在这个属性或属性组上建立索引。

说明：索引虽然能够加快数据查询的速度，但也有它自身的局限性。索引本身要耗费存储空间资源，同时要付出系统维护代价，每当设计人员对一个关系中的数据进行更新修改时，系统也必须同时对相关的索引进行修改，以保证索引与数据的一致性。因此创建的索引数量不宜太多。

创建的索引数量需要结合具体数据库的操作考虑。一般情况下，如果查询操作多，修改操作少，可以考虑多创建索引；反之，则要少创建一些。

2. 聚簇及其创建原则

聚簇是指把经常进行的连接操作中相关的属性或属性组取值相同的元组集中存放在连续的物理块上，以提高基于这些属性或属性组值的查询速度，这些属性或属性组称为聚簇码。

例如要查询计算机系的所有学生名单，假设计算机学院有 2000 名学生，在极端情况下，这 2000 名学生对应的数据元组分布在 2000 个不同的物理块上。尽管对学生关系已按所在系建有索引，由索引很快会找到计算机学院学生的元组标识，避免了全表扫描。然而再由元组标识访问数据块时就要存取 2000 个物理块，执行 2000 次 I/O 操作。如果将同一学院的学生元组集中存放，则每读一个物理块，就可得到多个满足查询条件的元组，从而可以显著地减少访问磁盘的次数。

因此，选择聚簇存取方法需要确定建立多少个聚簇，确定每个聚簇中包含哪些关系。设计聚簇可分两步进行：先根据规则确定候选聚簇，再从候选聚簇中去除不必要的关系。

在设计候选聚簇时，需要遵循以下 4 个原则。

（1）经常在一起进行连接操作的关系，可以创建一个聚簇。

（2）若某关系的一组属性经常出现在相等、比较条件中，则该单个关系可建立聚簇。

（3）若某关系的一个（或一组）属性值的重复率很高，则该单个关系可建立聚簇。对应每个聚簇码值的平均元组不能太少，若元组数量太少，聚簇的效果不明显。

（4）若某关系的主要应用是通过聚簇码进行访问或连接，而其他属性访问关系的操作很少时，可以使用聚簇。尤其当 SQL 语句中含有与聚簇有关的 ORDER_BY、GROUP_BY、UNION、DISTINCT等子句或短语时，使用聚簇特别有利，可以省去对结果集的排序操作。反之，当关系较少利用聚簇码操作时，最好不要使用聚簇。

说明：聚簇操作适用于数据更新不频繁的关系，对于频繁更新元组值的关系，不适合创建聚簇。一个数据库可以建立多个聚簇，但一个关系只能加入一个聚簇。聚簇功能不仅适用于单个关系，而且适用于经常进行连接操作的多个关系。把多个连接关系的元组按连接属性值聚集存放，这就相当于把多个关系按"预连接"的形式存放，在很大程度上提高了连接操作的效率。

设计好候选聚簇后，设计人员采用如下方法删去其中不必要的关系。

（1）从候选聚簇中删除经常进行全表扫描的关系。

（2）从候选聚簇中删除更新操作远多于连接操作的关系。

（3）由于一个关系不能同时加入多个聚簇，当出现不同的聚簇中可能包含同一个关系的情况时，设计人员需要从多个聚簇方案（包括不建立聚簇）中选择一个较优的聚簇，选取标准是在这个聚簇上运行各种事务的总代价最小。

说明：与索引类似，聚簇虽然可以提高查询性能，但其自身的建立和维护开销也很大，尤其是当数据修改频繁时，因此不能随意创建过多的聚簇。

具体来说，需要注意以下两个问题。

（1）在已有的关系上建立聚簇，会移动关系中元组的物理存储位置，原有关系上创建的索引将不再有效，要想使用原索引就必须重建原有索引。

（2）聚簇码值应当相对稳定。这是因为当一个元组的聚簇码值改变时，该元组的存储位置也要做相应移动，增大了聚簇的维护代价。

5.5.3 确定数据的物理存储结构

确定数据的物理存储结构，主要是确定数据库中各种数据（包括关系、日志、备份等）在计算机中的存放位置和存储结构。例如是放在内存还是磁盘，是采用顺序存储、散列存储还是聚簇存储等。

由于不同的系统提供的对数据进行物理设计的手段与方法差别很大，设计人员在实际操作过程中，需要仔细地了解给定的数据库管理系统提供的方法和参数，针对具体应用的需求，对数据进行合理的物理安排。

确定数据的存放位置和存储结构需要综合考虑存取时间、存储空间利用率和维护代价 3 方面的因素。这 3 方面常常相互矛盾，需要进行权衡，选择一个折中方案。

1. 确定数据的存放位置

为了提高系统性能，设计人员应根据应用情况将数据的易变部分与稳定部分、经常存取部分和存取频率较低部分分开存放。当计算机中包含多个磁盘时，确定存放位置的方法有以下 4 种。

（1）将表和索引放在不同的磁盘上，这样在进行数据查询操作时，两个磁盘驱动器并行工作，可以提高物理 I/O 的读写效率。

（2）将比较大的表放在两个磁盘上，以加快存取速度，这在多用户环境下效果显著。

（3）将日志文件、重要的系统备份文件与数据库对象（表、索引等）放在不同的磁盘上，以改进系统的性能。这是因为日志文件、备份文件等包含大量的数据，而且只在数据库发生故障进行数据库恢复操作时才使用。

（4）对经常存取或存取时间要求较高的对象（如表、索引）应放在高速存储器（如硬盘）上；对存取频率小或存取时间要求低的对象（如数据库的数据备份和日志文件备份等只在故障恢复时使用），可以存放在低速存储设备上。

2. 确定系统配置

数据库管理系统产品一般都提供一些系统配置变量、存储分配参数供数据库设计人员和数据库管理员对数据库进行物理优化。

系统配置变量、存储分配参数有很多。例如，同时使用数据库的用户数、同时打开的数据库对象数、内存分配参数、缓冲区分配参数（使用的缓冲区长度、个数）、存储分配参数、物理块的大小、物理块的装填因子、时间片大小、数据库的大小和锁的数目等，这些参数值影响存取时间和存储空间的分配。在初始情况下，系统为这些变量赋了合理的默认值。但是这些默认值不一定适合每一种应用环境。在进行数据库的物理结构设计时，设计人员和数据库管理员需要根据具体的应用环境适当调整这些参数值，以改善系统的性能，使其最优化。

在进行物理结构设计时对系统配置变量的调整只是初步的，在系统运行时还要根据实际运行情况做进一步的参数调整，以改进系统性能。

5.5.4　评价物理结构

物理结构设计过程中，设计人员需要对时间效率、空间效率、维护代价和各种用户要求进行权衡，其结果可能会产生多种设计方案。数据库设计人员需要从存储空间、存取时间和维护代价等方面对各方案进行定量估算，比较估算结果，选择一个最佳的物理结构。如果评价结果符合用户要求，则进行数据库实施，否则，设计人员需要修改设计，直到评价结果达到用户的预期结果为止。需要强调的是，物理结构设计不是一蹴而就的，往往需要经过多次调试才能获得最优的设计结果。

5.6　数据库实施

在该阶段，设计人员以经过各方认可的数据库逻辑结构和物理结构为基础，运用数据库管理系统提供的数据定义语言和其他实用程序，将数据库逻辑结构和物理结构准确表示出来，使数据模型实现为数据库管理系统可以执行的源代码，并对源代码进行调试产生目标模式，完成数据库结构的创建工作；接着要组织数据入库，并对应用程序进行调试、试运行及用户测试工作；最后监控数据库运行，根据应用环境的不断变化对数据库进行评价、调整、修改等维护工作。

5.6.1　创建数据库结构

设计人员可以使用特定数据库管理系统提供的工具或脚本语言创建数据库结构。具体来说，SQL 数据库的定义可以使用 SQL Server Management Studio 工具提供的用户界面或使用 T-SQL 脚本程序定义数据库结构，完成数据表、视图等的创建工作；Oracle 环境下，可以使用 PL/SQL 脚本程序建立数据库结构、数据表、视图等。详细的创建方法见第 3 章。

5.6.2　数据入库

在创建好数据库结构框架后，进行数据入库和数据转换工作。它们是数据库实施阶段最主要的工作。

由于数据库中的基础数据来自一个企业（或组织）中的各个不同部门，数据量很大且存在重复的可能。另外，由于这些数据分散在各种数据文件、原始凭证、报表或单据中，有大量的纸质文件需要处理，数据的组织方式、结构和格式与重新设计的数据库系统所规定的数据格式不一致。

设计人员需要将各类源数据从各个局部应用中抽取出来输入计算机中，去掉冗余数据，并按照数据库系统中规定的数据格式进行分类转换，综合形成符合新设计的数据库结构的形式，装入数据库。因此，数据转换和组织数据入库工作需要耗费大量的人力、物力和财力。

由于应用环境千差万别，源数据也各不相同，因而不存在通用的转换规则，也没有适用于所有数据库管理系统产品的通用的数据转换工具。而人工方法转换效率低，数据入库和转换工作容易出现错误。数据量越大，问题表现越突出。因此，数据库设计人员一定要认真、细致、耐心地开展数据入库和数据转换工作。

为方便原有数据库系统向新建数据库系统进行数据迁移工作，现有的数据库管理系统一般都提供常用数据库管理系统之间的数据转换工具（如 Oracle 的 SQL*Load 工具，SQL Server 的 DTS 工具等），将原系统中的表转换成新系统中相同结构的临时表，再将这些表中的数据分类、转换、综合成符合新系统的数据模式，插入相应的表中。必要时，设计人员可以针对具体的应用环境设计一个数据录入子系统，由计算机完成数据入库的任务，从而提高数据入库的工作效率，减少不必要的数据差错。

在设计数据录入子系统时，设计人员需要注意原有系统的特点，充分考虑老用户的习惯，提高数据输入质量。如果原系统是人工数据处理系统，新系统的数据结构就很可能与原系统的数据结构存在较大差别。在设计数据录入子系统时，应尽量使输入格式与原系统的数据结构保持一致或近似，这样不仅可以使得手工处理文件比较方便，更重要的是可以大大减少用户出错的可能性，保证数据输入的质量。

为防止不正确的数据输入到数据库中，设计人员需要对数据进行多次校验工作。建议设计人员提前考虑多种数据校验技术，在设计数据录入子系统时融入数据校验功能。

5.6.3　数据库试运行

将部分数据输入数据库后，设计人员即可开始数据库系统的测试工作，数据库设计进入数据库试运行阶段。

（1）工作内容

这个阶段有以下主要工作内容。

① 应用程序功能测试工作。参照用户需求规格说明书，实际运行应用程序，执行各种数据存储、查询、插入、删除、排序等操作，测试数据库中的数据是否保持一致性要求，完整性约束是否起作用。若不能满足设计要求，则需要对应用程序进行修改、调整，直到达到设计要求为止。

② 数据库系统性能指标测试工作。运行数据库系统，收集系统具体事务处理响应时间、吞吐量、空间利用率等数据，实际测试和评价系统性能指标，分析其是否符合设计目标。

需要强调的是，系统往往需要经过多次调试运行才能确定某些参数的最佳值，如果测试的结果与系统性能设计目标不符，则要返回到物理结构设计阶段，重新修改物理结构，调整系统参数，某些情况下甚至要返回到逻辑结构设计阶段，修改逻辑结构。

（2）需注意的问题

数据库试运行阶段需要注意以下问题。

① 分步进行调试、运行和评价工作。由于组织数据入库是一件十分费时费力的事，如果试运行一段时间后系统的测试结果不能满足设计要求，设计人员还需要修改数据库设计结构，这有可能导致数据入库工作重新进行。为了避免进行重复工作，提高工作效率，在进行数据库试运行工作时，设计人员应分期分批地组织数据入库，先输入小批数据做调试，待试运行结束基本合格后，再大批量输入数据，逐步增加数据量，逐步完成运行评价。

② 多次进行数据库的实施和调试工作。由于试运行阶段的系统尚不稳定，软件（或硬件）故障随时都有可能发生；系统的操作人员对新系统还不熟悉，误操作时有发生，因此，数据库试运行阶段首先要进行数据库管理系统恢复功能的调试工作，做好数据库备份和恢复工作。这样，即使有故障发生，设计人员也能尽快恢复数据库原有的工作状态，从而减少对数据库的破坏。

5.7　数据库运行和维护

数据库试运行通过后，系统即可移交给用户使用，数据库设计工作进入正式运行和维护阶段，这是数据库开发工作的里程碑事件，标志着数据库开发工作的完成。

随着时间的推移，公司的业务活动有可能会拓展或调整，应用环境也会发生变化，业务处理方法也会不断发展和完善，用户需求随之改变。另外，数据库运行过程中物理存储也会不断变化，为了使系统能够适应这些变化，设计人员需要持续地对数据库设计进行评价、调整、修改等维护工作，也就是说，数据库运行和维护是长期的任务，也是设计工作的继续和提高。

在数据库运行阶段，数据库的维护工作主要由数据库管理员完成。数据库的维护工作主要有以下 4 项内容。

1. 数据库的转储和恢复

针对不同的应用要求，数据库管理员需要制订不同的转储计划，以保证在数据库发生故障的情况下，数据库能够尽快恢复到故障发生前数据保持一致的某种状态，从而尽可能减少对数据库的破坏。这是数据库管理员经常进行的最重要的维护工作之一。

2. 数据库的安全性、完整性控制

数据库管理员的第 2 个重要任务是控制数据库安全，保护数据完整性。由于应用环境的变化，用户对系统的安全性要求也会发生变化。例如，有的数据原来是机密的，现在变成可以公开查询的数据，而新加入的数据又可能是机密的；另外，系统中用户的密级也会随着身份的变化而变化。例如，从事数据库管理员工作的员工 A 因职务调整，不再从事数据库管理工作，随着工作内容的变化，A 的用户密级将由原来的系统管理员调整为一般的使用人员，数据访问权限也会进行相应调整。这些都需要数据库管理员根据实际情况修改原有的安全性控制。同样，数据库的完整性约束条件也会变化，也需要数据库管理员不断修正，以满足用户要求。

3. 数据库性能的监控、分析和改造

数据库管理员的第 3 个重要任务是监控系统运行，收集监测数据并分析数据库性能的表现，找出改进系统性能的方法。目前，许多数据库管理系统产品提供了监测系统性能的参数工具，数据库管理员可以利用这些工具获取数据库系统的存储空间、事务处理响应时间等性能参数，并对这些检测数据进行汇总和分析，以判断当前系统运行状况是否最佳；及时了解用户使用数据库的情况，如有问题，及时改进；另外，若用户提出新的功能扩充、业务流程改变及其他涉及数据库安全性、完整性、提高数据库系统性能等需求，则需要数据库管理员调整系统的物理参数，甚至对数据库进行重组或重构。

4. 数据库的重组与重构

数据库在运行一段时间后，数据表中记录的增、删、改，会使得数据库的物理存储情况变坏，数据的存取效率随之降低，数据库的性能每况愈下。这时，数据库管理员需要对数据库进行重组或部分重组（只对频繁增加、删除数据的表进行重组）。数据库管理系统一般都提供数据重组用的实用程序。在重组的过程中，按原设计要求重新安排存储位置，回收垃圾，减少指针链等，以提高系统性能。

数据库的重组并不修改原设计的逻辑结构和物理结构。而数据库的重构则不同，它会修改部分数据库的模式和内模式。由于数据库应用环境发生变化（例如，增加了新的应用或新的实体；取消了某些应用；有的实体与实体间的联系发生了变化等），原有的数据库设计不能满足新的需求，就需要数据库设计团队重新调整数据库的模式和内模式（例如，在表中增加或删除某些数据项，改变数据项的类型，增加或删除某个表，改变数据库的容量，增加或删除某些索引等）。当然数据库的重构也是有限的，只能做部分修改。如果应用变化太多太大，重构也无济于事，说明此数据库应用系统的生命周期已经结束，应该重新进行新的数据库应用系统的设计工作。

本章小结

本章首先介绍了数据库系统设计的内容、特点、方法、基本过程和步骤以及数据库设计过程中涉及的模式。

需求分析是数据库系统设计的第一步。本章介绍了需求分析的概念、类型、获取需求常用的方法。为了清晰准确地描述需求，本章重点介绍了需求分析创建模型的方法，数据流图的绘制方法和步骤及数据流图的分层原则，并简单介绍了数据字典的概念及内容。

在获得系统需求后，数据库系统设计人员接着要依据需求规格说明书进行概念结构设计，从而获得待开发系统的总体 E-R 图。本章介绍了概念结构设计的特点、方法、步骤，并重点介绍了局部 E-R 图设计过程中所用的抽象数据方法、局部 E-R 图的设计步骤。在获得局部 E-R 图后，设计人员还需要设计总体 E-R 图。本章介绍了局部 E-R 图合并的步骤及在分 E-R 图合并过程中产生的冲突类别、冲突消除方法及总体 E-R 图优化方法。

依据总体 E-R 图，设计人员进行数据库逻辑结构设计。本章介绍了将概念模型转换为逻辑模型的步骤、优化方法及外模式设计方法。其中重点介绍了概念模型向关系模型转换的原则。

基于优化后的数据库逻辑结构，设计人员就可以进行物理结构设计。本章介绍了物理结构设计的步骤、数据存取方法及创建原则、确定物理存储结构的方法。

最后，设计人员以数据库逻辑结构和物理结构为基础进行数据库实施、运行和维护工作。本章介绍了数据入库、数据库试运行及运行和维护的主要工作内容。

本章详细介绍了数据库系统设计过程中所使用的相关方法和技术。方法、技术的内容较多，要深入而透彻地掌握这些方法和技术，需要理论联系实际，读者可以在后面的课程设计等实践环节对照应用本章的理论知识，加深对本章知识的理解。

习题

一、选择题

1. （　　）表达了数据和处理过程的关系。
   A. 数据字典　　　　B. 数据流图　　　　C. 逻辑设计　　　　D. 概念设计
2. E-R 图的基本成分不包含（　　）。
   A. 实体　　　　B. 属性　　　　C. 元组　　　　D. 联系
3. 规范化理论是数据库（　　）阶段的指南和工具。
   A. 需求分析　　　　B. 概念设计　　　　C. 逻辑设计　　　　D. 物理设计
4. 下列因素中，（　　）不是决定存储结构的主要因素。
   A. 实施难度　　　　B. 存取时间　　　　C. 存储空间　　　　D. 维护代价
5. 建立实际数据库结构是（　　）阶段的任务。
   A. 逻辑设计　　　　B. 物理设计　　　　C. 数据库实施　　　　D. 运行和维护

6. 当局部 E-R 图合并成总体 E-R 图时，可能出现冲突，不属于合并冲突的是（　　　）。

　　A. 属性冲突　　　　　　　　B. 语法冲突　　　　　　C. 结构冲突　　　　　D. 命名冲突

7. 从 E-R 图向关系模型转换时，一个 $M:N$ 联系转换为关系模式时，该关系模式的码是（　　　）。

　　A. M 端实体的主码

　　B. N 端实体的主码

　　C. M 端实体主码与 N 端实体主码组合

　　D. 重新选取其他属性

8. 数据库设计人员和用户之间沟通信息的桥梁是（　　　）。

　　A. 程序流程图　　　B. 实体联系图　　　C. 模块结构图　　　D. 数据结构图

9. 概念结构设计的主要目标是生成数据库的概念结构，该结构主要反映（　　　）。

　　A. 应用程序员的编程需求　　　　　　　　B. DBA 的管理信息需求

　　C. 数据库系统的维护需求　　　　　　　　D. 企业组织的信息需求

10. 设计子模式属于数据库设计的（　　　）。

　　A. 需求分析　　　B. 概念设计　　　C. 逻辑设计　　　D. 物理设计

11. 需求分析阶段设计数据流图通常采用（　　　）。

　　A. 面向对象的方法　　　　　　　　　　　B. 回溯的方法

　　C. 自底向上的方法　　　　　　　　　　　D. 自顶向下的方法

12. 在数据库系统设计中，用 E-R 图描述信息结构但不涉及信息在计算机中的表示，它是数据库设计的（　　　）阶段。

　　A. 需求分析　　　B. 概念设计　　　C. 逻辑设计　　　D. 物理设计

13. 数据库物理设计完成后，进入数据库实施阶段，下列各项中不属于实施阶段的工作是（　　　）。

　　A. 建立库结构　　　B. 扩充功能　　　C. 加载数据　　　D. 系统调试

14. 在数据库的概念设计中，最常用的数据模型是（　　　）。

　　A. 形象模型　　　B. 物理模型　　　C. 逻辑模型　　　D. E-R 实体联系模型

15. 下列活动不属于需求分析阶段工作的是（　　　）。

　　A. 分析用户活动　　　B. 建立 E-R 图　　　C. 建立数据字典　　　D. 建立数据流图

16. 将一个一对多关系转换为一个独立模式时，应取（　　　）为主码。

　　A. 一个实体的主码　　　　　　　　　　　B. 多端实体的主码

　　C. 两个实体的主码属性组合　　　　　　　D. 联系的全部属性

17. 在 E-R 图中，如果有 3 个不同的实体集、3 个 $m:n$ 联系，根据 E-R 图转换为关系模型的规则，可以转换为（　　　）个关系模式。

　　A. 4　　　　　　　B. 5　　　　　　　C. 6　　　　　　　D. 7

二、填空题

1. 数据库系统设计包括＿＿＿＿＿＿＿＿＿＿和＿＿＿＿＿＿＿＿＿＿＿＿两方面的内容。

2. ＿＿＿＿＿＿＿＿＿＿＿是目前公认的比较完整和权威的一种规范设计法。

3. 数据库系统设计中，前 4 个阶段可统称为＿＿＿＿＿＿＿＿＿，后 2 个阶段统称为＿＿＿＿＿＿＿＿。

4. ＿＿＿＿＿＿＿＿是数据库系统设计的起点，为以后的具体设计做准备。

5. ＿＿＿＿＿＿＿＿就是将需求分析得到的用户需求抽象为信息结构，即概念模型。

6. ＿＿＿＿＿＿＿＿＿地进行需求分析，再＿＿＿＿＿＿＿＿＿地设计概念结构。

7. 合并局部 E-R 图时可能会发生 3 种冲突，它们是＿＿＿＿＿＿＿＿＿、＿＿＿＿＿＿＿＿、＿＿＿＿＿＿＿＿。

8. 将 E-R 图转换为关系模型是＿＿＿＿＿＿＿＿阶段的任务。

9. 数据库的物理结构设计主要包括＿＿＿＿＿＿＿＿＿和＿＿＿＿＿＿＿＿＿。

10. ＿＿＿＿＿＿＿＿＿是数据库实施阶段的主要工作。

11. 重新组织和构造数据库是＿＿＿＿＿＿＿＿＿阶段的任务。

12. "为哪些表，在哪些字段上，建立什么样的索引"这一设计内容属于数据库系统设计中的＿＿＿＿＿＿＿＿＿设计阶段。

13. 在数据库系统设计中，把数据需求写成文档，它是各类数据描述的集合，包括数据项、数据结构、数据流、数据存储和数据加工过程的描述，通常称为＿＿＿＿＿＿＿＿＿。

14. 数据流图是用于描述结构化方法中＿＿＿＿＿＿＿＿＿阶段的工具。

15. 数据库实施阶段包括两项重要的工作，一项是数据的＿＿＿＿＿＿＿＿＿，另一项是应用程序的编码和调试。

三、设计题

一个图书管理系统中有如下信息。

图书：书号、书名、数量、位置。

借书人：借书证号、姓名、单位。

出版社：出版社名、邮编、地址、电话、E-mail。

其中约定：

任何人可以借阅多种书；任何一种书可以被多个人借阅；借书和还书时，要登记相应的借书日期和还书日期；一个出版社可以出版多种书籍；同本书仅由一个出版社出版；出版社名具有唯一性。

根据以上情况，完成如下设计。

1. 根据上述描述，画出 E-R 图。

2. 将 E-R 图转化为关系模型，注明主码和外码。

四、简答题

1. 简述数据库系统的设计过程。

2. 数据库系统设计的任务是什么？

3. 试述数据库系统设计的特点。

4. 简述数据库系统设计的主要方法。

5. 数据库系统设计的主要工具有哪些？

6. 需求分析阶段的任务是什么？调查的内容是什么？调查方法有哪些？

7. 需求分析的结果是什么？

8. 概念结构设计的目的是什么？有哪些方法？

9. 什么是数据抽象？举例说明。

10. 什么是 E-R 图？组成 E-R 图的基本要素是什么？

11. 如何将 E-R 图转换为关系模型？

12. 简述数据库物理结构设计的内容和步骤。

13. 简述索引存取方法的作用和建立索引的原则。

14. 规范化理论对数据库系统设计有什么指导意义？

15. 什么是数据库的重组和重构？

16. 选择一个具体的数据库管理系统，设计"图书借阅系统"的数据库。

第6章 数据库的安全性控制和完整性控制

如今，世界上大量的信息系统均使用了数据库技术，数据在信息系统中的价值变得越来越重要，数据库系统的安全和其对数据的保护成为一个越来越值得关注的方面。数据库系统中的数据由数据库管理系统统一管理与控制，为了保证数据库中数据的安全、完整和正确有效，需要对数据库实施保护，使其免受某些因素对其中数据的破坏。

数据库的数据保护主要是指数据库的安全性控制和完整性控制。数据库的安全性和完整性是两个既有联系又不完全相同的概念。

6.1 数据库的安全性控制

6.1.1 数据库的安全性的含义

数据库的安全性是指保护数据库以防止不合法的使用所造成的数据泄露、更改或破坏。在数据库系统中，大量数据集中存放，而且被众多使用者直接共享，从而导致数据库的安全性问题更为突出。系统安全保护措施是否有效是数据库系统的主要技术指标之一。

6.1.2 数据库的安全性控制的方法

数据库的安全性控制是指通过一定的措施和设置，尽量拒绝对数据库的非法访问。用户非法使用数据库可以有很多种情况，例如，编写合法程序绕过数据库管理系统及其授权机制；编写应用程序执行非授权操作；通过多次合法查询数据库，从中推导出一些保密数据。安全保护策略就是要以最小的代价防止对数据的非法访问，层层设置安全措施。

通常在计算机系统中，各种安全措施是分不同级别进行层层设置的。例如，在图 6.1 所示的数据库安全模型中，用户首先要求进入计算机系统，计算机系统首先根据用户标识进行用户身份鉴定，拒绝非法用户进入计算机系统；对已通过身份核验进入系统的用户，数据库管理系统要进行存取权限控制，只允许用户执行合法的操作；操作系统也会有自己的保护措施，操作系统应能保证数据库中的数据必须由数据库管理系统访问，而不允许用户越过数据库管理系统直接通过操作系统访问；数据最后还可以以加密的形式存储到数据库中。下面对数据库中的用户身份鉴别、用户存取权限控制、视图机制、数据加密和审计这 5 类安全性措施进行介绍。

1. 用户身份鉴别

数据库管理系统所提供的最外层的安全保护措施为用户身份鉴别。其原理是每个用户在系统中都有一个用户标识。每个用户标识由用户名和用户标识号两部分组成。数据库管理系统内部记录着所有合法用户的标识，用户身份鉴别是指系统用特定的方法让用户标识自己的身份。每次用户要求登录系统时，系统进行核验，用户身份通过鉴定后才向用户提供数据库管理系统的使用权限。

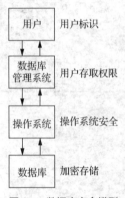

图6.1　数据库安全模型

用户身份鉴别通常是多种方法相结合使用以提高安全性，常见的用户身份鉴别方法有以下几种。

（1）静态口令鉴别

静态口令鉴别是常见的鉴别方法之一。口令一般由用户自行设定，在鉴别时只要输入正确的口令，系统将允许用户使用数据库管理系统。这些口令是静态不变的，在实际生活中，用户常常用纪念日、电话号码等简单易记的内容作为口令，因此很容易被破解。而口令一旦被破解，非法用户就可以直接使用数据库。因此，这种方式虽然简单，但安全性较低。通常管理员应根据应用需求灵活地设置口令强度，例如，设定口令中数字、字母或符号的个数；设置口令是否可以是简单的常见数字和字母组合，是否允许口令与用户名相同；设置重复使用口令的最小时间间隔等来保障数据安全。

（2）动态口令鉴别

动态口令鉴别是目前安全性较高的鉴别方法。这种方法的口令是动态变化的，即采用一次一密的方法。日常中常见的动态口令有短信密码和动态令牌，每次鉴别时要求用户通过短信或令牌等途径获取新口令登录数据库管理系统。这种认证方式增加了口令被窃取或破解的难度，安全性相对较高。

2. 用户存取权限控制

用户存取权限指的是对于不同种类的数据对象允许不同类别的用户对其执行的操作权限。在数据库管理系统中，用户只能对其有权存取的数据执行相关的操作。因此，数据库管理系统需要提前设置用户存取权限。对于合法使用数据库的用户，系统根据预先定义的存取权限对其操作请求进行控制，确保操作合法。存取控制机制主要包括定义用户权限和合法权限检查两部分。

（1）定义用户权限，并将用户权限登记到数据字典中

权限是指用户对某一数据对象所拥有的操作权力。数据库管理系统的功能是保证用户具有特定权限的能力，而决定用户应该具有哪些权限则是管理的问题。为此，数据库管理系统必须提供适当的语言来定义用户权限，这些定义经过编译后存储在数据字典中，被称作安全规则或授权规则。

（2）合法权限检查

当用户发出对数据库进行存取的操作请求后，数据库管理系统依据数据字典，根据相对应的安全规则进行合法权限检查，若用户的操作请求符合定义的权限，系统将执行此操作，反之则拒绝操作。

在数据库系统中，授权是指定义用户存取权限。用户存取权限有两种：系统权限和对象权限。系统权限是由数据库管理员授予某些数据库用户的，用户只有得到系统权限，才能成为数据库用户。对象权限可以由数据库管理员授予，也可以由数据对象的创建者授予，使数据库用户具有对某些数据对象进行某些操作的权限。

3. 视图机制

为保证数据库的安全，可以为不同种类的用户定义不同的视图，把可操作的数据对象限制在某一范围内。视图机制把需要隐藏保密的数据对无权进行存取的用户进行隐藏，这可以对数据提供一定程度的安全保护。在实际应用中，通常将视图机制与存取控制机制结合起来使用，首先用视图机

制屏蔽一部分保密数据，然后在视图上再进一步定义存取权限。

4. 数据加密

对于一些具有高度保密性的数据，例如银行金融数据、战争军事数据、国家机关机密数据等，如果采取前面介绍的几种数据库安全措施，只能防止保密数据从数据库系统中被窃取，并不能防止通过不正常渠道对这些数据的非法访问。因此，数据加密是防止数据库的数据在存储和传输中失密的有效手段。

数据加密的基本思想是采取一定的算法将原始数据（明文）变换为不可直接识别的格式（密文），从而使得不知道解密算法的人无法获知数据的内容。数据加密主要包括存储加密和传输加密两种途径。

5. 审计

前面介绍的数据库安全措施，都可对用户操作进行限制，从而保证数据访问在规定的安全范围内，但是任何系统的安全保护措施都不是完美的，别有用心的人总是想方设法打破控制。而审计功能则通过把用户对数据库的所有操作记录放入审计日志中的方法来保证数据安全。利用审计日志可以复现导致数据库状况的一系列操作事件，找出非法访问者、操作时间和操作内容等。还可以通过分析审计日志，对潜在的威胁提前采取措施加以防范。

审计功能会很大程度上增加系统的开销，因此数据库管理系统通常将其作为可选功能，可通过 AUDIT 语句设置审计功能，通过 NOAUDIT 语句则可以取消审计功能。

6.1.3　SQL Server 的安全机制

在 SQL Server 2019 管理系统的自主存取控制模式中，用户访问数据库数据都要经过三层认证过程，分别为服务器安全管理、数据库安全管理和数据库对象的访问权限管理。

第一层安全性是 SQL Server 服务器级别的安全性，确认用户是否为数据库服务器的合法账户（具有正确的登录名和密码）。登录名可以是 Windows 系统的账号或组，也可以是 SQL Server 的登录账号。

第二层安全性是数据库级别的安全性，用户在登录数据库服务器之后，是不能访问任何用户数据库的，用户将接受第二层安全性的检查，即确认用户是否为要访问数据库的合法用户（是数据库用户）。

第三层安全性是数据库对象级别的安全性，用户通过了前两层的安全性验证之后，对数据库中的用户数据还是没有任何的操作权限，用户要想访问数据库中的对象，必须事先被赋予相应的访问权限，否则系统将拒绝访问。

SQL Server 2019 的这三个层次的安全机制相当于用户访问数据库对象过程中的三道安全门，只有依次合法地通过了这三层安全验证，用户才能最终访问相应的数据库对象。

6.1.4　SQL Server 的身份验证模式

SQL Server 2019 的安全权限是基于表示用户身份的登录标识符的，登录标识符就是控制访问 SQL Server 数据库服务器的登录名。SQL Server 2019 支持两类登录名：一类是由 SQL Server 自身负责身份验证的登录名（即 SQL 授权用户）；另一类是登录到 SQL Server 的 Windows 网络用户，可以是组账户或用户账户。根据不同的登录名类型，SQL Server 2019 相应地提供了两种身份验证模式：Windows 身份验证模式和混合身份验证模式。

1. Windows 身份验证模式

由于 SQL Server 2019 和 Windows 操作系统都是微软公司的产品，因此，微软公司将 SQL Server

与 Windows 操作系统的用户身份验证进行了绑定，提供了以 Windows 操作系统用户身份登录 SQL Server 的方式，也就是 SQL Server 将用户的身份验证交给了 Windows 操作系统来完成。在这种身份验证模式下，SQL Server 将通过 Windows 操作系统获得用户信息，并对登录名和密码进行重新验证。

当使用 Windows 身份验证模式时，用户必须首先登录 Windows 操作系统，然后登录 SQL Server。用户登录 SQL Server 时，无须再提供登录名和密码，系统会从用户登录到 Windows 操作系统时提供的用户名和密码中查找当前用户的登录信息，以判断其是否为 SQL Server 的合法用户。

对于 SQL Server 来说，一般推荐使用 Windows 身份验证模式，因为这种安全模式能够与 Windows 操作系统的安全系统集成在一起，以提供更多的安全功能。

2. 混合身份验证模式

混合身份验证模式表示 SQL Server 允许 Windows 授权用户和 SQL 授权用户登录 SQL Server 数据库服务器。如果希望允许非 Windows 操作系统的用户也能登录 SQL Server 数据库服务器，则应该选择混合身份验证模式。如果在混合身份验证模式下，选择使用 SQL 授权用户登录 SQL Server 数据库服务器，则用户必须提供登录名和密码两部分内容，因为 SQL Server 必须要用这两部分内容验证用户的合法身份。

SQL Server 身份验证的登录信息（用户名和密码）都保存在 SQL Server 实例上，而 Windows 身份验证的登录信息是由 Windows 和 SQL Server 实例共同保存的。

3. 设置身份验证模式

安装 SQL Server 过程中可设置身份验证模式，也可以在安装完成之后，在数据库管理系统工具中设置。具体方法如下：在要设置身份验证的 SQL Server 实例上右击，从弹出的快捷菜单中选择"属性"命令，弹出"服务器属性"窗口，在该窗口左侧的"选择页"上，单击"安全性"标签，然后在显示窗口的"服务器身份验证"部分，可以设置身份验证模式，如图 6.2 所示。

图 6.2 设置身份验证模式

6.1.5 SQL Server 登录账号和服务器角色

在 SQL Server 2019 中，账号有两种：一种是登录服务器使用的登录账号（Login Name），另一种是使用数据库的用户账号（User Name）。在用户具有了登录账号之后，只能连接到 SQL Server 数据库服务器上，并不具有访问任何用户数据库的权限，只有成为数据库的合法用户才能访问该数据库。

1. 建立登录账号

使用数据库管理系统工具建立登录账号的步骤如下。

（1）在数据库管理系统的对象资源管理器中，依次展开"安全性"→"登录名"选项，右击，在弹出的快捷菜单中选择"新建登录名"命令，弹出图 6.3 所示的新建登录窗口。

（2）在"登录名"文本框中输入要创建的登录账号，选择"SQL Server 身份验证"命令，输入密码后并取消选中"强制实施密码策略"复选框，如图 6.4 所示。

（3）在"选择页"列表中选择"服务器角色"命令。可以选择将此登录账号加入某个服务器角色中并具有该角色的权限。public 角色将被自动选中，并且不能删除，如图 6.5 所示。

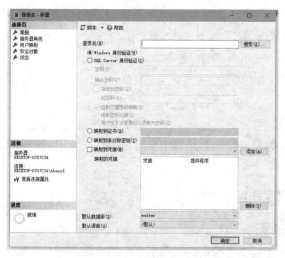

图 6.3 新建登录窗口

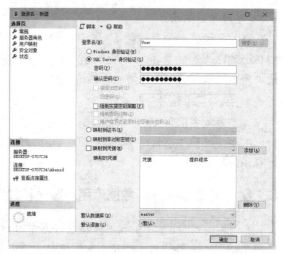

图 6.4 修改密码策略

图 6.5 数据库默认角色

数据库角色是被命名的一组与数据库操作相关的权限，角色是权限的集合。可以为一组具有相同权限的用户创建一个角色，使用角色管理数据库权限可以简化授权的过程。

SQL Server 中默认的 9 种服务器角色及其权限描述如表 6.1 所示。

表 6.1　服务器角色及其权限描述

服务器角色	权限描述
bulkadmin	允许非 sysadmin 用户运行 BULK INSERT 语句
dbcreator	创建、更改、删除和还原任何数据库
diskadmin	管理磁盘文件
processadmin	终止 SQL Server 实例中运行的进程
public	每个 SQL Server 登录账号都属于 public 服务器角色
securityadmin	管理登录名及其属性
serveradmin	更改服务器范围的配置选项和关闭服务器
setupadmin	添加和删除连接的服务器，并且可以执行某些系统存储过程
sysadmin	在服务器中执行任何活动

2. 修改登录账号

修改登录账号的过程如下：在"对象资源管理器"中，展开"安全性"→"登录名"选项，然后右击要修改的登录名，在弹出的快捷菜单中选择"属性"命令，即可打开"登录属性"对话框，接下来就可以对该登录账号进行修改。

3. 删除登录账号

在"对象资源管理器"中，展开"安全性"→"登录名"选项，然后右击要删除的登录名，在弹出的快捷菜单中选择"删除"命令，在出现的"删除对象"对话框中单击"确定"按钮即可删除该登录账号。

6.1.6 SQL Server 数据库用户账号和数据库角色

1. 使用数据库管理系统工具建立数据库用户账号

当使用一个登录名访问某个数据库时，需要将该登录名映射为该数据库中的合法用户，具体步骤如下。

（1）在数据库管理系统工具的"对象资源管理器"中，展开要建立数据库用户的数据库。

（2）展开"安全性"选项，在"用户"选项上右击，在弹出的快捷菜单上选择"新建用户"命令，弹出图 6.6 所示的窗口。

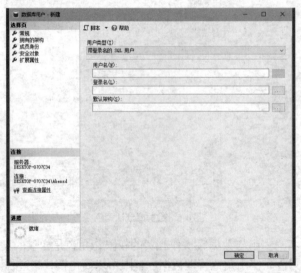

图 6.6　新建用户账号

用户名：输入要创建的数据库用户名。

登录名：输入与该数据库用户对应的登录账号，也可以通过右边的按钮进行选择。

默认架构：输入或选择该数据库用户所属的架构。

（3）在"拥有的架构"列表中可以查看和设置该用户拥有的架构。

（4）在"成员身份"列表中，可以为该数据库用户选择数据库角色。

（5）单击"确定"按钮，即可创建数据库用户账号。

2. 删除数据库用户账号

从当前数据库中删除一个用户，实际就是解除了登录名和数据库用户之间的映射关系，并不影响登录名的存在，删除数据库用户后，用户的登录名仍然存在。

在数据库管理系统中删除数据库用户的操作如下。

（1）在"对象资源管理器"中，展开"具体的数据库名"（如数据库"TeachSystem"）→"安全性"→"用户"选项，在"用户"文件夹下能看到该数据库的已有用户。

（2）右击某个要删除的用户，在弹出的快捷菜单中选择"删除"命令，打开"删除对象"对话框。

（3）在打开的"删除对象"对话框中选定要删除的账号，然后单击"确定"按钮，则成功删除选定的数据库用户账号。

6.2　数据库的完整性控制

数据库的完整性是指存放在数据库中的数据的一致性和准确性。事务是 SQL Server 中的一个逻辑工作单元，该单元将被作为一个整体进行处理。锁可以防止用户读取正在由其他用户更改的数据并防止多个用户同时更改相同的数据。事务和锁都是用来保证数据完整性和一致性的机制。

6.2.1　数据库的完整性的含义

数据库的完整性是为了防止数据库中存在不符合语义规定的数据和防止因错误信息的输入/输出造成无效操作或错误信息而提出的。数据库的完整性有 3 种类型：实体完整性、参照完整性、用户自定义完整性。

在 SQL Server 中可以通过各种规则、默认值和约束等数据库对象来保证数据库的完整性。

6.2.2　规则

规则（Rule）就是数据库中对存储在表中的列或用户定义数据类型中的值的规定和限制。规则是单独存储的独立的数据库对象。规则与其作用的表或用户定义数据类型是相互独立的，即表或用户定义数据类型的删除、修改不会对与之相连的规则产生影响。规则和约束可以同时使用，表的列可以有一个规则及多个约束。规则与检查约束在功能上相似，但在使用上有所区别。检查约束是在 CREATE TABLE 或 ALTER TABLE 语句中定义的，嵌入了被定义的表结构，即删除表的时候检查约束也就随之被删除。而规则需要用 CREATE RULE 语句定义后才能使用，是独立于表之外的数据库对象，删除表并不能删除规则，需要用 DROP RULE 语句才能删除。相比之下，使用在 CREATE TABLE 或 ALTER TABLE 语句中定义的检查约束是更标准的限制列值的方法，但检查约束不能直接作用于用户定义数据类型。

1. 完整性规则的组成

数据库管理员应向数据库管理系统提出一组完整性规则，检查数据库中的数据，看其是否满足语义约束，从而实现完整性控制。这组规则作为数据库管理系统控制数据库的完整性的依据，语义约束构成了数据库的完整性规则。完整性规则主要由以下三部分构成。

（1）触发条件：规定系统在什么情况下使用完整性规则检查数据。

（2）约束条件：规定系统检查用户做出的操作请求违背了怎样的完整性约束条件。

（3）违约响应：规定系统如果发现用户发出的操作请求违背了完整性约束条件，应该采取哪些措施来保证数据库的完整性。

一条完整性规则可以用一个五元组（D, O, A, C, P）形式化地表示。具体如下。

① D（Data）代表约束作用的数据对象，可以是关系、元组和列三种对象。

② O（Operation）代表触发完整性检查的数据库操作，即当用户发出什么操作请求时需要检查该完整性规则，是立即执行还是延迟执行。

③ A（Assertion）代表数据对象必须满足的语义约束，这是规则的主体。

④ C（Condition）代表选择作用的数据对象值的谓词。

⑤ P（Procedure）代表违反完整性规则时触发执行的操作过程。

例如，对于"身份证号（Id）不能为空"这条完整性约束，D、O、A、C、P的含义分别如下。

- D 代表约束作用的数据对象为 ID 属性。
- O 代表当用户插入或修改数据时需要检查该完整性规则。
- A 代表 Id 不能为空。
- C 代表可作用于所有记录的 Id 属性。
- P 代表拒绝执行用户请求。

2．创建规则

CREATE RULE 语句用于在当前数据库中创建规则，其语法格式如下。

```
CREATE RULE rule_name AS condition_expression;
```

其中，rule_name 是规则的名称，condition_expression 子句是规则的定义。

condition_expression 子句可以是能用于 WHERE 条件子句中的任何表达式，它可以包含算术运算符、关系运算符和谓词（如 IN、LIKE、BETWEEN 等）。

 　　　condition_expression 子句中的表达式的变量必须以字符@开头，通常情况下，该变量的名称应与规则所关联的列或用户定义的数据类型具有相同的名字。

【例 6.1】创建性别规则 sex_rule。

```
CREATE RULE sex_rule
AS @sex in('男','女');
```

本例将限定绑定该规则的列的值只能为其列出的值，即：男、女。

【例 6.2】创建评分规则 grade_rule。

```
CREATE RULE grade_rule;
AS @value between 1 and 100;
```

本例将限定绑定该规则的列接受的值只能为 1～100。

3．规则的绑定与松绑

创建规则后，规则只是一个存在于数据库中的对象，并未发生作用。需要将规则与数据库表或用户定义数据类型联系起来，才能达到创建规则的目的。联系的方法称为绑定，所谓绑定就是指定规则作用于哪个表的哪一列或哪个用户定义数据类型。表的一列或一个用户定义数据类型只能与一个规则绑定，而一个规则可以绑定多个对象。解除规则与对象的绑定称为松绑。

（1）用系统存储过程 sp_bindrule 绑定规则

系统存储过程 sp_bindrule 可以将一个规则绑定到表的一个列或一个用户定义数据类型上。其语法格式如下。

```
sp_bindrule [@rulename =] 'rule',
[@objname =] 'object_name'
[, [@futureonly=]'futureonly'];
```

各参数说明如下。

- [@rulename =] 'rule'：指定规则名称。
- [@objname =] 'object_name'：指定规则绑定的对象，可以是表的列或用户定义数据类型。如果是表的某列，则 object_name 采用 table.column 格式书写，否则认为它是用户定义数据类型。
- [, [@futureonly=] 'futureonly']：此选项仅将规则绑定到用户定义数据类型上时才可以使用，当指定此选项时，仅以后使用此用户定义数据类型的列会应用新规则，而当前已经使用此数据类型的列则不受影响。

【例 6.3】绑定 sex_rule 到 S 表的 Sex。

```
EXEC sp_bindrule 'sex_rule', 'S.Sex';
```

运行结果为：

已将规则绑定到表的列上。

① 规则对已经输入到表中的数据不起作用。

② 规则所指定的数据类型必须与所绑定对象的数据类型一致，且规则不能绑定到数据类型为 Text、Image 或 Timestamp 的列。

③ 与表的列绑定的规则优先于与表的列的用户定义数据类型绑定的规则，因此，如果表的列的数据类型与规则 A 绑定，同时列又与规则 B 绑定，则以规则 B 为列的规则。

④ 可以直接将一个新的规则绑定到列或用户定义数据类型上，而不需要先将其原来绑定的规则解除，系统会将原规则覆盖。

（2）用存储过程 sp_unbindrule 解除规则绑定

存储过程 sp_unbindrule 可解除规则与列或用户定义数据类型的绑定，其语法格式如下。

```
sp_unbindrule [ @objname =]'object_name';
[,[@ futureonly = ] 'futureonly' ];
```

参数的含义与 sp_bindrule 相同。其中，'futureonly'选项指定现有的用此用户定义数据类型定义的列仍然保持与此规则的绑定。如果不指定此项，所有由此用户定义数据类型定义的列也将随之解除与此规则的绑定。

【例 6.4】解除已绑定到 S 表的字段 Sex 的规则。

```
EXEC sp_unbindrule 'S.Sex';
```

4.　删除规则

使用 DROP RULE 命令可以删除当前数据库中的一个或多个规则。其语法格式如下。

```
DROP RULE {rule_name} [,...n]
```

在删除一个规则前，必须先将与其绑定的对象解除绑定。

【例 6.5】删除 sex_rule 规则。

```
DROP RULE sex_rule;
```

6.2.3　默认值

默认值（Default）是用户输入记录时向没有指定具体数据的列中自动插入的数据。默认值对象与 CREATE TABLE 或 ALTER TABLE 语句操作表时用默认约束指定的默认值功能相似，两者的区别类似于规则与检查约束在使用上的区别。默认值对象可以用于多个列或用户定义数据类型。表的一列或一个用户定义数据类型只能与一个默认值绑定。

1.　创建默认值

CREATE DEFAULT 语句用于在当前数据库中创建默认值对象，其语法格式如下。

```
CREATE DEFAULT default_name AS constant_expression;
```

其中，constant_expression 是默认值的定义，为一个常量表达式，可以使用数学表达式或函数等，但不能包含表的列名或其他数据库对象。

【例 6.6】创建性别默认值 sex_defa。

```
CREATE DEFAULT sex_defa AS '男';
```

2. 默认值的绑定

创建默认值之后，默认值只是一个存在于数据库中的对象，并未发生作用。同规则一样，需要将默认值与数据库表的列或用户定义数据类型绑定。

系统存储过程 sp_bindefault 可以将一个默认值绑定到表的一个列或一个用户定义数据类型上。其语法格式如下。

```
sp_bindefault [@deftiame =] 'default',
[@objname =] 'object_name', [,'futureonly']
```

其中，'futureonly'选项仅在将默认值绑定到用户定义数据类型上时才可以使用。当指定此选项时，仅以后使用此用户定义数据类型的列会应用新默认值，而当前已经使用此数据类型的列则不受影响。

【例 6.7】将默认值 sex_defa 绑定到 S 表的 sex 列上。

```
EXEC sp_bindefault sex_defa, 'S.sex ';
```

3. 用系统存储过程 sp_unbindefault 解除默认值的绑定

系统存储过程 sp_unbindefault 可以解除默认值与表的列或用户定义数据类型的绑定，其语法格式如下。

```
sp_unbindefault [@objname =] 'object_name' ['futureonly'] ;
```

其中，'futureonly'选项同绑定默认值时一样，仅用于用户定义数据类型，它指定现有的用此用户定义数据类型定义的列仍然保持与此默认值的绑定。如果不指定此项，所有由此用户定义数据类型定义的列也将随之解除与此默认值的绑定。

【例 6.8】解除默认值 sex_defa 与表 S 的 sex 列的绑定。

```
EXEC sp_unbindefault 'S.sex ';
```

> 如果列同时绑定了一个规则和一个默认值，那么默认值应该符合规则的规定。不能将默认值绑定到一个用 CREATE TABLE 或 ALTER TABLE 语句创建或修改表时用 DEFAULT 选项指定了默认值的列上。

4. 使用 DROP DEFAULT 命令删除默认值

使用 DROP DEFAULT 命令可以删除数据库中的一个或多个默认值，其语法格式如下。

```
DROP DEFAULT {default_name} [,...n];
```

【例 6.9】删除性别默认值 sex_defa。

```
DROP DEFAULT sex_defa;
```

> 在删除一个默认值前必须先将与其绑定的对象解除绑定。

6.2.4　约束

约束（Constraint）是 SQL Server 2019 提供的自动保持数据库的完整性的一种机制，它定义了可输入表或表的单个列中的数据的限制条件。使用约束优先于使用触发器、规则和默认值。

约束独立于表结构，作为数据库定义部分在 CREATE TABLE 语句中声明约束，可以在不改变表结构的基础上，通过 ALTER TABLE 语句添加或删除约束。当表被删除时，表所带的所有约束定义也随之被删除。

在 SQL Server 中有 6 种约束：主键约束、外键约束、唯一性约束、检查约束、默认约束和非空值约束。

1．主键约束

表的一列或几列的组合的值在表中唯一地指定一条记录，这样的一列或多列称为表的主键，表的实体完整性可以通过主键约束强制实现。主键不允许为空值，且不同的两行的键值不能相同。表中可以有多个可以唯一地标识一条记录的键，每个键都称为候选键，只可以选择一个候选键作为表的主键，其他候选键称作备用键。

表本身并不要求一定要有主键，但应该养成给表定义主键的良好习惯。在规范化的表中，每行中的所有数据值都完全依赖于主键。当创建或更改表时可通过定义主键约束来创建主键。

如果一个表的主键由单列组成，则该主键约束可以定义为该列的列约束。如果主键由两个及以上的列组成，则该主键约束必须定义为表约束。

定义列级主键约束的语法格式如下。

```
[CONSTRAINT constraint_name]
PRIMARY_KEY [CLUSTERED | NONCLUSTERED]
```

定义表级主键约束的语法格式如下。

```
[CONSTRAINT constraint_name]
PRIMARY_KEY [CLUSTERED | NONCLUSTERED]
{(column_name ...n)}
```

各参数说明如下。

- constraint_name：指定约束的名称。如果不指定，系统会自动生成一个约束名。
- [CLUSTERED | NONCLUSTERED]：指定索引类别，即聚集索引或非聚集索引，CLUSTERED 为默认值表示聚集索引。聚集索引只能通过删除 PRIMARY KEY 约束或其相关表的方法进行删除，而不能通过 DROP INDEX 语句删除。
- column_name：指定组成主键的列名。n 的最大值为 16。

2．外键约束

外键约束定义了表与表之间的关系。通过将一个表中一列或多列添加到另一个表中，创建两个表之间的连接，这个列就成为第二个表的外键，即外键是用于建立和加强两个表数据之间的连接的一列或多列，表的参照完整性可以通过外键约束强制实现。

当一个表中的一列或多列的组合和其他表中的主键的定义相同时，就可以将这些列或列的组合定义为外键，并设定与它关联的表或列。这样，当向具有外键的表插入数据时，如果与之相关联的表的列中没有与插入的外键列值相同的值时，系统会拒绝插入数据。

尽管外键约束的主要目的是控制存储在外键表中的数据，但它还可以根据主键表中数据的修改而对外键表中的数据相应地做更新操作。这种操作被称为级联操作。SQL Server 提供了两种级联操作以保证数据完整性：级联删除和级联修改。

① 级联删除：当主键表中某行被删除时，外键表中所有相关行将被删除。

② 级联修改：当主键表中某行的键值被修改时，外键表中所有相关行的该外键值也将被自动修改为新值。

在 SQL Server 创建和修改表时，可通过定义 FOREIGN KEY 约束来创建外键。外键约束与主键约束相同，也分为表约束与列约束。

3．唯一性约束

唯一性（Unique）约束指定一个或多个列的组合的值具有唯一性，以防止在列中输入重复的值，为表中的一列或者多列提供实体完整性。唯一性约束指定的列可以有 NULL 属性。主键也强制执行，但主键不允许为空值，故主键约束的强度大于唯一性约束。因此，主键列不能再设定唯一性约束。

4. 检查约束

检查（Check）约束对输入列或整个表中的值设置检查条件，以限制输入值，保证数据库数据的完整性。

当对具有检查约束列进行插入或修改时，SQL Server 将用该检查约束的逻辑表达式对新值进行检查，只有满足条件（逻辑表达式返回 TRUE）的值才能填入该列，否则报错。可以为每列指定多个检查约束。

例如，在 S 表中，可以为 sex（性别）列定义检查约束，其逻辑表达式为：

```
sex='男' OR sex='女'
```

该约束限制该列只能输入"男"和"女"两值之一。

检查约束的逻辑表达式可以作用于当前表的多列。例如，检查约束的逻辑表达式为：

```
DATEDIFF(year, Birth_Date, Hire_Date)>12;
```

该约束要求学生的出生日期和入学日期这两个日期数据在年份上的差距大于 12（即确保学生入学时不小于 12 岁）。此时，该检查约束必须定义为表级。

5. 默认约束

默认约束通过定义列的默认值或使用数据库的默认值对象绑定表的列，以确保在没有为某列指定数据时来指定列的值。默认值可以是常量，也可以是表达式，还可以为 NULL 值。

SQL Server 推荐使用默认约束而不是默认值对象的方式来指定列的默认值。

6. 非空值约束

非空值（Not Null）约束指字段的值不能为空。对于使用了非空值约束的字段，如果用户在添加数据时没有指定值，数据库系统就会报错。可以通过 CREATE TABLE 或 ALTER TABLE 语句实现非空值约束。在表中某个列的定义后加上关键字 NOT NULL 作为限定词，可以约束该列的取值不能为空。

本章小结

数据库的重要特征是它能为多个用户提供数据共享。在多个用户使用同一数据库系统时，要保证整个系统的正常运转，数据库管理系统必须具备一整套完整而有效的安全保护措施。本章从安全性控制、完整性控制方面讨论了数据库的安全保护功能。

数据库的安全管理是数据库系统中非常重要的部分，安全管理设置的好坏直接影响数据库中数据的安全。实现数据库系统安全性的方法有用户身份鉴别、用户存取权限控制、视图机制、数据加密和审计等。其中，最重要的是用户存取权限控制和审计。本章介绍了数据库安全模型、SQL Server 2019 的安全验证过程以及权限的管理。

数据库的完整性是指数据库中的数据的一致性和准确性。完整性和安全性是两个不同的概念，安全性措施的防范对象是非法用户和非法操作，完整性措施的防范对象是合法用户的不合语义的数据。在 SQL Server 2019 中可以通过各种规则、默认值和约束保证数据的完整性。

习题

一、选择题

1. 以下（　　）不属于实现数据库系统安全性的主要技术和方法。

　　A. 存取控制技术　　　　　　　　　　B. 视图技术

　　C. 审计技术　　　　　　　　　　　　D. 出入机房登记和加锁

2. SQL 中的视图提高了数据库系统的（　　　）。

    A. 完整性　　　　　　　　B. 并发控制　　　　　C. 隔离性　　　　　D. 安全性

3. 在数据库的安全性控制中，授权的数据对象的（　　　），授权的子系统就越灵活。

    A. 范围越小　　　　　　　B. 约束越细致　　　　C. 范围越大　　　　D. 约束范围大

4. SQL 中的视图机制提高了数据库系统的（　　　）。

    A. 完整性　　　　　　　　B. 并发控制　　　　　C. 隔离性　　　　　D. 安全性

5. 安全性控制的防范对象是（　　　），防止其对数据库中数据的存取。

    A. 不合语义的数据　　　B. 非法用户　　　　　C. 不正确的数据　　D. 不符合约束数据

6. 下面 SQL 命令中的数据控制命令是（　　　）。

    A. GRANT　　　　　　B. COMMIT　　　　　C. UPDATE　　　　D. SELECT

7. 参照完整性可以通过建立（　　　）来实现。

    A. 主键约束和唯一性约束　　　　　　　　　B. 主键约束和外键约束

    C. 唯一性约束和外键约束　　　　　　　　　D. 以上都不是

8. 创建默认值的语句是（　　　）。

    A. CREATE DEFAULT　　　　　　　　　　B. DROP DEFAULT

    C. sp_bindefault　　　　　　　　　　　　D. sp_unbindefault

9. 在为 studentsdb 数据库的 student_info 表录入数据时，常常需要一遍遍地输入"男"到学生的"性别"列，以下（　　　）方法可以解决这个问题。

    A. 创建一个 DEFAULT 约束（或默认值）

    B. 创建一个 CHECK 约束

    C. 创建一个 UNIQUE 约束（或唯一值）

    D. 创建一个 PRIMARY KEY 约束（或主键）

二、填空题

1. 数据库的安全性是指保护数据库以防止不合法的使用所造成的_____。

2. 完整性检查和控制的防范对象是_____，防止其进入数据库。安全性控制的防范对象是_____，防止其对数据库中数据的存取。

3. 计算机系统有三类安全性问题，即_____、_____和_____。

4. 用户标识和鉴别的方法有很多种，而且在一个系统中往往是多种方法并举，以获得更强的安全性。常用的方法有通过输入_____和_____鉴别用户。

5. 用户权限是由_____和_____两个要素组成的。

6. 在数据库系统中，定义存取权限称为_____。SQL 用_____语句向用户授予对数据的操作权限，用_____语句收回授予的权限。

7. 数据库的完整性是指_____。

8. 关系模型的实体完整性在 CREATE TABLE 中用_____关键字实现。

9. 检查主码值出现_____和有一个为_____情况时，则数据库管理系统拒绝插入或修改。

10. 关系模型的参照完整性在 CREATE TABLE 中用_____关键字实现。

三、简答题

1. 试述实现数据库的安全性控制的常用方法和技术。

2. 什么是数据库的完整性？实现数据库的完整性有哪些方法？

07 第7章 并发控制

数据资源共享是数据库的特点之一，若数据库系统采用串行方式执行程序，则意味着一个用户在运行程序时，其他用户必须等到这个用户程序结束才能对数据库进行存取。若一个用户程序涉及大量数据的输入、输出操作，则数据库系统的大部分时间将处于闲置状态。因此，为了充分利用数据库资源，大多数情况下，数据库系统采用并行方式执行程序，这样就会产生多个用户并发存取同一数据的情况。若数据库系统对并发操作不加以控制，可能会产生不正确的数据，破坏数据的一致性，所以数据库系统必须提供并发控制机制，数据库的并发控制机制是衡量数据库管理系统性能的重要技术指标。

事务（Transaction）是数据库并发控制的基本单位，因此在讨论并发技术之前，首先介绍事务的基本概念和特性。

7.1 事务

用户对数据库进行的操作构成了一个有序的操作序列，这一系列的操作不允许被其他用户或者系统异常打断，也不允许数据库的其他操作介入这个操作序列中，影响该操作序列在数据库中的执行结果。数据库管理系统用事务这个概念来描述这样的操作序列。

7.1.1 事务的概念

将数据库的某些操作的集合看作一个整体，在这些操作的执行过程中，不受其他操作的影响，这些操作的集合就是事务。

定义 7.1　事务是数据库应用程序的基本逻辑单元，是用户定义的一个数据库操作序列，这些操作要么全做，要么不做，是一个不可分割的工作单位。在关系数据库中，一个事务可以是一组 SQL 语句、一条 SQL 语句或者整个程序。

事务和程序是两个概念，一个程序中能够包含多个事务。在 T-SQL 中，定义事务的语句有如下三条。

BEGIN　TRANSACTION　　　　　表示事务开始
COMMIT　　　　　　　　　　　　表示提交该事务的全部操作
ROLLBACK　　　　　　　　　　　表示事务回滚

事务通常以 BEGIN TRANSACTION 开始，以 COMMIT 或者 ROLLBACK 结束。COMMIT 是将事务中对数据库的更新写入磁盘上的物理数据库中，正常结束事务。ROLLBACK 表示事务回滚。事务在运行过程中，由于出现了错误而无法继续执行时，ROLLBACK 撤销该事务已经对数据库执行的操作，返回到执行事务之前的正确状态。事务对数据对象 A 进行的读取操作可以表示为 READ(A)，将数据对象 B 写入数据库的操作可以表示为 WRITE(B)。

【例 7.1】定义一个"转账"事务，该事务将 5000 元由账号 A 转至账号 B，但是账号 B 最多不能超过 30000 元。用 T-SQL 定义该事务的操作序列如下：

```
BEGIN TRANSACTION
  READ(A)
  A=A-5000
  IF(A<0)                    /*账号A款项不足*/
      ROLLBACK
  ELSE
      WRITE(A)
  READ(B)
  B=B+5000
  IF(B>30000)                /*账号B款项超过30000元*/
      ROLLBACK
  ELSE
      WRITE(B)
  COMMIT
END TRANSACTION
```

这是对一个简单事务的完整描述。当账号 A 的款项不足或者账号 B 的款项超过 30000 元时，事务以 ROLLBACK 命令结束。事务以 COMMIT（提交）命令结束时，完成从账号 A 到账号 B 的转账。在执行 COMMIT 之前，在事务对数据库的修改过程中，数据可能是不一致的，事务本身也可能被撤销。

7.1.2 事务的特性

事务是对数据库一系列操作的集合，每个用户对数据库的操作都可以用事务的概念描述，事务具有 4 个特性，分别是原子性（Atomicity）、一致性（Consistency）、隔离性（Isolation）和持久性（Durability），也简称为 ACID 特性。

1. 原子性

事务是数据库的逻辑工作单位，是不可分割的工作单元。事务中包含的所有操作要么全做，要么全不做，即不允许完成部分事务。即使因为故障而使事务未能完成，它执行的部分也要被取消。在转账事务中，如果在操作 A=A-5000 完成后，系统出现故障或人为地结束事务，则账号 A 中减少了 5000 元，而账号 B 中并未增加 5000 元，这样数据库就会出现不一致性错误。因此，事务必须具有原子性，如果事务中断，那么先前对数据库进行的操作必须全部取消。当对数据库的全部操作都正确完成后，事务才能够正确提交。

2. 一致性

事务运行的结果应该使数据库保持数据的一致性，保持数据一致性的前提是事务不能够在执行过程中被打断，确保事务的全部操作被正确地执行，如果其中某些操作无法正确执行，就无法保证数据的一致性。因此，系统必须具有检查数据一致性的功能。例如在转账事务中，如果在事务运行前后账号 A 和账号 B 之和保持不变，则数据库处于一致性状态，如果账号 A 减去 5000 元而账号 B 没有增加 5000 元，两个账号的总和必然减少 5000 元，则数据库处于不一致性状态。

3. 隔离性

系统必须保证事务不受其他并发执行事务的影响，一个事务内部的操作及使用的数据，对其他并发事务应该是隔离的，并发执行的各个事务之间不能相互干扰。并发控制就是为了保证事务间的隔离性，当多个事务并发执行时，系统总能保证执行的结果与这些事务依次单独执行一样。在转账事务中，如果在账号 A 减去 5000 元，账号 B 还没有加上 5000 元时，另一个事务介入进来并读取账号 B 的值进行其他操作，该事务读取的值就会是错误的，进而影响该事务的运行结果，数据库会出现数据不一致的错误。

4. 持久性

一旦一个事务被提交，事务对数据的更改就被永久地写入数据库中，这个改变应该是持久的，即使存放数据的介质损坏了，系统也能将数据恢复到介质损坏之前事务提交的状态。

事务的 ACID 特性分别是由数据库管理系统的事务管理子系统、完整性控制子系统、并发性控制子系统和恢复管理子系统实现的。

7.2 并发控制

数据库是一个可以供多个用户共同使用的共享资源，在串行执行的情况下，每个时刻只能有一个应用程序对数据库进行存取，其他程序必须等待。这种工作方式制约了对数据库的访问效率，不利于数据库资源的利用。解决这一问题的重要途径是允许多个用户并发地访问数据库。当多个用户并发地访问数据库时，就会产生多个事务同时存取同一数据的情况，若对并发操作不加以控制，就会造成对数据的错误存取，从而破坏数据库的一致性。

7.2.1 并发控制的含义

并发控制是指当多个用户同时对数据库进行操作时，为了保护数据库中数据的完整性和一致性而采用的各种技术。

7.2.2 并发操作带来的问题

1. 丢失修改

丢失修改是指事务 T1 和事务 T2 读取同一数据并分别修改，事务 T2 提交的结果覆盖了事务 T1 提交的结果，导致事务 T1 对数据的修改被丢失。

表 7.1 中，事务 T1 和事务 T2 分别读取到数据库中 R 的值为 100，在 t3 时刻，T1 将 R 减去 30，则 R 的值为 70，在 t4 时刻，T2 将 R 减去 20，则 R 的值为 80。接下来，T1 和 T2 分别将 R 的值写回数据库，由于 T2 的写入操作在 T1 的写入操作之后，所以 R 的值为 80，这样就丢失了 T1 对 R 的修改值 70。

表 7.1　丢失修改问题

时刻	事务 T1	事务 T2	数据库中 R 的值
t0			100
t1	READ(R)		
t2		READ(R)	
t3	R=R-30		
t4		R=R-20	
t5	WRITE(R)		70
t6		WRITE(R)	80

2. 读脏数据

读脏数据又称为污读，是指事务 T1 修改某一数据并将其写回磁盘，事务 T2 读取同一数据后，事务 T1 由于某种原因被撤销，被事务 T1 修改过的数据会恢复原值，于是事务 T2 读到的数据就与数据库中的数据不一致，事务 T2 读到的数据就成为脏数据，是不正确的数据。

表 7.2 中，事务 T1 读取到数据库中 R 的值为 100，将 R 加上 100 更新为 200，并将 R 写入数据库。在 t4 时刻，T2 读取到 R 的值为 200。由于 T1 在 t5 时刻做了回滚操作，R 就恢复到原来的值 100。这时，事务 T2 读到的 R 的值 200 就是脏数据。

表 7.2 读脏数据问题

时刻	事务 T1	事务 T2	数据库中 R 的值
t0			100
t1	READ(R)		
t2	R=R+100		
t3	WRITE(R)		200
t4		READ(R)	
t5	ROLLBACK		100

3. 不可重复读

不可重复读是指事务 T1 读取数据 R 后，事务 T2 读取并更新了数据 R，当事务 T1 再次读取数据 R 时，事务 T1 无法再现前一次的读取结果。

表 7.3 中，事务 T1 读取到数据库中 R 的值为 100，事务 T2 读取 R 并将 R 加上 100，R 的值更新为 200，并将 R 写入数据库。在 t5 时刻，事务 T1 再次读取 R，发现和上一次读取的值不同了。

表 7.3 不可重复读问题

时刻	事务 T1	事务 T2	数据库中 R 的值
t0			100
t1	READ(R)		
t2		READ(R)	
t3		R=R+100	
t4		WRITE(R)	200
t5	READ(R)		

产生上述 3 类数据不一致性问题的主要原因是并发操作破坏了事务的隔离性。并发控制就是要求数据库管理系统用正确的方式调度并发操作，使每一个用户事务的执行不受其他事务的干扰，从而避免造成数据的不一致。

7.3 封锁与封锁协议

实现并发控制的主要技术是封锁。封锁是指当一个事务在对某个数据对象（可以是数据项、记录、数据集以及整个数据库）进行操作之前，必须先获得相应的锁，以保证数据操作的正确性和一致性。

7.3.1 封锁类型

基本的封锁类型有两种：排他锁和共享锁。

排他锁（简记为 X 锁）又称为写锁。如果事务 T 对数据对象 R 加上 X 锁，则只允许事务 T 读取和修改数据对象 R，其他任何事务都不能再对数据对象 R 加任何类型的锁，直到事务 T 释放数据对象 R 上的锁。这样就保证了其他事务在事务 T 释放数据对象 R 上的锁之前，不能再读取和修改数据对象 R。

共享锁（简记为 S 锁）又称为读锁。如果事务 T 对数据对象 R 加上 S 锁，则事务 T 可以读数据对象 R，但不可以修改数据对象 R，其他事务只能对数据对象 R 再加 S 锁，不能再加 X 锁，直到事务 T 释放数据对象 R 上的 S 锁。这样就保证了其他事务可以读取数据对象 R，但是在事务 T 释放数据对象 R 上的 S 锁之前，不能对数据对象 R 做任何修改。

7.3.2 封锁协议

当一个事务 T 要对某个数据对象加锁时，还必须遵守某种规则。例如，何时开始封锁、封锁多长时间、何时释放锁等，这些规则称为封锁协议。对封锁方式规定不同的规则，就形成了不同的封锁协议。针对并发操作可能带来的 3 类数据不一致问题，可以通过 3 类封锁协议在不同程度上予以解决。

1. 一级封锁协议

一级封锁协议是指事务 T 在修改数据对象 R 之前，必须先对数据对象 R 申请加 X 锁，在获得 X 锁后，该事务才能继续执行，事务 T 结束后才释放所加的 X 锁。如果没有获准加 X 锁，则事务 T 进入等待状态，直到获得 X 锁。一级封锁协议可以防止丢失修改。

表 7.4 中，由于事务 T1 先对数据对象 R 加了 X 锁，事务 T2 只能等待事务 T1 释放数据对象 R 上的 X 锁，只有获得了 X 锁后，才能对数据对象 R 加 X 锁进行修改，这样事务 T1 对数据的修改值 70 就不会因事务 T2 对数据对象 R 的修改而丢失了。

表 7.4 一级封锁协议解决丢失修改问题

时刻	事务 T1	事务 T2	数据库中 R 的值
t0			100
t1	XLOCK R		
t2	READ(R)		
t3		XLOCK R	
t4	R=R-30	WAIT	
t5	WRITE(R)	WAIT	70
t6	UNLOCK X	WAIT	
t7		XLOCK R	
t8		READ(R)	
t9		R=R-20	
t10		WRITE(R)	50

采用一级封锁协议，如果仅仅是读数据而不对其进行修改，是不需要加锁的，所以它不能保证可重复读和不读脏数据。

2. 二级封锁协议

二级封锁协议是在一级封锁协议的基础上，再加上事务 T 在读取数据对象 R 之前必须对数据对象 R 申请加 S 锁，在获得了 S 锁并读完数据对象 R 后立即释放所加的 S 锁。如果未获准加 S 锁，则该事务进入等待状态，直到获准加 S 锁后，该事务才继续执行。二级封锁协议不仅可以防止丢失修改，而且可以防止读脏数据。

表 7.5 中，事务 T1 要对数据库中数据对象 R 的值进行修改，因此先对数据对象 R 加上 X 锁。在 t2 时刻，事务 T2 想读取数据对象 R 的值，由于遵循二级封锁协议，需要先对数据对象 R 加 S 锁，因为数据对象 R 上有事务 T1 的 X 锁，所以事务 T2 只能等待事务 T1 结束后才能读取到数据对象 R。当事务 T1 释放了加在数据对象 R 上的 X 锁后，事务 T2 读到的数据就是事务 T1 回滚以后的正确数据了。

表 7.5 二级封锁协议解决读脏数据问题

时间	事务 T1	事务 T2	数据库中 R 的值
t0	XLOCK R		100
t1	READ(R)		
t2	R=R+100	SLOCK R	
t3	WRITE(R)	WAIT	200
t4	ROLLBACK	WAIT	100
t5	UNLOCK X	WAIT	
t6		SLOCK R	
t7		READ(R)	100
t8		UNLOCK S	

采用二级封锁协议，事务 T 在读取数据对象 R 之后，立即释放 S 锁，其他事务就可以获取 X 锁，对数据对象 R 进行修改并提交，当事务 T 再次读取数据对象 R 时，就读到了更改以后的数据，所以它仍然不能防止不可重复读。

3. 三级封锁协议

三级封锁协议是在一级封锁协议的基础上，再加上事务 T 在读数据对象 R 之前必须先对数据对象

R 申请加 S 锁，在获得了 S 锁后，直到该事务 T 结束才释放所加的 S 锁。如果未获准加 S 锁，则该事务 T 进入等待状态，直到获准加 S 锁，该事务才继续执行。由于三级封锁协议中的 S 锁直到事务结束时才释放，因此三级锁协议中的 S 锁不仅可以防止丢失修改和读脏数据，还可以防止不可重复读。

　　表 7.6 中，事务 T1 要读取数据库中数据对象 R 的值，于是先对数据对象 R 加上 S 锁，读取到了数据对象 R 的值为 100，读完不释放锁。在 t2 时刻，事务 T2 要对数据对象 R 加 X 锁进行修改，由于数据对象 R 上有事务 T1 加的 S 锁，事务 T2 只能等待。在 t3 时刻，事务 T1 再次读取数据对象 R 的值，与上一次读取到的一致。在事务 T1 正常结束释放了 S 锁后，事务 T2 才能对数据对象 R 进行修改，这样就避免了事务 T1 不可重复读的问题。

表 7.6　三级封锁协议解决不可重复读问题

时间	事务 T1	事务 T2	数据库中 R 的值
t0	SLOCK R		100
t1	READ(R)		
t2		XLOCK R	
t3	READ(R)	WAIT	100
t4	COMMIT	WAIT	
t5	UNLOCK S	WAIT	
t6		XLOCK R	
t7		READ(R)	
t8		R=R+100	
t9		WRITE(R)	200
t10		UNLOCK X	

7.4　活锁与死锁

　　封锁技术可有效解决数据库并发操作的数据不一致问题，但同时也产生了新的问题，即活锁和死锁问题。

7.4.1　活锁

　　在并发事务处理过程中，如果事务 T1 已在数据对象 R 上加锁，事务 T2 又请求为数据对象 R 加锁，那么事务 T2 进入了等待状态，接着事务 T3 也请求为数据对象 R 加锁，当事务 T1 释放了数据对象 R 上的锁之后，系统首先响应了事务 T3 的请求，允许事务 T3 对数据对象 R 加锁，此时事务 T2 仍然等待，之后事务 T4 又请求封锁数据对象 R，当事务 T3 释放了数据对象 R 的封锁之后，系统又响应了事务 T4 的请求……事务 T2 则有可能永远等待而无法执行，这就是活锁的情况。

　　避免活锁的简单方法是采用先来先服务的策略，按照请求封锁的次序对事务排队，一旦数据对象上的锁被释放，就使申请队列中的第一个事务获得锁。

7.4.2　死锁

　　如果事务 T1 对数据对象 R1 加了锁，事务 T2 对数据对象 R2 加了锁，之后事务 T1 又申请对数据对象 R2 加锁，因为事务 T2 已经对数据对象 R2 加锁，所以事务 T1 必须等待事务 T2 释放数据对象 R2 上的锁，接着事务 T2 又申请对数据对象 R1 加锁，因为事务 T1 已经封锁了数据对象 R1，事务 T2 也必须等待事务 T1 释放数据对象 R1 上的锁，这样就出现了事务 T1 和事务 T2 永远处于相互等待状态，始终无法结束，这样的情况被称为死锁。

　　目前在数据库系统中，解决死锁问题主要有两类方法：一是采取一定措施来预防死锁的发生；二是允许发生死锁，但定期诊断系统中是否出现死锁，如果出现死锁，则人为地解除。

　　1．死锁的预防

　　死锁预防机制的思想是：避免并发事务互相等待其他事务释放封锁的情况出现，保证数据库系统永不进入死锁状态。预防死锁主要有一次封锁法和顺序加锁法两种。

（1）一次封锁法

一次封锁法要求每个事务开始执行之前，一次性将所有要用的数据对象全部加锁，否则事务就不能继续执行。

采用一次封锁法对数据对象进行一次性封锁，其他事务就不能再封锁这个事务用到的数据对象，可以有效防止死锁的发生。但这样也存在一些问题，首先，一次性将事务在执行过程中可能要涉及的数据全部加锁，会扩大封锁范围，从而降低数据对象的使用效率和系统的并发度；其次，数据库中的数据是不断变化的，原来不要求加锁的数据，在执行过程中可能会变成封锁对象，所以很难事先精确地确定每个事务要封锁的数据对象。

（2）顺序加锁法

顺序加锁法是预先对所有数据对象规定一个加锁顺序，所有的事务都按这个顺序进行加锁，在释放时按逆序进行。顺序加锁法可以有效地防止死锁，但是也存在一些问题。数据库系统中可封锁的数据对象很多，并且随着数据的插入、删除等操作而动态变化，要维护这些资源的封锁顺序非常困难，系统维护的成本很高。

由此可见，在操作系统中预防死锁的策略并不适用于数据库。在数据库系统中，可以允许发生死锁，在死锁发生后，自动诊断并解除死锁。

2. 死锁的检测与解除

在数据库系统中，诊断死锁一般使用超时法和事务等待图法。

（1）超时法

当一个事务等待加锁的时间超过了规定的时限，就被认为发生了死锁。超时法实现简单，但是设置判断死锁的时限是非常困难的，如果设置的时限太长，那么发生死锁以后不能及时发现；如果设置的时限太短，那么由于其他原因导致的事务等待超时也会被误认为发生了死锁。

（2）事务等待图法

事务等待图是一个有向图 G=(T,E)，T 为节点的集合，每个节点表示正在运行的事务，E 为边的集合，每条有向边表示事务等待的情况。若事务 T1 等待事务 T2，则在 T1 和 T2 之间画一条有向边，由 T1 指向 T2。事务等待图动态地反映了所有事务的等待情况，并发控制子系统周期性地检测事务等待图，若发现图中存在回路，则表示系统中出现了死锁。图 7.1 中，事务 T1 等待事务 T2，事务 T2 等待事务 T1，这就产生了死锁。

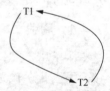

图 7.1 事务等待图

数据库系统中的并发控制子系统会周期性地（如每隔 1min）检测事务等待图，一旦检测到系统中存在死锁，就要设法解除。解除死锁采用的方法是：首先，选择一个处理死锁代价最小的事务，将其撤销，释放此事务持有的所有锁，使需要这些数据对象的其他事务可以继续运行下去；然后，对撤销的事务进行回滚操作，即对它所执行的数据修改操作进行恢复处理。

7.5　并发调度的可串行性与两段锁协议

数据库系统对并发事务的执行次序是随机的，不同的执行次序可能会产生不同的运行结果。通常情况下，如果一个事务在执行过程中没有与其他事务并发运行，那么该事务的执行就不会受到其他事务的干扰，运行结果就是正常的或者是预想的。当多个事务串行执行时，事务的运行结果一定是正确的。

7.5.1　并发调度的可串行性

定义 7.2　调度（Schedule）是指事务的执行次序。如果多个事务依次执行，则称为事务的串行调度。如果多个事务同时执行，则称为事务的并发调度。

若以不同的顺序串行调度事务，可能会产生不同的结果，但由于不会将数据库置于不一致状态，所以都是正确的调度。因此，在多个事务并发执行时，只有当这几个事务的并发运行结果与这些事务按某一次序串行运行的结果相同时，才认为这样的并发操作是正确的。

定义 7.3 如果多个事务的并发运行结果与按某一次序串行地执行这些事务时结果相同，称这种调度策略为可串行性（Serializable）调度，否则，是不可串行性的调度。

可串行性是并发事务正确性的判别准则，按照这个准则的规定，一个给定的并发调度，当且仅当它是可串行性时，才认为是正确的调度。

表 7.7 中，A 和 B 的初始值都是 50，按串行调度（一）的执行顺序调度事务 T1 和 T2，A=52，B=51。按串行调度（二）的执行顺序调度事务 T1 和 T2，A=51，B=52。两种调度的结果虽然不同，但由于它们是串行调度的，因此都是正确的调度。

表 7.7 并发事务的串行调度

串行调度（一）		串行调度（二）	
T1	T2	T1	T2
SLOCK(A)			SLOCK(B)
READ(A)=50			READ(B)=50
UNLOCK A			UNLOCK B
XLOCK(B)			XLOCK(A)
B=A+1//B=51			A=B+1//A=51
WRITE(B)			WRITE(A)
UNLOCK B			UNLOCK A
	SLOCK(B)	SLOCK(A)	
	READ(B)=51	READ(A)=51	
	UNLOCK B	UNLOCK A	
	XLOCK(A)	XLOCK(B)	
	A=B+1//A=52	B=A+1//B=52	
	WRITE(A)	WRITE(B)	
	UNLOCK A	UNLOCK B	

表 7.8 的左侧两栏中，两个事务是交错执行的，执行的结果是 A=51，B=51，由于这个结果与按串行调度的两种执行结果都不同，因此是错误的调度；表 7.8 的右侧两栏中，两个事务也是交错执行的，其执行结果是 A=52，B=51，这与表 7.7 中串行调度（一）的执行结果相同，因此是正确的调度。

表 7.8 不可串行性调度和可串行性调度

不可串行性调度		可串行性调度	
T1	T2	T1	T2
SLOCK(A)		SLOCK(A)	
READ(A)=50		READ(A)=50	
UNLOCK A		UNLOCK A	
	SLOCK(B)	XLOCK(B)	
	READ(B)=50	B=A+1//B=51	
	UNLOCK B	WRITE(B)	SLOCK(B)
XLOCK(B)		UNLOCK B	WAIT
B=A+1//B=51			WAIT
WRITE(B)			SLOCK(B)
UNLOCK B			READ(B)=51
	XLOCK(A)		UNLOCK B
	A=B+1//A=51		XLOCK(A)
	WRITE(A)		A=B+1//A=52
	UNLOCK A		WRITE(A)
			UNLOCK A

由此可见，数据库系统对并发事务的不同的调度可能会产生不同的结果，因此，如何对并发事务进行正确的调度是数据库管理系统的重要工作。

7.5.2 两段锁协议

为保证并发操作的正确性，数据库管理系统的并发控制机制普遍采用加锁方法实现并发操作调度的可串行性，从而保证调度的正确性。保证并发调度可串行性的封锁协议是两段锁协议。

两段锁协议规定所有的事务应遵守如下规定：

（1）在对任何一个数据对象进行读写操作之前，事务必须申请对该数据对象进行封锁；

（2）在释放某个锁之后，事务不能再对任何数据对象加锁。

两段锁协议要求所有事务必须分两个阶段对数据对象加锁和解锁。第一阶段是加锁阶段，也称扩展阶段。在这一阶段中，事务可以申请获得任何数据对象上的任何类型的锁，但是不能释放任何锁。第二段是解锁阶段，也称收缩阶段。在这一阶段中，事务可以释放任何数据对象上的任何类型的锁，但不能再申请任何锁。

【例 7.2】有如下两个事务的封锁序列。

事务 T1 的封锁序列如下所示，释放锁在所有加锁之后，因此它遵守两段锁协议。

XLOCK(A)→SLOCK(B)→XLOCK(C)→UNLOCK(B)→UNLOCK(A)→UNLOCK(C)

事务 T2 的封锁序列如下所示，在释放 B 上的锁后，又申请对 C 加锁，因此它不遵守两段锁协议。

XLOCK(A)→SLOCK(B)→UNLOCK(B)→SLOCK(C)→UNLOCK(A)→UNLOCK(C)

【例 7.3】采用两段锁协议保证了事务 T1 和 T2 为可串行性调度（见表 7.9）。

表 7.9　事务 T1 和 T2 的可串行性调度

T1	T2
XLOCK(A)	
READ(A) //A=1000	
A=A-200	
WRITE(A) //A=800	
XLOCK(B)	XLOCK(A)
B=B+200//B=1200	WAIT
WRITE(B)	WAIT
UNLOCK A	WAIT
UNLOCK B	XLOCK(A)
	READ(A)//A=800
	A=A-200
	WRITE(A)//A=600
	XLOCK(B)
	B=B+200//B=1400
	WRITE(B)
	UNLOCK A
	UNLOCK B

表 7.9 中，数据库中数据对象 A 和数据对象 B 的初始值为 1000，事务 T1 和 T2 在执行过程中，都先对需要进行读写的数据对象进行封锁，在封锁的过程中没有释放封锁的操作，等处理完毕后，再对其进行解锁的操作，在解锁的过程中同样也没有加锁操作。因此这个调度遵守两段锁协议。由于遵守两段锁协议，事务 T1 在成功获得全部数据对象 A 和 B 并使用完毕后，才会释放锁，并且不再申请加锁。事务 T1 在处理完数据对象 A 和数据对象 B 后，事务 T2 才能执行对数据对象 A 和数据对象 B 的操作，显然这个调度是一个可串行性调度，也能够成为正确的调度。

两段锁协议是并发调度可串行性的充分条件，但不是必要条件。若并发事务的调度遵守两段锁协议，那么这个调度一定是可串行性调度；若并发事务的调度并不遵守两段锁协议，也有可能是可串行性调度。

两段锁协议和防止死锁的一次封锁法有类似之处，一次封锁法要求每个事务必须一次性将所有要使用的数据对象全部加锁，否则就不能继续执行，因此一次封锁法遵守两段锁协议，但两段锁协议并不要求事务必须一次性将所有要用到的数据对象全部加锁，因此，遵守两段锁协议的事务也可能发生死锁。

7.6　封锁粒度与多粒度封锁

根据对数据的不同处理，封锁对象可以是逻辑单元，也可以是物理单元。以关系数据库系统为例，封锁对象可以是数据库、索引、关系、元组、属性值等逻辑单元，也可以是页（数据页或索引页）、块等物理单元。

1. 封锁粒度

排他锁和共享锁都是加在数据库中的数据对象上的，封锁对象的大小称为封锁粒度（granularity）。封锁粒度表示封锁的作用范围，如一条记录上的锁只作用于该记录，一个关系上的锁作用于该关系中的所有记录。可见，不同封锁粒度涉及的封锁的数据量是不同的，封锁对象的级别越高，涉及的数据量越大。

如果事务 T 封锁的是一个关系，那么该关系中的所有数据都被封锁，其他需要对该关系中的数据执行读写操作的事务必须等到事务 T 释放锁后才能运行；如果事务 T 封锁的是元组，需要对其他元组进行读写操作的事务不需要等待事务 T 释放锁即可运行。然而，封锁粒度越大，数据库所能够封锁的数据单元就越少，并发度就越低，系统开销也越小；反之，封锁粒度越小，并发度越高，系统开销就越大。因此，封锁粒度与系统的并发度和并发控制的开销密切相关。

2. 多粒度封锁

如果在同一个数据库系统中，同时支持多种封锁粒度供不同的事务选择，则称为多粒度封锁。选择封锁粒度时应该根据并发度和封锁开销两个因素，选择适当的封锁粒度，以求得最优的效果。

通常情况下，需要处理多个关系的事务，可以以数据库为封锁单位；需要处理某个关系的大量元组的事务，可以以关系为封锁粒度；只处理少量元组的事务，可以以元组为封锁单位。

7.7　SQL Server 的并发控制机制

SQL Server 通过支持事务机制来管理多个事务，保证数据的一致性，并使用事务日志保证修改的完整性和可恢复性。SQL Server 遵从三级封锁协议，从而可以有效地控制并发操作可能产生的丢失修改、不可重复读、读脏数据等问题。SQL Server 具有多种不同粒度的锁，允许事务锁定不同的资源，并能自动使用与任务相对应的等级锁来锁定资源对象，以使锁的成本最小化。

7.7.1　SQL Server 的事务

SQL Server 的事务分两种类型：系统提供的事务和用户定义的事务。系统提供的事务是指在执行某些语句时，一条语句就是一个事务，它的数据对象可能是一个或多个表（视图），也可以是表（或视图）中的一行或多行数据。用户定义的事务以 BEGIN TRANSACTION 语句开始，以 COMMIT 或 ROLLBACK 语句结束。

7.7.2　SQL Server 的封锁方式

SQL Server 的封锁控制由一个内部的锁管理器实现，锁管理器决定封锁粒度和封锁类型。SQL Server 提供多粒度锁机制，包括行锁、页锁、簇锁、表锁和数据库锁。行锁是粒度最小的锁，用于封锁一个数据页或索引页中的一行数据；页锁用于封锁一个物理页，一个物理页有 8KB 的空间，所有的数据、日志和索引都放在物理页中，且一行数据必须在同一个页上；簇锁用于锁定一个簇，簇是页之上的管理单位，一个簇由 8 个连续的页组成；表锁用于封锁包含数据与索引的整个表，是 SQL Server 提供的主要的锁，当事务处理的数量比较多时，一般使用表锁；数据库锁用于锁定整个数据库，防止其他任何用户或事务对锁定数据库的访问，是一种非常特殊的锁，只用于数据的恢复操作。

SQL Server 提供的封锁类型包括共享锁、排他锁、更新锁、意向锁和模式锁。共享锁和排他锁是基本的封锁类型。更新锁是为修改操作提供的页级排他锁。意向锁是为提高 DBMS 检查加锁冲突效率的封锁。模式锁分为静态模式锁和模式修改锁，当禁止修改模式时，使用静态模式锁；当修改表结构或索引时，使用模式修改锁。

一般情况下，SQL Server 能够自动提供加锁功能，用户只需要了解封锁机制的基本原理，在使用时不涉及锁的操作。SQL Server 在事务执行过程中会自动选择合适的封锁类型和资源封锁粒度，并基于事务的类型自动选择封锁类型，自动提供加锁功能。也就是说，SQL Server 的封锁机制对用户是透明的。

本章小结

并发控制是指当多个用户同时对数据库进行操作时，为了保护数据库中数据的完整性和一致性而采用的各种技术。

事务是数据库的逻辑工作单位，并发操作中只有保证系统中一切事务的原子性、一致性、隔离性和持久性，才能保证数据库处于一致性状态。

数据库系统通常采用封锁技术对事务进行并发控制，常用的封锁类型有排他锁和共享锁两种，基于这两种类型的锁规定了三级封锁协议，可有效地解决并发操作带来的不一致问题。

封锁技术在一定程度上解决了事务并发带来的问题，但也会产生新的问题，例如活锁和死锁的问题，并发控制机制主要采用先来先服务处理活锁问题，采用一次封锁法或者顺序加锁法预防死锁的产生，死锁一旦发生，选择一个处理死锁代价最小的事务将其撤销。

是否可串行性是判断事务调度是否正确的标准，数据库系统采用两段锁协议判断并行事务的调度是否为可串行性调度。

封锁粒度是指封锁的数据对象的大小，如果在同一个数据库系统中，同时支持多种封锁粒度供不同的事务选择，则称为多粒度封锁。

习题

一、选择题

1. (   ) 是数据库管理系统的基本单位，它是用户定义的一组逻辑一致的程序序列。
   A. 程序　　　　　　B. 命令　　　　　　C. 事务　　　　　　D. 文件

2. 一个事务在执行时，应该遵守"要么不做，要么全做"的原则，这是事务的 (   )。
   A. 原子性　　　　　B. 一致性　　　　　C. 隔离性　　　　　D. 持久性

3. 实现事务回滚的语句是 (   )。
   A. COMMIT　　　　B. ROLLBACK　　　C. REVOKE　　　　D. REDO

4. 解决并发操作带来的数据不一致问题普遍采用 (   ) 技术。
   A. 存取控制　　　　B. 协商　　　　　　C. 封锁　　　　　　D. 恢复

5. 在数据库技术中，脏数据是指 (   )。
   A. 未回退的数据　　　　　　　　　　　　B. 回退的数据
   C. 未提交的数据　　　　　　　　　　　　D. 未提交随后又被撤销的数据

6. 若事务 T 对数据对象 A 加上 X 锁，则事务 T 对数据对象 A (   )。
   A. 只能读不能写　　　　　　　　　　　　B. 只能写不能读
   C. 既能读又能写　　　　　　　　　　　　D. 不能读也不能写

7. 若事务 T 对数据对象 A 加上 X 锁，则其他事务对数据对象 A (   )。
   A. 可以加 S 锁不能加 X 锁　　　　　　　B. 不能加 S 锁可以加 X 锁
   C. 可以加 S 锁也可以加 X 锁　　　　　　D. 不能加任何锁

8. 若事务 T 对数据对象 A 加上 S 锁，则（　　　）。

　　A. 事务 T 可以读 A 和修改 A，其他事务只能再对 A 加 S 锁，而不能加 X 锁

　　B. 事务 T 可以读 A 但不能修改 A，其他事务只能再对 A 加 S 锁，而不能加 X 锁

　　C. 事务 T 可以读 A 和修改 A，其他事务能对 A 加 S 锁和 X 锁

　　D. 事务 T 可以读 A 但不能修改 A，其他事务能对 A 加 S 锁和 X 锁

9. 在事务依赖图中，如果两个事务的依赖关系形成一个循环，那么就会（　　　）。

　　A. 事务执行成功　　　　　　　　　　B. 事务执行失败

　　C. 出现活锁现象　　　　　　　　　　D. 出现死锁现象

10. 以下（　　　）封锁违反两段锁协议。

　　A. Slock A, Slock B, Xlock C, Unlock C, Unlock B, Unlock A

　　B. Slock A, Slock B, Xlock C, Unlock A, Unlock B, Unlock C

　　C. Slock A, Slock B, Xlock C, Unlock B, Unlock C, Unlock A

　　D. Slock A, Unlock A, Slock B, Xlock C, Unlock B, Unlock C

二、填空题

1. _____是数据库管理系统执行的基本单位。

2. 事务具有_____、_____、_____和_____4 个特性。

3. 有两种基本类型的锁，它们是_____和_____。

4. 事务在修改数据之前必须先对其加 X 锁，直到事务结束才释放，称为_____协议，该协议可以防止_____。

5. _____协议是在一级协议的基础上加上“事务 T 在读数据之前必须先对其加 S 锁，读完后即可释放 S 锁”，该协议可以防止_____。

6. _____协议是在一级协议的基础上加上“事务 T 在读数据之前必须先对其加 S 锁，直到事务结束才释放 S 锁”，该协议可以防止_____。

7. 使某个事务永远处于等待状态，得不到执行的现象称为_____。有两个或者两个以上的事务处于等待状态，每个事务都在等待其中另一个事务解除封锁，它才能继续下去，结果任何一个事务都无法执行，这种现象称为_____。

8. 如果多个并发调度的结果与按某一次序串行调度的结果等价，则称此调度为_____。

9. _____是并发事务正确性的判别准则。

10. 封锁对象的大小称为_____。

三、简答题

1. 什么是事务？简述事务的提交和回滚的含义。

2. 事务有哪些特性？

3. 数据库的并发操作会带来哪些问题？如何解决？

4. 什么是封锁？封锁的基本类型有几种？含义分别是什么？

5. 简述 X 锁和 S 锁的区别。

6. 简述数据库中死锁产生的原因和解决死锁的方法。

7. 简述活锁产生的原因及解决活锁的策略。

8. 简述“串行调度”和“可串行性调度”的区别。

9. 简述两段锁的作用及其含义。

10. 什么是封锁粒度？多粒度封锁是指什么？

08

第8章 数据库备份与恢复

　　尽管数据库管理系统采取了各种措施来保证数据库的安全性和完整性，但硬件故障、软件错误、病毒、误操作或故意破坏等故障仍可能发生。这些故障会造成运行事务的异常中断，影响数据的正确性，甚至会破坏数据库，导致数据库中的数据破坏和丢失。因此数据库管理系统都提供了把数据库从错误状态恢复到某一正确状态的功能，这种功能称为恢复。数据库恢复技术用来应对各种各样的故障，当数据库出现故障时，恢复机制能将数据库恢复到一致性状态，保证数据库中的数据是正确的。

　　数据库的恢复是以备份为基础的，SQL Server 2019 的备份和恢复组件为存储在 SQL Server 中的关键数据提供了重要的保护手段。本章着重讨论备份和恢复的策略与过程。

8.1 数据库故障及恢复策略

　　数据库系统在运行中发生故障后，有些事务尚未完成就被迫中断，这些未完成事务对数据库所做的修改有一部分已写入物理数据库，这时数据库就处于一种不正确的状态，或者说是不一致的状态，这时可利用日志文件和数据库转储的后备副本将数据库恢复到故障前的某个一致性状态。数据库故障是指导致数据库值出现错误描述状态的情况，数据库运行过程中可能出现各种各样的故障，这些故障可分为 3 类：事务故障、系统故障和介质故障。根据不同的故障类型，应该采取不同的恢复策略。

8.1.1 事务故障及恢复

　　事务故障表示由非预期的、不正常的程序结束所造成的故障。造成程序非正常结束的原因包括输入数据错误、运算溢出、违反存储保护和并行事务发生死锁等。

　　【例 8.1】图书借阅事务：某图书借阅成功后，需要将该图书的库存数量 A 减去借阅数量 M，同时在借阅记录上添加借阅数量 M。

```
BEGIN TRANSACTION
读图书库存量 A;
A=A-M;
IF(A<0) THEN{
   显示库存数量不足，不能借阅;
   ROLLBACK;
)
ELSE
```

```
{
    读已借图书数量 B;
    B=B+M;
    COMMIT;
}
```

这个例子中包含的两个更新操作，要么全部完成，要么全部不做，否则就会使数据库处于不一致状态。例如，如果只减少了库存数量而没有增加借阅记录中的图书数量，就会造成数据库中图书数量的不一致。

在这段程序中若产生库存量不足的情况，应用程序可以及时发现并让事务回滚，撤销已做的修改，将数据库恢复到正确状态。

发生事务故障时，被迫中断的事务可能已对数据库进行了修改，为了消除该事务对数据库的影响，要利用日志文件中所记录的信息强行回滚该事务，将数据库恢复到修改前的初始状态。为此，要检查日志文件中由这些事务引起变化的记录，取消这些没有完成的事务所做的一切改变。这类恢复操作称为事务撤销（UNDO），具体做法如下。

（1）反向扫描日志文件，查找该事务的更新操作。

（2）对该事务的更新操作执行反操作，即对已经插入的新记录进行删除操作，对已删除的记录进行插入操作，对修改的数据恢复旧值，用旧值代替新值。这样由后向前逐个扫描该事务已做的所有更新操作并执行反操作，直到扫描到此事务的开始标记，则事务故障恢复完毕。

因此，一个事务不仅是一个工作单位，也是一个恢复单位。事务越短，越便于对它进行撤销操作。如果一个应用程序的运行时间较长，则应该把该应用程序分成多个事务，用 COMMIT 语句结束各个事务。

8.1.2　系统故障及恢复

系统故障是指系统在运行过程中，由于某种原因，系统停止运转，致使所有正在运行的事务都以非正常方式终止，要求系统重新启动。引起系统故障的原因可能有：硬件错误（如 CPU 故障）、操作系统或数据库管理系统代码错误、突然断电等。发生系统故障后，内存中数据库缓冲区的内容全部丢失，存储在外部存储设备上的数据库并未被破坏，但内容不可靠了。

系统故障发生后，对数据库的影响有两种情况：一种情况是一些未完成事务对数据库的更新已写入数据库，这样在系统重新启动后，要强行撤销所有未完成事务，清除这些事务对数据库所做的修改，这些未完成事务在日志文件中只有 BEGIN TRANSACTION 标记，而无 COMMIT 标记；另一种情况是有些已提交的事务对数据库的更新结果还保留在缓冲区中，尚未写到磁盘上的物理数据库中，这也使数据库处于不一致状态，因此，应将这些事务已提交的结果重新写入数据库。这类恢复操作称为事务的重做（REDO）。这种已提交的事务在日志文件中既有 BEGIN TRANSACTION 标记，也有 COMMIT 标记。

因此，系统故障的恢复要完成两方面的工作，既要撤销所有未完成的事务，还需要重做所有已提交的事务，这样才能将数据库真正恢复到一致的状态。具体做法如下。

（1）正向扫描日志文件，查找尚未提交的事务，将其事务标识记入撤销队列。同时查找已经提交的事务，将其事务标识记入重做队列。

（2）对撤销队列中的各个事务进行撤销处理。方法与事务故障中所介绍的撤销方法相同。

（3）对重做队列中的各个事务进行重做处理。进行重做处理的方法是：正向扫描日志文件，按照日志文件中所登记的操作内容重新执行操作，使数据库恢复到最近的某个可用状态。

系统故障发生后，并不能确定哪些未完成的事务已更新过数据库，哪些事务的提交结果尚未写入数据库，这样，系统重新启动后，就要撤销所有的未完成事务，重做所有已提交的事务。但是，在故障发生前已经运行完毕的事务有些是正常结束的，有些是异常结束的，所以不需要把它们全部撤销或重做。

8.1.3 介质故障及恢复

介质故障是指系统在运行过程中，由于辅助存储器介质受到破坏，使存储在外存中的数据部分丢失或全部丢失。这类故障比事务故障和系统故障发生的可能性要小，但这是最严重的一种故障，破坏性很大，磁盘上的物理数据和日志文件可能被破坏。解决此问题需要装入发生介质故障前最新的数据库后备副本，然后利用日志文件重做该副本所运行的所有事务。具体方法如下。

（1）装入最新的数据库后备副本，使数据库恢复到最近一次转储的可用状态。

（2）装入最新的日志文件副本，根据日志文件中的内容重做已完成的事务。首先正向扫描日志文件，找出发生故障前已提交的事务，将其记入重做队列。再对重做队列中的各个事务进行重做处理，方法是正向扫描日志文件，对每个重做事务重新执行登记的操作，即将日志文件中数据更新后的值写入数据库。

通过对以上 3 类故障的分析，我们可以看出故障发生后对数据库的影响有以下两种可能。

（1）数据库没有被破坏，但数据可能处于不一致状态。这是由事务故障和系统故障引起的，这种情况在恢复时，不需要重新装入数据库副本，可直接根据日志文件，撤销故障发生时未完成的事务，并重做已完成的事务，使数据库恢复到正确的状态。这类故障的恢复是系统在重新启动时自动完成的，不需要用户干预。

（2）数据库本身被破坏。这是由介质故障引起的，这种情况在恢复时，需要把最近一次转储的数据装入，然后借助于日志文件，再在此基础上对数据库进行更新，从而重建数据库。这类故障的恢复不能自动完成，需要数据库管理员的介入，方法是先由数据库管理员重装最近转储的数据库副本和相应的日志文件的副本，再执行系统提供的恢复命令，具体的恢复操作由数据库管理系统完成。

8.2 数据库恢复的原理及方法

当数据库发生故障后，将数据库恢复到一致性状态是数据库管理系统的重要职责。进行数据库恢复的基本原理非常简单，可以用两个字概括，就是冗余，也就是说数据库中任何不正确的数据或者被破坏的数据，都可以根据存储在别的地方的冗余数据重建。建立冗余数据，最常用的技术是数据备份、登记日志文件和数据库镜像技术。

8.2.1 数据备份

数据备份是指定期或不定期地对数据库中的数据进行复制，可以将数据复制到本地机器上，也可以将数据复制到其他机器上，数据备份也称为数据转储。用于备份的介质可以是磁带，也可以是磁盘。备份的数据称为后备副本或后援副本。

数据备份是保证系统安全的一项重要措施。当数据库遭到破坏后可以将后备副本重新装入，但重装后备副本只能将数据库恢复到备份时的状态，要想恢复到故障发生时的状态，必须重新运行备份后的所有更新事务。

按照备份状态，数据备份可分为静态备份和动态备份。静态备份的方法简单，操作时存在等待，降低了数据库的可用性。动态备份操作与事务并发进行，但是不能保证副本中的数据正确有效。按照备份方式，备份还可以分为海量备份与增量备份。海量备份是指每次备份全部数据库数据。增量备份是指只备份上次备份后更新过的数据。在实际应用中，由于备份是十分耗费时间和资源的，不能频繁进行，因此数据库管理员通常会根据数据库的使用情况，确定一个适当的备份周期，并配合使用这 4 种备份方法。

8.2.2　登记日志文件

日志文件（log）是用来记录事务对数据库的更新操作的文件。每个事务的每个更新操作都按照发生的顺序记录在日志文件中，整个数据库只有一个日志文件，所有事务的所有更新操作都记录在日志文件上。

1.　日志文件的格式与内容

不同数据库系统采用的日志文件的格式并不完全一样。概括起来，日志文件主要有两种形式：以记录为单位的日志文件和以数据块为单位的日志文件。

对于以记录为单位的日志文件，日志文件中需要登记的内容包括：各个事务的开始标记（BEGIN TRANSACTION）、各个事务的结束标记（COMMIT 或 ROLLBACK）和各个事务的所有更新操作。这里每个事务的开始标记、每个事务的结束标记和每个更新操作均作为日志文件中的一个日志记录（log record）。每个日志记录的内容主要包括：事务标识（标明是哪个事务）、操作类型（插入、删除或修改）、操作对象（记录内部标识）、更新前数据的旧值（对插入操作而言，此项为空值）和更新后数据的新值（对删除操作而言，此项为空值）。

对于以数据块为单位的日志文件，日志记录的内容包括事务标识和被更新的数据块。由于将更新前的整个块和更新后的整个块都放入日志文件中，操作类型和操作对象等信息就不必放入日志记录中了。

2.　日志文件的作用

日志文件在数据库恢复中起着非常重要的作用，可以用来进行事务故障恢复和系统故障恢复，并协助后备副本进行介质故障恢复。日志文件具体的作用如下。

首先，事务故障恢复和系统故障恢复必须使用日志文件，发生事务故障时需要撤销该事务已完成的所有操作。那么系统如何知道这个事务已经完成了哪些操作呢？前面说过日志文件中记录了所有事务对数据库的所有更新操作，所以系统需要从日志文件中查找相关记录。发生系统故障时需要撤销未完成事务的所有更新操作，重做已完成事务的所有更新操作。系统要想获知未完成事务做了哪些更新操作和已完成事务做了哪些更新操作，也要依赖于日志文件，从日志文件中查找相关记录，所以事务故障恢复和系统故障恢复必须使用日志文件。

其次，在动态备份时，由于不能获得数据一致性副本，所以采用动态备份方式必须建立日志文件。发生介质故障时，后备副本和日志文件结合起来才能有效地恢复数据库，使数据库处于一致性状态。

3.　登记日志文件的原则

为保证数据库是可恢复的，登记日志文件时必须遵循以下两条原则。

第一条原则是登记日志记录的次序要严格按并发事务执行的时间次序，哪个操作先执行，就先登记哪个操作的日志记录。这是因为日志文件是用来重做事务和撤销事务的，重做事务必须按照各个操作的时间顺序依次重做，撤销事务必须按照各个操作的时间逆序逐个撤销，后做的要先撤销。

第二条原则是必须先写日志文件，后写数据库。所谓写日志文件是指把表示这个修改的日志记录写到日志文件中。写数据库操作是指把对数据的修改写到数据库中。

那为什么要先写日志文件呢？把对数据的修改写到数据库中和把表示这个修改的日志记录写到日志文件中是两个不同的操作，既然是两个不同的操作，那就有可能在这两个操作之间发生故障。如果是先写了数据库，把修改后的数据写入数据库中了，但在日志记录中没有登记这个修改，那么以后就无法恢复这个修改了，它既不能撤销，也不能重做。反之，如果先写日志文件，把这个修改操作写入日志文件，但没有来得及真正修改数据库就发生故障了，那么按照日志文件进行故障恢复时，只不过是多执行了一次不必要的撤销操作，并不会影响数据库的正确性。因此为了能够有效地恢复数据库，一定要先写日志文件，然后把修改写入数据库，这就是先写日志文件的原则。

8.2.3 数据库镜像技术

数据库镜像是数据库管理系统根据数据库管理员的要求，自动把整个数据库或其中的关键数据复制到另一个磁盘上。每当主数据库更新的时候，数据库管理系统自动把更新后的数据复制过去，也就是说数据库管理系统会自动保证镜像数据与主数据库的一致性，不需要数据库管理员做备份，系统就自动备份了。镜像数据库像镜子一样自动复制了主数据库的数据，更新事务在访问主数据库后，系统会自动复制主数据库，形成镜像数据库。这样一旦出现故障，可由镜像磁盘继续提供使用，同时数据库管理系统自动利用镜像磁盘数据进行数据库的恢复，不需要关闭系统和重装数据库副本。

但是由于数据库镜像是通过复制数据实现的，频繁地复制数据肯定会降低系统的运行效率，因为用户的一个更新操作相当于要执行两次，一次是更新主数据库，另一次是复制到镜像数据库中，因此在实际应用中，用户往往只选择对关键数据和日志文件镜像，而不是对整个数据库镜像。

8.3 数据库备份操作

大家可以设想一下，如果教务系统中的数据（例如课程信息、教师信息、学生选课信息等）由于某种原因被破坏或丢失了，会产生什么样的后果？在现实生活中，数据的安全、可靠问题是无处不在的。因此，要使数据库能够正常工作，就必须做好数据库的备份工作。

8.3.1 备份类型

数据备份可以是完整的数据库、部分数据库、一组文件或文件组。根据数据备份范围的不同，SQL Server 2019 提供了不同的数据库备份类型，以满足不同数据库系统的备份需求。

1. 完整备份

完整备份是所有备份方法中最基本也是最重要的方法，是备份的基础。完整备份时用户执行完全的数据库备份，包括所有对象、系统表以及相关数据。在备份开始时，SQL Server 复制数据库，包括备份进行过程中所需要的事务日志部分。因此，利用完整备份还可以还原数据库到备份操作完成时的完整数据库状态。完整备份方法首先将事务日志写到磁盘上，然后创建相同的数据库和数据库对象，即复制数据。这类备份的速度较慢，而且占用大量的磁盘空间。在对数据库进行完整备份时，所有未完成的事务或者发生在备份过程中的事务都将被忽略。完全备份的主要优点是简单，备份是单一操作，可按一定的时间间隔预先设定，恢复时只需一个步骤就可以完成。

若数据库不大，或者数据库中的数据变化很少甚至是只读的，就可以对其进行完全备份。如果数据库很大，采用这种方式将很费时间，甚至造成系统访问缓慢。虽然完整备份比较费时间，但是数据库还是需要定期做完整备份，如一周一次。

2. 差异备份

差异备份用于备份自最近一次完整备份之后发生改变的数据。因为只保存改变的内容，所以这类备份的速度较快，适于更频繁地执行。差异备份也包括事务日志部分。下列情况可以考虑使用差异备份。

（1）自上次数据库备份后，数据库中只有相对较少的数据发生了更改，如果多次修改相同的数据，则差异备份尤为有效。

（2）使用的是完整恢复模式或大容量日志记录恢复模式，希望用更少的时间在还原数据库时回滚事务日志备份。

当数据库发生故障需要进行恢复操作时，差异备份不能单独运行，必须结合数据库的完整备份一起使用，注意要选用最新的数据库完整备份和最新的数据库差异备份来恢复数据库，这样就可以将数据库恢复到差异备份的时刻。

3. 事务日志备份

事务日志备份用于备份所有数据库修改的系列记录，用于在还原操作期间提交完成的事务以及回滚未完成的事务。在备份事务日志时，备份将存储自上一次事务日志备份后发生的改变，然后截断日志，以此清除已经被提交或放弃的事务。不同于完整备份和差异备份，事务日志备份记录备份操作开始时的事务日志状态。与差异备份类似，事务日志备份生成的文件较小、占用时间较短，但是在还原数据时，除了先要还原完整备份之外，还要依次还原每个事务日志备份，而不是只还原最后一个事务日志备份（这是与差异备份的区别）。当数据库很大时，每次完整备份需要花费很多时间，并且系统可能需要 24 小时运行，不允许让过长的备份时间影响在线运行，这时可以采用事务日志备份方式。但是，事务日志备份在数据库还原时无法单独运行，它必须和一次完整备份一起使用才可以还原数据库，而且事务日志备份在还原时有一定的时间顺序，不能搞错。

4. 文件和文件组备份

文件和文件组备份是针对数据库文件或者文件组做备份，文件组是包含一个或者多个数据库文件。在大型的数据库中，可以选用文件和文件组备份的方式复制数据库中比较重要的文件，一旦这些文件发生故障，就可以选用文件和文件组备份进行还原操作，从而大大地提高数据库的恢复效率。这种方式很便利，而且具有很大的弹性空间。

8.3.2　备份设备

SQL Server 将备份数据库的载体称为备份设备。备份设备可以是磁带，也可以是磁盘。现在通常采用的是磁盘。备份设备分为永久备份设备和临时备份设备两类。只有创建备份设备后，才能将需要备份的数据库备份到备份设备中。

创建备份设备时，需要指定备份设备（逻辑备份设备）对应的操作系统文件名和文件的存放位置（物理备份文件）。SQL Server 2019 提供了两种创建备份设备的方法：一是使用 SQL Server Management Studio（SSMS）；二是使用 T-SQL 语句。

1. 使用 SQL Server Management Studio 创建备份设备

使用 SQL Server Management Studio 创建备份设备的步骤如下。

（1）在 SSMS 工具的对象资源管理器中，展开"服务器对象"，找到"备份设备"，右击，在弹出的快捷菜单中选择"新建备份设备"命令，如图 8.1 所示，打开"备份设备"对话框，如图 8.2 所示。

（2）在图 8.2 对话框的"设备名称"文本框中输入设备名称（如 bk），设置好目标文件或保持默认值，这里必须保证所选的硬盘驱动器上有足够的可用空间，单击"确定"按钮即可完成操作。

图 8.1 "新建备份设备"命令

图 8.2 "备份设备"对话框

定义好备份设备后，在对象资源管理器中，依次展开"服务器对象"→"备份设备"选项，可以看到新建立的备份设备 bk，如图 8.3 所示。

2. 使用 T-SQL 语句创建备份设备

利用系统存储过程 sp_addumpdevice 创建备份设备，简化的语句格式如下。

```
sp_addumpdevice
[@devtype = ]'device_type',
[@logicalname = ]'logical_name',
[ @physicalname = ]'physical_name'
```

各参数的说明如下。

图 8.3 新建备份设备

[@devtype =] 'device_type'：备份设备的类型。device_type 的数据类型为 varchar(20)，无默认值，可以是下列值之一。

- disk：备份文件建立在磁盘上。
- tape：备份文件建立在 Windows 支持的任何磁带设备上。
- pipe：命名管道。

[@logicalname =]'logical_name'：备份设备的逻辑名。logical_name 的数据类型为 sysname，无默认值，且不能为 NULL。

[@physicalname =]'physical_name'：备份设备的物理文件名。物理文件名必须遵从操作系统文件名规则或网络设备的通用命名规则，且必须包含完整路径。physical_name 的数据类型为 nvarchar(260)，无默认值，且不能为 NULL。

【例 8.2】建立一个名为 bk1 的磁盘备份设备，其物理存储位置及文件名为 D:\河南城建学院\bk1.bak。

```
EXEC sp_addumpdevice 'disk', 'bk1','D:\河南城建学院\bk1.bak'
```

8.3.3 实现备份

在 SQL Server 2019 中，完整备份、差异备份、事务日志备份都可以在 SQL Server Management Studio 的相同窗口中完成，提高了备份操作的简捷性。另外，也可以用 T-SQL 语句实现。

1. 用 SQL Server Management Studio 实现备份

用 SQL Server Management Studio 实现备份的步骤如下。

（1）以系统管理员的身份在连接到相应的 SQL Server 服务器实例之后，在对象资源管理器中，单击服务器名称展开服务器树，找到"数据库"选项并展开，选择要备份的数据库 student，右击，在弹出的快捷菜单中选择"任务"→"备份"命令，如图 8.4 所示。或在要备份数据库的备份设备上右击，在弹出的快捷菜单中选择"备份数据库"命令，打开"备份数据库"对话框，如图 8.5 所示，在图中进行相应的设置。

图 8.4　备份命令　　　　　　　　图 8.5　"备份数据库"对话框

（2）在图 8.5 中，从"数据库"下拉列表中选择 student 数据库，在"备份类型"中选择备份类型，在备份组件中选择"数据库"命令，在"目标"列表框中确保有备份设备。

（3）在图 8.5 中单击左边的"选择页"部分的"介质选项"，如图 8.6 所示。选中"备份到现有介质集"单选按钮，设置备份介质的使用方式。

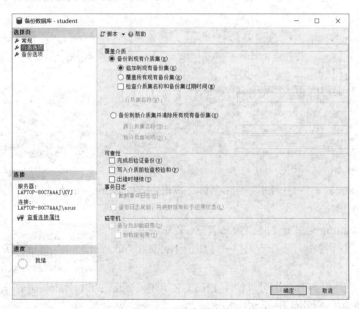

图 8.6　设置介质选项

（4）在图 8.5 中单击左边的"选择页"部分的"备份选项"，如图 8.7 所示。保留"名称"文本框中的内容不变，采用默认方式，单击"确定"按钮，开始备份数据库。

图 8.7 设置备份选项

2. 用 T-SQL 语句实现备份

备份使用的 T-SQL 语句为 BACKUP。完整备份、差异备份、文件和文件组备份的语句均为
BACKUP DATABASE，事务日志备份的语句为 BACKUP LOG。

实现完整备份、差异备份、文件和文件组备份的基本语法格式为：

```
BACKUP  DATABASE { database_name | @database_name_var }
 [<file_or_filegroup> [,...n] ]        /*备份文件或文件组时使用*/
TO  <backup_device> [,...n]
[WITH
[ DIFFERENTIAL ]              /* 表示进行差异备份 */
[ [ , ] { INIT | NOINIT } ]
] [ ; ]
```

实现事务日志备份的基本语法格式为：

```
BACKUP  LOG  { database_name | @database_name_var }
TO  <backup_device> [,...n]
[WITH
[ { INIT | NOINIT } ]
] [ ; ]
```

主要参数的含义如下。

（1）database_name 是要备份的数据库名称，@database_name_var 是存储要备份的数据库名称的
变量，二者选其一即可。

（2）file_or_filegroup 是要进行备份的文件或文件组名。

如果要对文件进行备份，应该使用格式 FILE={logical_file_name | @logical_file_name_var}指定要
备份的文件的逻辑名称。

如果要对文件组进行备份，则可以使用 FILEGROUP={logical_filegroup_name| @logical_filegroup_
name_var}，指定要备份的文件组的名称。

（3）backup_device 是要备份的目标设备。

如果使用逻辑备份设备，应该使用格式{logical_device_name|@logical_device_name_var}，指定逻
辑备份设备的名称。

如果使用物理备份设备，则使用格式{DISK|TAPE}={'physical_device_name'| @physical_device_name_var}，指定磁盘文件或磁带。

（4）INIT | NOINIT 中的 INIT 表示本次备份数据库将覆盖掉之前的所有备份内容，NOINIT 则表示本次备份数据库将追加到备份设备上，即保留该备份设备上已有的内容。

【例 8.3】对"student"进行一次完整备份，备份到 bk 备份设备上（假设此备份设备已创建好），并覆盖掉该备份设备上已有的内容。语句为：

```
BACKUP DATABASE student TO bk WITH INIT
```

【例 8.4】对"student"进行一次差异备份，也备份到 bk 备份设备上，并保留该备份设备上已有的内容。语句为：

```
BACKUP DATABASE student TO bk WITH DIFFERENTIAL, NOINIT
```

【例 8.5】对"student"进行一次事务日志备份，直接备份到"D:\河南城建学院"文件夹下（假设此文件夹已存在）的 student_log.bak 文件上。语句为：

```
BACKUP LOG student TO DISK = 'D:\河南城建学院\student_log.bak'
```

8.4　数据库恢复操作

数据库备份后，一旦系统发生崩溃或者执行了错误的数据库操作，就可以从备份文件中还原数据库。数据库恢复是指将数据库备份加载到系统中的过程。系统在恢复数据库的过程中，自动执行安全性检查、重建数据库结构以及填写数据库内容。安全性检查是恢复数据库必不可少的操作。这种检查可以防止偶然使用了错误的数据库备份文件或者不兼容的数据库备份覆盖已经存在的数据库。SQL Server 恢复数据库时，根据数据库备份文件自动创建数据库结构，并且恢复数据库中的数据。

由于数据库的还原操作是静态的，所以在还原数据库时，必须限制用户对该数据库进行其他操作，因此在还原数据库之前，首先要设置数据库访问属性。

在 SQL Server 管理平台中，在需要还原的数据库上右击，在弹出的快捷菜单中选择"属性"命令，打开"数据库属性"对话框，在此对话框中选择"选项"选择页，设置数据库属性为 single。

8.4.1　还原模式

在 SQL Server 中有 3 种数据库还原模式，分别是简单还原（Simple Recovery）、完全还原（Full Recovery）和批日志还原（Bulk-logged Recovery）。

1. 简单还原

简单还原是指在进行数据库还原时仅使用了完整备份或差异备份，而不涉及事务日志备份。简单还原模式可使数据库还原到上一次备份的状态，但由于不使用事务日志备份进行还原，因此无法将数据库还原到失败点状态。当选择简单还原模式时，常使用的备份策略是：首先进行数据库完整备份，然后进行差异备份。

2. 完全还原

完全还原是指通过使用数据库完整备份和事务日志备份，将数据库还原到发生失败的时刻。因此完全还原模式下，数据库几乎不造成任何数据丢失，这成为应对因存储介质损坏而使数据丢失的最佳方法。为了保证数据库的这种还原能力，所有的批数据操作（例如 SELECT INTO 创建索引）都被写入日志文件。选择完全还原模式时常使用的备份策略是：首先进行数据库完整备份，然后进行差异备份，最后进行事务日志备份。

如果准备让数据库还原到失败时刻，必须对数据库失败前正处于运行状态的事务进行备份。

3. 批日志还原

批日志还原在性能上要优于简单还原和完全还原模式，它能尽最大努力减少批操作所需要的存储空间。这些批操作主要有：SELECT INTO 批装载操作（如 bcp 操作或批插入操作）、创建索引和针对大文本或图像的操作（如 WRITETEXT、UPDATETEXT）。选择批日志还原模式所采用的备份策略与完全还原所采用的还原策略基本相同。

8.4.2 恢复的顺序

在恢复数据库之前，如果数据库的日志文件没有被损坏，则为尽量减少数据的丢失，可在恢复之前对数据库进行一次事务日志备份。这样可以将数据的损失减少到最小。

备份数据库是按照一定的顺序进行的，在恢复数据库时也要按照一定的顺序进行。恢复数据库的顺序如下。

（1）恢复最近的完整备份。

（2）恢复最近的差异备份（如果有）。

（3）恢复自差异备份之后的所有事务日志备份（按备份的先后顺序）。

8.4.3 实现恢复

在 SQL Server 2019 中，恢复数据库可以在 SQL Server Management Studio 中实现，也可以用 T-SQL 语句实现。

1. 使用 SQL Server Management Studio 恢复数据库

使用 SQL Server Management Studio 恢复数据库的步骤如下。

（1）在"对象资源管理器"中右击 student 数据库，在弹出的快捷菜单中选择"任务"→"还原"→"数据库"命令，如图 8.8 所示，打开图 8.9 所示的"还原数据库"窗口。

图 8.8　选择还原数据库命令

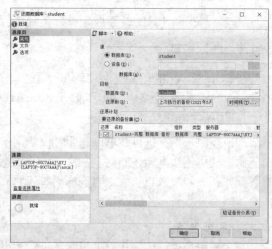

图 8.9　"还原数据库"窗口

（2）在图 8.9 的"还原数据库"窗口中，在"源"部分有两个选项。

如果选中"数据库"单选按钮，则可从其对应的下拉列表中选择要从哪个数据库的备份进行恢复。

如果选中"设备"单选按钮，则可通过单击右侧的 ▒▒ 按钮，从弹出的"选择备份设备"窗口（见图 8.10）中指定备份所在的备份设备或备份所在的文件。

这里以选中"数据库"单选按钮为例，并从下拉列表中选择"student"。选择"student"后，在窗口下面的"要还原的备份集"列表框中会列出该数据库的全部备份，利用这些备份可以还原数据库。

单击图 8.9 中左侧"选择页"部分的"选项"选项，窗口形式如图 8.11 所示。

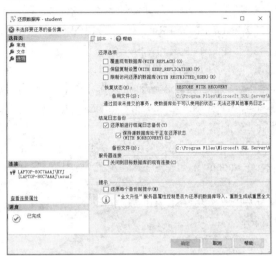

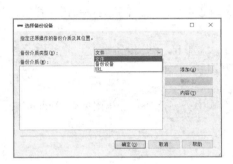

图 8.10　"选择备份设备"窗口　　　　图 8.11　还原数据库中的"选项"窗口

在图 8.11 所示的窗口中，"还原选项"部分各复选框的含义如下。

覆盖现有数据库：如果服务器中有与被恢复的数据库同名的数据库，则选中该复选框将覆盖掉服务器中现有的同名数据库。如果服务器中存在与被恢复数据库同名的数据库，并且没有对被恢复的数据库进行日志尾部备份，则在恢复数据库时，必须选中该复选框，否则会出现一个报错窗口。

保留复制设置：用于复制数据库。将已发布的数据库还原到创建该数据库的服务器之外的服务器时，保留复制设置。仅在选择"回滚未提交的事务，使数据库处于可以使用的状态"选项（将在后面说明）时，此复选框才可用。

限制访问还原的数据库：使正在还原的数据库仅供 db_owner、dbcreator 或 sysadmin 的成员使用。

其他选择默认，单击"确定"按钮即可完成对 student 数据库的还原操作。

2. 用 T–SQL 语句恢复数据库

恢复使用的 T-SQL 语句为 RESTORE。数据库恢复的语句为 RESTORE DATABASE，事务日志文件恢复的语句为 RESTORE LOG。

实现数据库恢复的基本语法格式为：

```
RESTORE DATABASE { database_name | @database_name_var }
 <file_or_filegroup> [ , ... n ]
[FROM <backup_device> [ , ... n ] ]
[WITH
[ FILE= { file_number | @file_number} ]
[ [ , ] { NORECOVERY | RECOVERY } ]
[ [ , ] REPLACE ]
]
```

实现事务日志文件恢复的基本语法格式为：

```
RESTORE LOG { database_name | @database_name_var }
[FROM <backup_device> [ , ... n ] ]
[WITH
[ FILE= { file_number | @file_number} ]
[ [ , ] { NORECOVERY | RECOVERY|STANDBY=undo_file_name } ]
[ [ , ] STOPAT= { date_time | @date_time_var } ]
]
```

主要参数的含义如下。

（1）FILE = {file_number | @file_number}表示标识要还原的备份，文件号为 1 表示备份设备上的第一个备份，文件号为 2 表示备份设备上的第二个备份。

（2）NORECOVERY | RECOVERY，其中 NORECOVERY 表示对数据库的恢复操作还没有完成，此时数据库是不可用的，但可以继续恢复后续的备份。RECOVERY 则表示对数据库的恢复操作已经完成，此时数据库是可用的。

（3）REPLACE 表示还原操作是否将原来的数据库、数据文件、文件组删除并替换掉。

（4）STOPAT= { date_time | @date_time_var}表示使用事务日志进行恢复时，数据库将还原到指定日期和时刻的状态。

【例 8.6】假设已对 student 数据库进行了完整备份，并备份到 bk 备份设备上，且此备份设备只含有对 student 数据库的完整备份。写出恢复 student 数据库的语句。

```
RESTORE DATABASE student FROM bk
```

【例 8.7】设对 student 数据库进行了完整备份、差异备份和事务日志备份，写出恢复 student 数据库的语句。

恢复顺序如下。

（1）恢复完整备份，代码为：

```
RESTORE DATABASE student FROM bk
WITH FILE=1, NORECOVERY
```

（2）恢复差异备份，代码为：

```
RESTORE DATABASE student FROM bk
WITH FILE=2, NORECOVERY
```

（3）恢复事务日志备份，代码为：

```
RESTORE LOG student FROM bk
```

本章小结

本章主要介绍了数据库的备份和恢复。数据库的备份和恢复是保证当数据库出现故障时能够将数据库尽可能地恢复到正确状态的技术。数据库故障包括事务故障、系统故障和介质故障，不同的故障对应不同的恢复策略。数据库恢复的原理包括数据备份和登记日志文件两种技术。SQL Server 2019 支持的备份类型有完整备份、差异备份、事务日志备份和文件及文件组备份。在对数据库进行恢复操作时，要按照一定的顺序，首先进行数据库完整备份的恢复，然后进行数据库差异备份的恢复，最后进行事务日志备份的恢复。在 SQL Server 2019 中数据库备份及恢复操作均可采用 SSMS 和 T-SQL 两种方法实现。

习题

一、选择题

1. 在 SQL Server 中，用户应备份的内容有（　　）。
    A. 记录用户数据的所有用户数据库
    B. 记录系统信息的系统数据库
    C. 记录数据库改变的事务日志
    D. 以上所有

2. SQL Server 系统提供了几种备份方法类型来满足企业和数据库活动的各种需要。这几种备份方法是完整备份、差异备份、事务日志备份、文件及文件组备份。其中当恢复（　　）时，能执行定点数据库恢复。

    A. 完整备份   B. 差异备份

    C. 事务日志备份   D. 文件和文件组备份

3. SQL Server 备份是动态的，这意味着（　　　　）。

    A. 你不必计划备份工作，SQL Server 会自动完成

    B. 允许用户在备份的同时访问数据

    C. 不允许用户在备份的同时访问数据

    D. 备份要不断地进行

4. SQL Server 的恢复过程是静态的，这意味着（　　　　）。

    A. 在数据库恢复过程中，用户不能进入数据库

    B. 在数据库恢复过程中，用户可以访问数据库，但不能更新数据库

    C. 在数据库恢复过程中，用户可以对数据库进行任何操作

    D. 以上解释均不对

5. 备份设备是用来存放备份数据的物理设备，在 SQL Server 中可使用的备份设备是（　　　　）。

    A. 软盘、硬盘   B. 软盘、光盘   C. 磁盘、磁带   D. 硬盘、光盘

6. SQL Server 提供了数据库备份的方式，其中（　　　）是数据库中所有内容的一个副本。

    A. 完整备份   B. 差异备份   C. 事务日志备份   D. 文件及文件组备份

7. SQL Server 提供了数据库备份的方式，其中（　　　）是指将从最近一次完整备份结束以来所有改变的数据备份到数据库。

    A. 完整备份   B. 差异备份   C. 事务日志备份   D. 文件及文件组备份

8. SQL Server 提供了数据库备份的方式，其中（　　　）是指将从最近一次日志备份以来所有的事务日志备份到备份设备。使用该备份进行恢复时，可以指定恢复到某一时间点或某一事务。

    A. 完整备份   B. 差异备份   C. 事务日志备份   D. 文件及文件组备份

9. SQL Server 提供了数据库备份的方式，其中（　　　）对数据库中的部分文件或文件组进行备份。

    A. 完整备份   B. 差异备份   C. 事务日志备份   D. 文件及文件组备份

10. 采用数据库镜像技术，主要是为了有效解决（　　　）的问题。

    A. 复制故障   B. 系统故障   C. 事务故障   D. 介质故障。

11. 数据库恢复的基本原理是（　　　）。

    A. 冗余   B. 审计   C. 授权   D. 视图

12. 用于数据库恢复的重要文件是（　　　）。

    A. 索引文件   B. 数据库文件   C. 备注文件   D. 日志文件

13. 数据备份只可复制自上次备份以来更新过的数据，这种备份方法称为（　　　）。

    A. 完全备份   B. 差异备份   C. 事务日志备份   D. 文件及文件组备份

14. 系统突然停电，采用（　　　）方法恢复数据。

    A. ROLLBACK   B. 日志文件

    C. 备份文件   D. 日志文件与备份文件

15. 计算机中的磁盘损坏了，采用（　　　）方法恢复数据。

    A. ROLLBACK   B. 日志文件

    C. 备份文件   D. 日志文件与备份文件

二、填空题

1. ＿＿＿＿＿＿＿＿就是制作数据库结构、对象和数据的拷贝，以便在数据库遭到破坏的时候能

够恢复数据库。

2. 数据库恢复就是指将_____加载到系统中。

3. 在 SQL Server 中提供了数据库备份的方式，它们是_____备份、差异备份、日志备份、文件或文件组备份。

4. _____对数据库中的部分文件或文件组进行备份。

5. 利用_____备份进行恢复时，可以指定恢复到某一时间点或某一事务。

6. 数据库系统中可能发生各种各样的故障，引起故障的原因大致可以分为几类，分别为_____、系统故障和介质故障。

三、简答题

1. 某企业的数据库每周日晚 12 点进行一次数据库完整备份，每天晚 12 点进行一次差异备份，每个小时进行一次事务日志备份，数据库在 2021 年 10 月 20 日（星期三）3:30 崩溃，应如何将其恢复使数据损失最小？

2. 什么是日志文件？出现系统故障，如何使用日志文件进行数据恢复？

3. 出现介质故障，如何进行数据恢复？

第 9 章　SQL Server 2019 高级应用

与传统的高级语言相比，非过程化的 SQL 能够直接对底层的数据库进行操作，体现了直接、高效的特点，但缺少高级语言中对于程序流程的控制，无法满足现实世界中复杂的逻辑关系，不适用于应用程序的开发。SQL Server 2019 在 T-SQL 的基础上增加了高级语言中的变量、运算符、函数、流程控制和注释等语言元素，使其功能愈发强大，由此可以设计出存储在服务器端的能在后台执行的程序块，其典型应用就是存储过程和触发器。类似的还有数据库管理系统 Access 中使用的 Jet SQL 及 Oracle 中使用的 PL/SQL。

本章主要阐述 T-SQL 的标识符、运算符、表达式、函数、变量与常量、流程控制语句等基础知识，并结合实例探讨 T-SQL 最常见的应用，分析游标的基本原理和使用方法，重点介绍使用 T-SQL 创建、管理存储过程和触发器。

9.1　T-SQL 编程基础

SQL 是关系数据库的标准语言，标准的 SQL 语句几乎适用于所有的关系数据库系统。但是，高度非过程化的标准 SQL 不支持流程控制，不适用于应用程序的开发。为此，大型的关系数据库系统基于 SQL 并结合自身产品的特点推出了可编程、结构化的 SQL 编程语言。

T-SQL 就是微软推出的 SQL Server 专用的结构化 SQL，它引入了程序设计的思想、增强了程序流程控制语句等，其主要用途是设计出存储在服务器端的能够在后台执行的程序块。

9.1.1　T-SQL 语法元素

1. 标识符

标识符用来标识服务器、数据库和数据库对象（例如我们前面学过的表、视图、索引、约束、规则等）。保留字不能作为标识符。

SQL Server 的标识符可分为常规标识符和分隔标识符两类。

常规标识符的组成规则是：26 个大小写字母（a~z, A~Z），下画线（_）、@、#或其他语言的字母字符；分隔标识符用双引号" "或者方括号[]表示。SQL Server 中常用标识符及其含义如表 9.1 所示。

表 9.1　SQL Server 中常用标识符及其含义

常用标识符	含义
@编号字符	局部变量或参数
@@编号字符	全局变量
#编号字符	临时表或过程
##编号字符	全局临时对象

T-SQL 常在下列情况下使用分隔标识符。

（1）对象名称或对象名称的组成部分中包含保留字。

（2）使用其他特殊的字符。

2. 数据类型

数据类型用来定义数据对象，SQL Server 中有 Character 字符串、Unicode 字符串、Binary 类型、Number 类型、Date 类型和其他一些数据类型。

3. 运算符

SQL Server 包含丰富的运算符，有单目运算符、双目运算符、多目运算符。运算符是表达式的组成部分。

4. 表达式

表达式是将标识符、值和运算符按一定的规则连接起来的有意义的式子。SQL Server 中的表达式多应用于条件设定和查询内容上。

5. 函数

与其他程序设计语言中的函数相似，SQL Server 中的函数可以有 n 个参数，并返回一个值或几个值的集合。

6. 注释

与其他程序设计语言一样，SQL Server 不执行注释部分。注释有两种作用：其一，作为程序说明性文字，便于程序阅读者对程序的理解和维护；其二，作为调试程序时的辅助手段，通过添加注释控制语句是否执行。

SQL Server 中有两种类型的注释字符：单行注释（--）和多行注释（/*……*/）。单行注释使用双连字符--，作用是注释一行代码。多行注释使用时以/*开头，表明从此处开始注释，直到配对的*/出现，结束注释，中间部分即为注释的内容。

7. 保留关键字

SQL Server 2019 使用保留关键字来定义、操作或访问数据库。保留关键字是 SQL Server 使用的 T-SQL 语法的一部分，用于分析和理解 T-SQL 语句和批处理。尽管在 T-SQL 脚本中使用 SQL Server 保留关键字作为标识符和对象名在语法上是可行的，但规定只能使用分隔标识符。

9.1.2　常量

顾名思义，在程序运行过程中其值不会发生改变的量就是常量，常量又称为文字值或标量值。常量是程序设计中不可或缺的元素。在 T-SQL 程序设计中，常量的格式取决于它所表示的数据值的数据类型，主要包含字符串常量、数值常量、日期常量等。

1. 字符串常量

字符串常量需要以单引号（'）括起来。例如 Hello World，如果是非 Unicode 字符串常量，只需用单引号括起来，即'Hello World'，非 Unicode 字符占用 1 个字节；如果是 Unicode 字符串常量，则需在单引号前加 N，即 N'Hello World'，这里的 N 表示 Unicode，双字节字符。实际上，是否加 N 的区别并不明显，原因在于数据类型间存在自动转换。

【例 9.1】查询教师表 teacher 中职称为副教授的教师信息。

```
SELECT * FROM teacher
WHERE Prof='副教授';
```

2. 数值常量

数值常量包含的内容较多，有位常量（bit）、时间常量（datetime、smalldatetime）、整型常量（bingint、int、smallint、tinyint）、带精度常量（decimal、numeric）、浮点型常量（float）等。各种数据类型所占用的存储空间的大小不同，表示的数据范围也各有不同。

3. 日期常量

和字符串常量一样，日期常量使用特定格式的字符日期值表示，用单引号（'）括起来。例如'20211001'和'2021/07/01'。

【例 9.2】查询教师表 teacher 中入职时间在 1996 年以后的教师信息。

```
SELECT * FROM teacher
WHERE Hiredate >'1996-12-31';
```

9.1.3　变量

对应于常量，变量就是在程序运行过程中其值会发生改变的量。变量用于临时存储数据，是在语句之间传递数据的方式之一，是可以对其赋值并参与运算的一个实体。变量分为局部变量和全局变量两类。

1. 全局变量

全局变量是 SQL Server 2019 系统内部使用的变量，作用于任何程序。全局变量由系统定义和维护，用户只能使用预先说明及定义的全局变量，因此，全局变量对用户而言是只读的，用户无法对它们进行修改或管理。使用全局变量必须以两个"@@"开头。常见全局变量及其含义如表 9.2 所示。

表 9.2　常见全局变量及其含义

全局变量	含义
@@CONNECTIONS	自服务器上次启动以来已创建的连接数
@@ERROR	返回最后执行的 T-SQL 语句的错误代码
@@IDENTITY	最后一次插入的标识值
@@ROWCOUNT	受上一个 SQL 语句影响的行数
@@SERVERNAME	本地服务器的名称
@@VERSION	返回 SQL Server 当前安装的日期、版本和处理器类型

2. 局部变量

T-SQL 中的局部变量是由用户自定义和使用的变量，命名时不区分大小写，但不能与全局变量的名称相同。局部变量一般用于临时存储数据，方便在语句之间传递数值。局部变量在程序中可以是计数器，用以控制循环的执行次数，也可以是形式参数，用以接收用户输入的数据等。局部变量的作用范围有限，仅局限在一个批处理、存储过程或触发器中。

局部变量以一个@为标记，如@变量名。T-SQL 中的局部变量遵从先声明后使用的原则。用DECLARE 语句声明定义局部变量，其语法格式如下：

```
DECLARE @变量名 数据类型[(长度)] [,@变量名 数据类型[(长度)],…]
```

在对局部变量赋值时，可以选用 SET 命令或 SELECT 命令。其语法格式如下：

```
SET @变量名=变量值
SELECT @变量名=变量值[,@变量名=变量值…]
```

从语法格式中可以看出，SET 命令一次只能给一个局部变量赋值，SELECT 命令可以一次性给多个局部变量赋值。

【例 9.3】声明一个长度为 6 个字符的局部变量 sno，并赋初值为'202001'.

```
DECLARE @sno nchar(6)
SET @sno='202001'  --或 SELECT @sno='202001'
```

SELECT 命令也可以直接将查询的单值结果赋值给局部变量。

【例 9.4】从教师表 teacher 中查询教师号为 "T02" 的教师姓名和职称，并将查询结果分别存储到局部变量@tno 和@prof 中。

```
DECLARE @tno nchar(6),@prof nvarchar(8)
SELECT @tno=TNO,@prof=Prof
   FROM teacher WHERE TNO='T02'
```

SET 命令是 ANSI 标准的赋值方式，SELECT 命令则不是，SQL Server 对于单个局部变量赋值推荐使用 SET 命令，用户可以根据实际情况灵活选择。SET 命令和 SELECT 命令的区别如表 9.3 所示。

表 9.3　SET 命令和 SELECT 命令的区别

赋值情况	SELECT 命令	SET 命令
同时对多个变量赋值	支持	不支持
表达式返回多个值	将返回的最后一个值赋给变量	出错
表达式未返回值	变量保持原值	变量被赋 null 值

9.1.4　运算符

运算符是一种符号，用来指定在一个或多个表达式中执行的操作。SQL Server 2019 为用户提供了丰富的运算符，主要包括算术运算符、赋值运算符、位运算符、比较运算符、逻辑运算符、字符串串联运算符、一元运算符等。

1. 算术运算符

算术运算符是双目运算符，对两个表达式执行算术运算。参与算术运算的两个表达式可以是数值类型或者能够进行算术运算的其他数据类型。算术运算符包括加（+）、减（-）、乘（*）、除（/）、取模（%）。

2. 赋值运算符

SQL Server 2019 中仅提供一个赋值运算符——等号（=），其为单目运算符。它通常与 SET 或者 SELECT 语句结合使用，用来给局部变量赋值。具体示例可见例 9.3。

3. 位运算符

位运算符用来在整型数据或二进制数据（image 类型除外）之间执行位操作，是双目运算符。位运算符要求参与运算的两个操作数不能同时为二进制数据。SQL Server 2019 提供的所有位运算符及含义与运算规则如表 9.4 所示。

表 9.4　位运算符及含义与运算规则

运算符	含义	运算规则
&	按位与	两个操作数对应二进制位上均为 1 时，该位运算的结果为 1，否则为 0
|	按位或	两个操作数对应二进制位上有一个为 1 时，该位运算的结果为 1，否则为 0
^	按位异或	两个操作数对应二进制位上相同时，该位运算的结果为 1，否则为 0

4. 比较运算符

比较运算符又称关系运算符，用来比较两个表达式之间的大小关系，也是双目运算符，通常用于构造表达式。其运算的结果是布尔值，非真（TRUE）即假（FALSE），可用于除 text、ntext、image 之外的所有数据类型。SQL Server 2019 提供的比较运算符及含义与运算规则如表 9.5 所示。

表 9.5　比较运算符及含义与运算规则

运算符	含义	运算规则
=	等于	两个操作数相等，将返回 True
<>	不等于	两个操作数完全不同，将返回 True
!=	不等于	与 "<>" 运算符功能一样
>	大于	左侧操作数大于右侧操作数，将返回 True
>=	大于或等于	左侧操作数大于或等于右侧操作数，将返回 True
!>	不大于	不常用，它等同<=操作符
<	小于	左侧操作数小于右侧操作数，将返回 True
<=	小于或等于	左侧操作数小于或等于右侧操作数，将返回 True
!<	不小于	不常用，它等同>=操作符

5. 逻辑运算符

逻辑运算符用来将多个逻辑表达式连接起来表达复杂的逻辑关系，运算结果同样返回布尔值（TRUE 或 FALSE），SQL Server 2019 包含 10 种逻辑运算符，如表 9.6 所示，既有单目运算符，又有双目运算符。

表 9.6　逻辑运算符

运算符	运算规则
ALL	如果一组的比较都为 TRUE，则比较结果为 TRUE
AND	如果两个表达式都为 TRUE，则结果为 TRUE
ANY	如果一组的比较中任何一个为 TRUE，则结果为 TRUE
BETWEEN	如果操作数在某个范围之内，那么结果为 TRUE
EXISTS	如果子查询中包含了一些行，那么结果为 TRUE
IN	如果操作数等于表达式列表中的一个，那么结果为 TRUE
LIKE	如果操作数与某种模式相匹配，那么结果为 TRUE
NOT	对任何其他布尔运算符的结果取反
OR	如果两个布尔表达式中的任何一个为 TRUE，那么结果为 TRUE
SOME	如果在一组比较中有些比较为 TRUE，那么结果为 TRUE

6. 字符串串联运算符

字符串串联运算符（+）是双目运算符，用于将左右两侧的字符串串联起来形成新的字符串。例如对于语句 SELECT 'Friend'+'ship'，其运算结果为 Friendship。

7. 一元运算符

SQL Server 2019 提供 3 种一元运算符+、-、~，都为单目运算符，只对一个表达式进行运算，如表 9.7 所示。

表 9.7　一元运算符

运算符	含义
+	正号，数值为正
-	负号，数值为负
~	返回数字的逻辑非

在 T-SQL 中进行运算时，需注意两点，一是运算对象的数据类型要与选用的运算符相匹配。例如进行算术运算时，参与数值运算的两个表达式必须是数值类型的数据或者能够进行算术运算的其他数据类型。二是当多个运算符参与运算时，要按照优先级先后执行，优先级相同时从左到右依次求值，还可以使用括号改变优先级。各种运算符的优先级如表 9.8 所示。

表 9.8　运算符的优先级

优先级	运算符
1	～（位非）
2	*（乘）、/（除）、%（取模）
3	+（正）、-（负）、+（加）、+（连接）、-（减）、&（位与）、^（位异或）、|（位或）
4	=、>、<、>=、<=、<>、!=、!>、!<（比较运算符）
5	NOT
6	AND
7	ALL、ANY、BETWEEN、IN、LIKE、OR、SOME
8	=（赋值）

9.1.5　流程控制语句

T-SQL 中的流程控制语句是指那些用来控制程序执行和流程分支的命令，流程控制语句主要用来控制 SQL 语句、语句块或存储过程的执行流程，例如条件控制语句、循环语句等。流程控制语句可以实现程序的结构性和逻辑性，从而帮助用户实现现实世界中较为复杂的逻辑关系。与其他程序设计语言一样，SQL Server 2019 提供以下 6 种流程控制语句：语句块、选择语句、循环语句、等待语句、转移语句和返回语句。

1. 语句块

语句块由 BEGIN…END 语句构成，能将多个 T-SQL 语句组合成一个程序块，并将它们视为一个单元来处理。在后面要讲述的选择语句和循环语句中，当符合特定条件要执行两个或多个语句时，就需要使用 BEGIN…END 语句，将多个 T-SQL 语句组合成一个程序块。BEGIN…END 语句的语法格式如下所示，在使用时可将其理解为其他程序设计语言中的复合语句。

```
BEGIN
    <SQL 语句|SQL 语句块>
END
```

2. 选择语句

选择语句可以有 3 种表现形式，第一种形式是 IF…ELSE 语句，它的语法格式如下所示：

```
IF   条件表达式
    语句块 1
[ELSE
    语句块 2]
```

IF…ELSE 语句是条件判断语句，其中方括号（[]）括起来的 ELSE 子句是可选项。因此，最简单的 IF…ELSE 语句仅有一个 IF 子句，即当条件表达式的逻辑值为真时，执行语句块 1。完整的 IF…ELSE 语句的执行逻辑为：当条件表达式的逻辑值为真时，执行语句块 1，否则执行语句块 2。IF…ELSE 语句同样允许嵌套使用，用来实现更为复杂的逻辑关系。注意：语句块可以为单个 SQL 语句，如果有多条 SQL 语句，必须以 BEGIN…END 语句构成语句块。

【例 9.5】从选课表 SC 中找出学号为 S04 的学生所选课程的平均成绩，假设成绩通过线是 70 分，判定他是否通过。

```
USE TeachSystem
BEGIN
IF (SELECT AVG(Score) FROM SC WHERE SNO='S04')>=70
    PRINT 'Pass! '
ELSE
    PRINT 'Fail! '
END
```

选择语句的第二种形式是 IF...EXISTS 语句，其语法格式如下所示：

```
IF  [NOT] EXISTS  (SELECT 子查询)
    语句块 1
[ELSE
语句块 2]
```

EXISTS 在 SQL 中表达的是逻辑蕴含，IF...EXISTS 语句用于检测数据是否存在。如果 EXISTS 后子查询的结果不为空，则说明有记录存在，就执行 IF 子句后的语句块 1，否则执行 ELSE 后的语句块 2。在 EXISTS 前加 NOT 短语时，使用方式正好相反。

【例 9.6】查询课程表 course 中是否存在课程号为 C05 的课程数据。若存在，则输出"存在课程号为 C05 的课程"，否则输出"不存在课程号为 C05 的课程"。

```
USE TeachSystem
BEGIN
DECLARE @message varchar(50)
IF EXISTS (SELECT * FROM course WHERE CNO='C05')
    SET @message= '存在课程号为C05的课程'
ELSE
    SET @message= '不存在课程号为C05的课程'
PRINT @message
END
```

选择语句的第三种形式是 CASE 语句，CASE 语句不是独立语句，只用于允许使用表达式的位置。它又包括两种格式，语法格式如下所示。

格式一：
```
CASE <表达式>
    WHEN <表达式> THEN <表达式>
    ...
    WHEN <表达式> THEN <表达式>
    [ELSE <表达式>]
END
```

格式二：
```
CASE
    WHEN <表达式> THEN <表达式>
    ...
    WHEN <表达式> THEN <表达式>
    [ELSE <表达式>]
END
```

格式一将 CASE 后表达式的值与各 WHEN 子句后表达式的值相比较，如果相等，则取值为相应 THEN 后表达式的值。ELSE 子句为可选项，若存在 ELSE 子句，如果前期比较均不相等，则取 ELSE 子句后表达式的值；若不存在 ELSE 子句，如果前期比较均不相等，CASE 语句则返回 NULL。

格式二将逐一检测各 WHEN 子句中表达式的值，如果其值为"真"，则返回其后 THEN 子句中表达式的值，如果各 WHEN 子句中所有表达式的值均为"假"，则返回 ELSE 子句中表达式的值，如没有 ELSE 子句，则返回 NULL。

【例 9.7】将 SC 表中百分制成绩换算成五级制。

```
SELECT SNO,CNO,Score=
    CASE
        WHEN Score IS NULL THEN '缺考'
        WHEN Score<60  THEN '不及格'
        WHEN Score>=60 AND Score<70 THEN '及格'
        WHEN Score>=70 AND Score<80 THEN '中等'
```

```
            WHEN Score>=80 AND Score<90 THEN '良好'
            WHEN Score>=90 THEN '优秀'
        END
FROM SC
```

3. 循环语句

当程序中需要重复执行某项操作时，就需要使用循环语句 WHILE…CONTINUE…BREAK。WHILE 语句通过循环条件表达式来设定一个循环条件，当逻辑值为真时，重复执行一个语句块，否则退出循环，继续执行后续操作。其语法格式如下所示：

```
WHILE <循环条件表达式>
BEGIN
    <语句块>
    [BREAK]
…
[CONTINUE]
    …
END
```

循环体内 BREAK 和 CONTINUE 的用法与其在其他高级语言中一致，BREAK 为结束本次循环，直接跳出整个循环体；CONTINUE 为结束本轮循环，跳转到下一轮循环，再次判断 WHILE 后循环条件是否成立。

4. 等待语句

WAITFOR 语句用于暂停执行 SQL 语句、程序块或存储过程等，直到所设定的时间已过或者所设定的时间已到才继续执行。其语法格式如下所示：

```
WAITFOR { DELAY 'time' | TIME 'time'}
```

其中，"时间"必须为 DATETIME 类型的数据，但不包括日期部分。DELAY 后跟的时间是一个相对时间，而 TIME 后跟的是一个绝对时间。也就是说，如果使用 DELEY+时间，就是在语句执行时刻算起，经过一个时间段后再执行后面的语句。如果使用 TIME+时间，就是在一个具体的时间点后执行后面的语句。

【例 9.8】使用 WAITFOR 语句，等待 1 小时 20 分后执行 SELECT 语句。

```
WAITFOR DELAY '1:20:00'
SELECT * FROM student
```

【例 9.9】使用 WAITFOR 语句，指定 16:40 执行 SELECT 语句。

```
WAITFOR TIME '16:40:00'
SELECT * FROM student
```

5. 转移语句

GOTO 语句可以使程序直接跳转到指定的位置开始执行，GOTO 语句和指定位置之间的程序段将直接跳过，不再执行。GOTO 语句的语法形式相对简单，如下所示：

```
GOTO label
…
label:
```

【例 9.10】使用 GOTO 语句，求 1+2+…+100 的和。

```
DECLARE @i SMALLINT, @sum SMALLINT
SET @i=0
SET @sum=0
Label:
IF (@i<=100)
    BEGIN
     SET @sum=@sum+@i
```

```
        SET @i=@i+1
        GOTO Label
    END
PRINT @sum
```

GOTO 语句用于实现无条件转移，它可能会使 T-SQL 批处理的逻辑难以实现，因此在实际应用中应尽量少使用 GOTO 语句，最好将其用于跳出深层嵌套的控制流语句。

6. 返回语句

返回语句是指 RETURN 语句，后跟整型值。其语法格式如下：

```
RETURN [integer_expression]
```

参数 integer_expression 为返回的整型值。RETURN 语句用于无条件地终止一个查询、存储过程或者批处理，其后的语句不再执行。方括号内的整型值可以返还给调用应用程序、批处理或者过程。如未指定整型值，默认返还 0，而非 NULL。常用 RETUEN 语句的返回值及其含义如表 9.9 所示。

表 9.9　常用 RETUEN 语句的返回值及其含义

返回值	含义	返回值	含义	返回值	含义
0	程序执行成功	−5	语法错误	−10	发生致命的内部不稳定性问题
−1	找不到对象	−6	用户造成的一般错误	−11	发生致命的内部不稳定性问题
−2	数据类型错误	−7	资源错误	−12	表或指针被破坏
−3	死锁	−8	遭遇非致命的内部问题	−13	数据库被破坏
−4	违反权限原则	−9	已经达到系统的权限	−14	硬件错误

9.1.6　常用函数

在 T-SQL 中，函数是用来执行一些特定功能并有返回值的一组 T-SQL 语句，每个函数都有一个名称，在名称之后有一对括号()，通常将这组 T-SQL 语句称为函数体。SQL Server 2019 提供了两类函数：系统内置函数和用户自定义函数。

1. 系统内置函数

常用的系统内置函数包括转换函数、字符串函数、日期函数、系统函数、数学函数等。由于这些函数是系统内置的，在使用时用户直接调用即可。常用内置函数及其功能如表 9.10 所示。其他未介绍的函数，读者可自行参阅 SQL Server 的联机帮助手册。

表 9.10　常用内置函数及其功能

函数类型	功能	函数类型	功能
转换函数	用于实现数据类型之间的转换	系统函数	用于获取有关系统信息
字符串函数	用于控制返回给用户的字符串	数学函数	用于对数值进行代数运算
日期函数	用于操作日期值		

（1）转换函数

不同数据类型的数据参与运算时，SQL Server 2019 会自动进行隐式的类型转换，但有些时候用户需明确数据类型转换，这时需要使用函数进行显式数据类型转换。常用的显式数据类型转换函数及其功能如表 9.11 所示。

表9.11　常用的显式数据类型转换函数及其功能

函数名称	功能	示例
CAST	将一种数据类型的表达式转换为另一种数据类型的表达式	SELECT CAST(100 AS varchar(3)) 返回值：字符串100
CONVERT	将一种数据类型的表达式转换为另一种数据类型的表达式	SELECT CONVERT(varchar(3),100) 返回值：字符串100

（2）字符串函数

字符串函数用于对字符串或者可以隐式转换为 char 或 varchar 的数据类型进行各种操作，表 9.12 所示为常用字符串函数及其功能。

表9.12　常用字符串函数及其功能

函数名称	功能	示例
DATALENGTH	返回用来表示任何表达式的字节数	SELECT DATALENGTH('SQL Server 2019') 返回值：15
LEN	返回传递给它的字符串长度	SELECT LEN('SQL Server') 返回值：10
UPPER	把传递给它的字符串转换为大写	SELECT UPPER('sql server') 返回值：SQL SERVER
LOWER	把传递给它的字符串转换为小写	SELECT LOWER('SQL SERVER') 返回值：sql server
LEFT	从字符串左边返回指定数目的字符	SELECT LEFT('SQL Server 2019',3) 返回值：SQL
RIGHT	从字符串右边返回指定数目的字符	SELECT RIGHT('SQL Server 2019',2) 返回值：19
SUBSTRING	从字符串中间返回指定数目的字符	SELECT SUBSTRING('SQL Server',5,6) 返回值：Server
CHAR	将 int ASCII 代码转换为字符	SELECT CHAR(65) 返回值：A

（3）日期函数

日期函数用于显示日期和时间信息，可以在 SELECT 语句的 SELECT 和 WHERE 子句及表达式中使用。常用日期函数及其功能如表 9.13 所示。

表9.13　常用日期函数及其功能

函数名称	功能	示例
GETDATE	获取系统当前时间	SELECT GETDATE() 返回值：系统时间
DATEADD	指定日期添加若干时间后的日期	SELECT DATEADD(M,5, '2021-5-1') 返回值：2021-10-1
DATEDIFF	两个日期之间的间隔	SELECT DATEDIFF(YY, '1921-7-01', '2021-7-01') 返回值：100
DATEPART	日期中指定日期部分的整数形式	SELECT DATEPART(yy, '2021-7-1') 返回值：2021
DAY、MONTH、YEAR	返回一个整数	SELECT MONTH(GETDATE()) 返回值：系统时间的月份值

（4）系统函数

T-SQL 系统函数提供了一些与数据库对象有关的信息。大部分系统函数用的是内部数字标识符

（ID），系统将标识赋值给每个数据库对象。使用这类标识符，系统就能独立识别每个数据库对象。常用系统函数及其功能如表 9.14 所示。

表 9.14　常用系统函数及其功能

函数名称	功能	示例
CAST	将表达式显式转换为指定数据类型	SELECT CAST('360' as int) 返回值：360
COALESCE	返回给定表达式中第一个非空表达式值	SELECT COALESCE(NULL,'HELLO') 返回值：HELLO
DATALENGTH	返回表达式的长度（字节）	SELECT DATALENGTH('HELLO') 返回值：5
NULLIF	如果指定两个表达式相等，返回 NULL 值，否则返回前一个表达式的值	SELECT NULLIF('a','A') 返回值：'a'
SYSTEM_USER	返回目前用户的登录 ID	SELECT SYSTEM_USER 返回值：当前用户名

（5）数学函数

数学函数可以对 decimal、integer、float、smallint、tinyint 等数字数据进行处理，对相关的数字表达式进行数学运算并返回运算结果。常用数学函数及其功能如表 9.15 所示。

表 9.15　常用数学函数及其功能

函数名称	功能	示例
ABS	返回数值表达式的绝对值	SELECT ABS(-12) 返回值：12
ASIN、ACOS、ATAN	返回反正弦、反余弦、反正切	SELECT ACOS(1) 返回值：0
CEILING	返回大于或等于给定值的最小整数	SELECT CEILING(12.5) 返回值：13
FLOOR	返回小于或等于给定值的最大整数	SELECT FLOOR(12.5) 返回值：12
LOG	返回表达式的以 e 为底的自然对数值	SELECT LOG(1) 返回值：0
ROUND	将给定值四舍五入到指定的长度	SELECT ROUND(12.5678,3) 返回值：12.5680
PI	返回 PI 的常量值	SELECT PI() 返回值：3.1415926535897936
POWER	返回数值表达式的幂值	SELECT POWER(7,2) 返回值：49
SQUARE	返回指定浮点值的平方	SELECT SQUARE(7.2) 返回值：51.84
SQRT	返回浮点表达式的平方根	SELECT SQRT(16) 返回值：4

2. 用户自定义函数

SQL Server 2019 不但提供了系统内置函数，还允许用户自定义函数，并将其纳入数据库对象中管理。用户自定义函数往往实现一个独立功能，方便用户重复调用。用户可以利用 T-SQL 命令来创建（CREATE FUNCTION）、修改（ALTER FUNCTION）和删除（DROP FUNCTION）用户自定义函数。根据函数返回值类型的不同，用户自定义函数可分为标量值函数和表值函数两大类。其中，标量值函数的返回值是单个数据值；表值函数又分为内联表值函数和多语句表值函数，它们均返回

table 类型的数据。

（1）标量值函数

使用 T-SQL 创建标量值函数的语法为：

```
CREATE FUNCTION function_name
([{@parameter_name [as] parameter_data_type [=default] [READONLY]}[,…n] ] )
RETURNS return_data_type
[WITH ENCRYPTION]
[AS]
BEGIN
function_body
return scalar_expression
END
```

相关参数的说明如下。

function_name：函数名，必须符合标识符规则，应见名知义，函数名后要加括号。

@parameter_name：用户自定义函数中的参数。可声明一个或多个参数，以@开头，必须符合标识符规则，多个参数间用逗点隔开。

parameter_data_type：参数的数据类型。

default：参数的默认值。如果定义了 default 值，则无须指定此参数的值即可执行函数。

READONLY：不能在函数定义中更新或修改参数。如果参数类型为用户定义的表类型，则应指定 READONLY。

return_data_type：用户自定义函数的返回值类型。对于 T-SQL 函数，可以使用除 timestamp 数据类型之外的所有数据类型。

WITH ENCRYPTION：数据库引擎会将 CREATE FUNCTION 语句的原始文本转换为模糊格式。模糊代码的输出在任何目录视图中都不能直接显示。对系统表或数据库文件没有访问权限的用户不能检索模糊文本。

BEGIN 和 END 之间定义函数体，该函数体中必须包括一条 return 语句，用于返回一个值。

function_body：指定一系列定义函数值的 T-SQL 语句。

scalar_expression：指定标量值函数返回的标量值。

【例 9.11】自定义一个标量值函数，判断一个任意的三位数是否为水仙花数。如是，函数返回 1，否则返回 0，数值由用户通过参数传递给函数。

```
CREATE FUNCTION sxhs(@n,int)
RETURNS INT
AS
BEGIN
  DECLARE @x INT,@y INT,@z INT,@m INT,@sign INT
  SET @x=@n/100
  SET @y= (@n-@x*100)/10
  SET @z= @n%10
  SET @m=@x*@x*@x+@y*@y*@y+@z*@z*@z
        IF (@n=@m)
                SET @sign=1
        ELSE
                SET @sign=0
  RETURN @sign
END
```

实际应用中，用户可以通过 SELECT FUNCTION sxhs(371)调用 sxhs()函数，判断 370 是否为水仙花数，执行结果的返回值为 1，说明 371 是水仙花数。

（2）内联表值函数

使用 T-SQL 创建内联表值函数的语法为：

```
CREATE FUNCTION function_name
([{@parameter_name [as] parameter_data_type [=default] [READONLY]}[,…n] ] )
RETURNS TABLE
[WITH ENCRYPTION]
[AS]
RETURN (select statement)
```

内联表值函数中参数的用法与标量值函数相同。需要明确的是：内联表值函数没有函数体；与标量值函数不同的是，内联表值函数返回值是 table 类型数据，即是一个表，且表中的内容由 RETURN 子句中的 select statement 决定。

【例 9.12】设计内联表值函数，查询 teacher 表中每位教师的姓名和职称。

```
CREATE FUNCTION t1()
RETURNS TABLE
AS
RETURN SELECT TN,Prof FROM teacher
```

（3）多语句表值函数

多语句表值函数也称为多声明表值型函数，是标量值函数和内联表值函数的结合体。同内联表值函数一样，它的返回值也是一个表，但它和标量值函数一样有一个用 BEGIN…END 语句括起来的函数体，返回值的表中数据是由函数体中的语句插入的，可进行多次查询。创建多语句表值函数的语法结构如下所示：

```
CREATE FUNCTION function_name
([{@parameter_name [as] parameter_data_type [=default] [READONLY]}[,…n] ] )
RETURNS @return_variable TABLE < table_type_definition >
[WITH ENCRYPTION]
[AS]
BEGIN
function_body
RETURN
END
```

多语句表值函数的语法格式中参数的使用与标量值函数和内联表值函数相同。需要特别说明的是：RETURNS @return_variable TABLE <table_type_definition>指明函数返回的是 table 类型的局部变量，且紧随其后要对其进行表结构的定义。

在多语句表值函数的函数体中必须包括一条不带参数的 RETURN 语句用于返回表。

【例 9.13】自定义一个多语句表值函数，用户可以通过学号查询某一学生选修课程成绩在 80 分以上（不含 80 分）的选修课的课程名称。

```
CREATE FUNCTION kcmc(@id char(6))
RETURNS @cx TABLE
(Sno varchar(6),
 Cname varchar(20)
)
AS
BEGIN
  INSERT INTO @cx
  SELECT SNO.CN
  FROM course.SC
  WHERE course.CNO=SC.CNO AND SC.SNO=@id AND Score>80
  RETURN
END
```

用户可通过 SELECT * FROM kcmc('S01')对多语句表值函数进行调用，将返回学号 S01 的选修课程成绩在 80 分以上的所有课程名称。

除了使用 T-SQL 命令创建用户自定义函数之外，用户还可以利用 SQL Server 2019 提供的 Management Studio 可视化界面来实现类似功能。首先在资源管理器窗口中打开要操作的数据库，展开"可编程性"选项，再展开"函数"选项，可以看到"表值函数"和"标量值函数"两大类用户自定义函数，选择要创建的函数类型，右击，在弹出的快捷菜单中选择"新建"命令即可。随后在打开的创建页面中，已经有了完整的语法结构，用户只需要在相应的位置上填充内容即可。对用户自定义函数的修改、删除操作在 Management Studio 中操作也更为便利。使用 SQL Server Management Studio 创建标量值函数如图 9.1 所示。

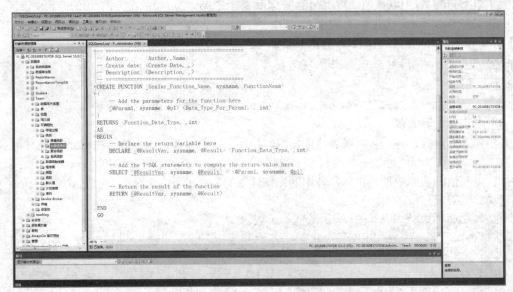

图 9.1　使用 SQL Server Management Studio 创建标量值函数

9.2　游标

关系数据库管理系统的实质是面向集合的，SELECT 查询之后返回的是结果集，即系列行数据的集合，在 SQL Server 中并没有一种描述表中单一记录的表达形式，除非使用 WHERE 子句限制只有一条记录被选中。用户在利用 T-SQL 设计程序时，可能会根据每条记录值的不同分别采取不同的处理策略，也就是说需要逐行对结果集进行处理。因此，必须借助游标进行面向单条记录的数据处理。

9.2.1　游标的概念

游标是 T-SQL 支持的一种对象，是处理结果集的一种机制。游标本质是系统开辟的一块内存区域，用来临时保存 SELECT 等 SQL 语句执行后返回的结果集。

游标允许应用程序对查询语句 SELECT 返回的结果集中的每一行进行相同或不同的操作，而不是一次对整个结果集进行同一种操作。它还能够基于游标位置而对表中数据进行删除或更新。此外，正是游标把面向集合的数据库管理系统和面向行的程序设计两者联系起来，使两种数据处理方式能够进行沟通。

9.2.2　游标的语法格式

T-SQL 游标由 DECLARE CURSOR 语法定义，主要用在 T-SQL 脚本、存储过程和触发器中。每个游标必须有四个组成部分，这四个关键部分必须符合以下顺序：首先是 DECLARE 游标（声明），其次是 OPEN 游标（打开），再次是从一个游标中 FETCH 信息（推进），最后是 CLOSE、DELLOCATE 游标（关闭及释放）。

1. 声明游标

使用 DECLARE 声明一个游标，主要包括以下内容：游标名称、数据来源（表和列）、选取条件、属性（仅读或可修改）。其具体语法格式如下所示：

```
DECLARE cursor_name CURSOR
FOR select_statement
[ FOR READ ONLY|UPDATE [ OF column_name [,...n ] ] ]
```

参数说明如下。

cursor_name：游标名称，应符合标识符规则。

select_statement：定义产生游标结果集的 SELECT 语句。

READ ONLY：定义游标为只读游标，不能进行更新。

UPDATE [OF column_name [,...n]]：定义游标可修改。如果加上具体列 OF column_name，则只允许修改指定列。默认可修改所有列。

2. 打开游标

打开游标的语法格式相对简单，如下所示：

```
OPEN cursor_name
```

3. 推进游标

推进游标的语法格式如下所示：

```
FETCH [NEXT|PRIOR|FIRST|LAST|]
FROM  cursor_name
[into @variable_name[,...]]
```

参数说明如下。

NEXT：默认选项。返回结果值的下一行，如果是第一次提取操作，则返回结果集的第一行。

PRIOR：返回结果值的上一行，如果是第一次提取操作，则返回结果集的第一行。

FIRST：返回结果集的第一行并将其作为当前行。

LAST：返回结果集的最后一行并将其作为当前行。

into @variable_name[,...]：存入局部变量。请注意局部变量应与游标提取出的值一一对应。

可以验证 fetch 是否成功获取数据。如果@@fetch_status=0，则成功获取数据，否则没获得。

4. 关闭、释放游标

关闭、释放游标的语法格式相对简单，如下所示：

```
CLOSE cursor_name
```

上述语句关闭游标并释放资源，如有需要可使用 OPEN 重启游标。

```
DELLOCATE cursor_name
```

释放游标并释放其所占用的所有资源，不能再重启。如欲使用，需重新建立。

```
USE TeachSystem
GO
--定义局部变量
DECLARE @Cno nvarchar(6),@Cname nvarchar(20)
--定义游标
DECLARE CrsCourse CURSOR
FOR  SELECT  CNO,CN FROM course ORDER BY CNO
--打开游标
```

```
OPEN CrsCourse
--打开首行数据
FETCH NEXT FROM CrsCourse into @Cno,@Cname
--循环推进
WHILE @@FETCH_STATUS=0                --通过游标状态构造循环，逐行输出
    BEGIN
    PRINT '课程号:'+@Cno+'课程名称:'+@Cname
    FETCH NEXT FROM CrsCourse INTO @Cno,@Cname --取下一行数据
    END
CLOSE CrsCourse                                --关闭游标
DELLOCATE CrsCourse                            --释放游标
```

9.2.3 游标的局限

游标的优点是可以方便地从一个结果集中循环遍历数据再进行操作。但是，正因为游标可将结果集中的数据逐条取出进行处理，从而增加了服务器的负担。再者，使用游标的效率远远没有使用默认的结果集的效率高。在默认的结果集中，从客户端发送到服务器的唯一一个数据包是包含需执行语句的数据包。而在使用服务器的游标时，每个 FETCH 语句都必须从客户端发送到服务器，然后在服务器中将它解析并编译为执行计划。因此，很多时候复杂和低效是没有使用游标的主要原因，除非要在 SQL Server 上进行很复杂的数据操作。

9.3 存储过程

在一些大型数据库系统中，特别是商业数据库应用中（如金融、企业、政府等），业务逻辑相对稳定，作为数据库的一个重要对象，存储过程的使用非常广泛。主要原因在于存储过程一旦调试通过就能稳定运行，大大地减少了业务系统与数据库的交互，在海量数据下利用存储过程能成倍提升效率。

9.3.1 存储过程的概念及特点

1. 存储过程的概念

由于 T-SQL 语句最终都要由 SQL Server 服务器上的执行引擎来编译执行，程序每调用一次 T-SQL 语句，执行引擎就要先编译再执行。那么对于一些高并发、高频次或复杂的、数据量较大的 T-SQL 语句，执行效率就很低了。为此，SQL Server 提出了存储过程的概念。

存储过程（Stored Procedure），是一组为了完成特定功能的 SQL 语句集，由流程控制语句和 SQL 语句编写，经编译后存储在数据库中，用户通过指定存储过程的名字并给出参数（如果该存储过程带有参数）来执行，并将返回值反馈给调用存储过程的用户。

2. 存储过程的优点

当需要在不同的应用程序或平台上执行相同的函数或者封装特定功能时，存储过程是非常有用的。数据库中的存储过程可以看作是对编程中面向对象方法的模拟，它允许控制数据的访问方式。作为数据库管理的一个重要对象，存储过程具有以下优点。

（1）模块化的程序设计，独立修改，增强了代码的重用性和共享性。

存储过程通常是为了完成某一个相对独立的功能而编写的一个程序模块，符合结构化程序设计思想。存储过程创建好后被存放在数据库中，独立修改，可被反复调用，减少了数据库开发人员的工作量，增强了代码的重用性和共享性。

（2）执行效率高，一次编译。

客户机上的应用程序在执行时，T-SQL 语句一般会经历以下 4 个步骤：查询语句通过网络发送到服务器；服务器编译 T-SQL 语句，优化并产生可执行的代码；执行查询；执行结果发回客户机的应用程序。如实现一个功能模块需要多条 T-SQL 语句，需要重复执行以上过程。

存储过程存储在服务器端，并预先编译形成执行计划。用户通过在客户机上发送一条包含存储过程名的执行命令即可调用该存储过程。当第一次执行存储过程时，SQL Server 编译、分析、优化产生可执行代码并将其保存在内存中，后期再调用该存储过程时就可以直接执行预留在内存中的代码，也就是上面的 4 步操作被简化为最后两步，执行效率大大提高。

（3）网络流量大幅减少，减轻网络负载。

如果使用多条 T-SQL 语句完成一个功能模块，那么每次执行程序时都需要通过网络在客户机和服务器端传送、返回大量 T-SQL 语句及执行结果，网络负载较重。若使用存储过程实现，因其存储在服务器端，只需通过网络传输相应参数及执行结果，网络流量大幅减少，减轻了网络负载。

（4）提高数据库安全性。

通过数据库管理系统的授权机制，赋予用户存储过程的执行权限而非数据库对象的访问权限，限制用户不能直接访问存储过程中涉及的表及其他数据库对象，从而间接实现用户对数据库对象的操作，提高了数据库的安全性。同时，参数化的存储过程可以防止 SQL 注入式的攻击，也在一定程度上对数据库提供了保护。

3. 存储过程的分类

SQL Server 2019 主要支持以下 3 种不同类型的存储过程。

（1）系统存储过程

系统存储过程内置在 SQL Server 2019 中，用来执行许多管理和信息活动。用户可在应用程序中直接调用系统存储过程，以 sp_为前缀。除非另外特别说明，否则所有的系统存储过程将返回一个 0 值以表示成功。若要表示失败，则返回一个非 0 值。

（2）用户自定义存储过程

用户自定义存储过程是指用户根据应用程序的需要，有效地利用存储过程的优点，将业务流程中相对稳定、有独立功能、高频操作部分自定义成存储过程。

（3）扩展存储过程

扩展存储过程是用户可以使用外部程序语言编写的存储过程，用来扩展 SQL Server 服务器功能，以 xp_为前缀。后续版本的 SQL Server 计划删除该功能，改用功能更强大的 CLR 集成来实现。

9.3.2　创建存储过程

SQL Server 2019 提供给用户两种方法创建存储过程：其一是使用 CREATE PROCEDURE 语句创建；其二是使用对象资源管理器创建。数据库所有者享有存储过程的管理权，可通过授权机制把许可权授权给其他用户。

无论采取哪种方式创建存储过程，均需确定存储过程的 3 个组成部分：所有的输入参数及传给调用者的输出参数；被执行的针对数据库的操作语句，包括调用其他存储过程的语句；返回给调用者的状态值，以指明调用是成功还是失败。

1. 使用 CREATE PROCEDURE 语句创建存储过程

使用 CREATE PROCEDURE 语句创建存储过程，应考虑以下几点。

（1）CREATE PROCEDURE 语句不能与其他 SQL 语句合并在一起形成一个批处理。

（2）存储过程作为数据库对象，其命名必须符合标识符的命名规则。

（3）只能在当前数据库中创建属于当前数据库的存储过程。

其语法格式如下所示：

```
CREATE PROCEDURE procedure_name [ ; number ]
[ { @parameter data_type }
[ VARYING ] [ = default ] [ OUTPUT ]] [ ,...n ]
[ WITH
{ RECOMPILE | ENCRYPTION | RECOMPILE , ENCRYPTION } ]
[ FOR REPLICATION ]
AS sql_statement [ ...n ]
```

各参数的说明如下。

procedure_name：存储过程名称。在一个数据库中或对其所有者而言，存储过程的名称必须唯一。

可选项 number：一个整数值，用来区别一组同名的存储过程。

@parameter：存储过程的参数。在 CREATE PROCEDURE 语句中，可以声明一个或多个参数，多个参数间用逗点隔开。当调用该存储过程时，用户必须给出所有的参数值，除非定义了参数的默认值。若参数以 @parameter=value 形式出现，则参数的次序可以不同，否则用户给出的参数值必须与参数列表中参数的顺序一一对应。若某一参数以@parameter=value 形式给出，那么其他参数也必须以该形式给出。一个存储过程至多有 1024 个参数。

data_type：参数的数据类型。在存储过程中，所有的数据类型均可被用作参数。但游标数据类型只能被用作 OUTPUT 参数。当定义游标数据类型时，也必须对 VARING 和 OUTPUT 关键字进行定义。对可能是游标数据类型的 OUTPUT 参数而言，参数的最大数目没有限制。

VARYING：用于指定作为 OUTPUT 参数支持的结果集，仅应用于游标型参数。

default：参数的默认值。如果定义了默认值，那么即使不给出参数值，该存储过程仍能被调用。默认值必须是常数，或者是空值。

OUTPUT：表明该参数是一个返回参数。用 OUTPUT 参数可以向调用者返回信息。Text 类型的参数不能用作 OUTPUT 参数。

RECOMPILE：指明 SQL Server 并不保存该存储过程的执行计划，该存储过程每执行一次都要重新编译。

ENCRYPTION：表明 SQL Server 加密了 syscomments 表，该表的 text 字段是包含 CREATE PROCEDURE 语句的存储过程文本，使用该关键字无法通过查看 syscomments 表来查看存储过程的内容。

FOR REPLICATION：指明了为复制创建的存储过程不能在订购服务器上执行，只有在创建过滤存储过程时（仅当进行数据复制时过滤存储过程才被执行）才使用该选项。FOR REPLICATION 与 WITH RECOMPILE 选项是不兼容的。

AS：指明该存储过程将要执行的动作。

sql_statement：存储过程中要包含的任何数量和类型的 SQL 语句。

用 CREATE PROCEDURE 命令创建存储过程，既可以创建不带参数的存储过程，也可以创建带参数的存储过程。

【例 9.14】在 TeachSystem 数据库中创建一个名称为 TeacherProc 的不带参数的存储过程，该存储过程的功能是从数据表 teacher 中查询所有教授的教师信息。

```
USE TeachSystem
GO
CREATE PROCEDURE TeacherProc
AS
SELECT * FROM teacher WHERE Prof ='教授'
```

此类存储过程比较简单，SQL 语句就是一条简单的 SELECT 语句。执行时使用 "EXEC 存储过程名"（EXEC TeacherProc）即可。

　　创建带有参数的存储过程便于响应用户键盘事件，满足用户不同的查询需求。在实际应用中有较为广泛的应用。输入参数是指由调用该存储过程的程序向存储过程传递的参数。在创建存储过程时要定义输入参数，在执行存储过程时要明确输入参数的值。

　　【例 9.15】对于学生选课管理而言，新增一条选课记录是高频操作。创建一个存储过程，完成向SC 表中插入一条新选课记录。

```
USE TeachSystem
GO
CREATE PROCEDURE InsertRecord
( @sno    nchar(6),
  @cno    nchar(6),
  @score  numeric(4)
)
AS
INSERT INTO SC VALUES(@sno,@cno,@score)
GO
```

　　该存储过程中定义了 3 个局部变量，用来接收用户输入的值，SQL 语句就是一条简单的插入语句。凡是需要新增选课记录的操作均可调用此存储过程，节约了大量的系统资源。执行时有两种方式，一种是可以使用对象资源管理器输入参数值，另一种是使用 T-SQL 语句"EXEC InsertRecord @sno='S01', @cno ='C07', @score =89"执行此存储过程（请注意数据类型匹配问题）。

　　【例 9.16】创建和执行带输出参数的存储过程，统计选修某一门课程所有学生的平均成绩，该门课程的课程编号由用户输入。

```
USE TeachSystem
GO
CREATE PROCEDURE AvgC
( @cno nchar(6)   OUTPUT,
  @avg numeric(4) OUTPUT
)
AS
SELECT @cno=CNO,@avg=AVG(Score)
FROM SC
WHERE CNO=@cno
GROUP BY CNO
GO
```

　　在 TeachSystem 数据库中，创建一个名称为 AvgC 的存储过程。和前面创建的存储过程不同，该存储过程在 cno 和 avg 两个参数后面使用了 OUTPUT 短语，该存储过程的功能是从数据表 SC 中根据课程号 CNO 查询该课程的平均成绩，查询的结果由参数@cno 和@avg 返回。

　　利用如下程序段即可执行该存储过程，从而得到课程编号为 C07 的课程的平均成绩。

```
USE TeachSystem
GO
DECLARE  @avg numeric(4)
EXEC AvgC 'C07',@avg OUTPUT
SELECT Score=@avg
```

2.　使用对象资源管理器创建存储过程

　　用户还可以使用 SQL Server 2019 的 Management Studio 可视化界面创建存储过程。具体步骤是：在选定的数据库下打开"可编程性"选项，右击"存储过程"选项，在弹出的快捷菜单中选择"新建存储过程"命令。在新建的查询窗口中可以看到关于创建存储过程的语句模板，在其中添加相应的内容，单击工具栏上的"执行"按钮即可。使用对象资源管理器创建存储过程如图 9.2 所示。

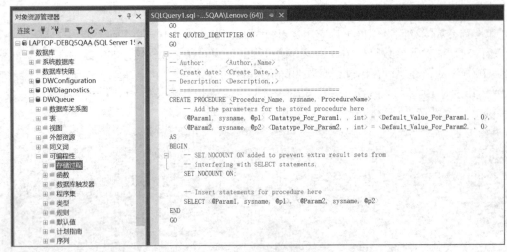

图 9.2　使用对象资源管理器创建存储过程

9.3.3　查看、删除、修改和重命名存储过程

存储过程作为数据库的操作对象，包含删除、修改和重命名操作，通过利用对象资源管理器创建存储过程的例子，可以发现使用资源管理器进行这些操作更为便利。当然，使用 T-SQL 命令也可完成对存储过程的编辑。

1. 查看存储过程

用户可以通过 Management Studio 可视化界面快速查看存储过程。具体步骤如下。

（1）打开 Management Studio，在左侧对象资源管理器中依次展开"数据库"→"存储过程所属数据库"→"可编程性"选项。

（2）展开"存储过程"选项，可以查看已经创建好的各存储过程。

用户还可以通过 SQL Server 提供的系统存储过程 sp_helptext 来查看用户自己创建的存储过程的相关信息，其语法格式如下：

```
sp_helptext procedure_name
```

需要注意的是，如果用户在创建存储过程时使用了 WITH ENCRYPTION 短语，意味着对存储过程的定义进行了加密处理，那么无论采取哪种方式均看不到该存储过程的源代码。

2. 删除存储过程

用户可以通过 Management Studio 可视化界面快速删除存储过程。具体步骤如下。

（1）打开 Management Studio，在左侧对象资源管理器中依次展开"数据库"→"存储过程所属数据库"→"可编程性"选项。

（2）展开"存储过程"选项，根据名称找到需要删除的存储过程。

（3）右击该存储过程，在弹出的快捷菜单中选择"删除"命令，即可删除该存储过程。

同样，用户还可通过 T-SQL 命令完成对存储过程的删除，其语法格式如下所示：

```
DROP PROCEDURE  {procedure_name}[,...n]
```

3. 修改存储过程

用户可以通过 Management Studio 可视化界面修改存储过程。具体步骤如下。

（1）打开 Management Studio，在左侧对象资源管理器中依次展开"数据库"→"存储过程所属数据库"→"可编程性"选项。

（2）展开"存储过程"选项，根据名称找到需要修改的存储过程。

（3）右击该存储过程，在弹出的快捷菜单中选择"修改"命令，可在右侧工作区域看到该存储过程的完整代码。

（4）对存储过程的代码进行修改，修改完成后单击工具栏上的"执行"按钮，即可完成对该存储过程的修改。

同样，用户还可通过 T-SQL 命令完成对存储过程的删除，其语法格式如下所示：

```
ALTER PROCEDURE procedure_name[,number]
[{@parameter data_type}
[VARYING][=default][OUTPUT]][,...n]
[WITH {RECOMPILE|ENCRYPTION|RECOMPILE,ENCRYPTION}]
[FOR REPLICATION]
AS sql_statement[,...n]
```

可以发现，修改存储过程的语法和创建存储过程时基本一致，只是关键字的使用上用 ALTER 代替了 CREATE。其他参数的含义请参考创建存储过程语法说明。

4．重命名存储过程

用户可以通过 Management Studio 可视化界面快速重命名存储过程。具体步骤如下。

（1）打开 Management Studio，在左侧对象资源管理器中依次展开"数据库"→"存储过程所属数据库"→"可编程性"选项。

（2）展开"存储过程"选项，根据名称找到需要重命名的存储过程。

（3）右击该存储过程，在弹出的快捷菜单中选择"重命名"命令，即可对该存储过程的重命名。

9.4　触发器

SQL Server 2019 提供了多种方法来保证数据完整性，包括外键、约束、规则和触发器。外键、约束、规则在定义数据表时显式设定，用以实现较为简单的数据逻辑，满足完整性的一般需求。触发器是一种特殊的存储过程，通常用来表示较为复杂的数据逻辑，是一种程序式的完整性的实现方法。

9.4.1　触发器的概念和工作原理

1．触发器的概念

触发器是一组 T-SQL 语句，是在对表进行插入、更新或删除操作时自动执行的存储过程。通常触发器用来强制执行业务规则，定义在表上，实现比检查约束更为复杂的约束，从而实现更复杂的数据完整性。触发器的执行不是由系统调用，也不是手工启动，而是由事件触发的。

触发器能够实现主键、外键约束所不能保证的复杂的参照完整性和数据一致性。同时强化了约束，跟踪了用户对表进行的系列更新操作，可实现相关级联操作。与存储过程相比，二者的不同点主要体现在：触发器不能使用 EXECUTE 语句，由用户使用 T-SQL 语句时自动触发，是自动执行的且不含参数。

触发器的特点是：它是一种在基本表被修改时自动执行的内嵌过程，主要通过事件或动作进行触发而被执行；它不像存储过程能通过名称被直接调用，更不允许带参数；它主要用于约束、默认值和规则的完整性检查，实施更加复杂的业务规则。

2．触发器的分类

SQL Server 包括 3 种常规类型的触发器：DML 触发器、DDL 触发器和登录触发器。

（1）DML 触发器

DML 触发器是作用在表或视图上的一种触发器，当数据库服务器中发生数据操作（插入、修改、删除）事件时执行相关操作。SQL Server 中的 DML 触发器有以下 3 种。

① INSERT 触发器：向表中插入数据时被触发。

② DELETE 触发器：从表中删除数据时被触发。

③ UPDATE 触发器：修改表中数据时被触发。

DML 触发器的适用范围如下。

① 级联更改。在多表之间，通过创建、执行 DML 触发器实现数据的级联更改。

② 防止误操作。防止前端页面用户的误操作或其他恶意操作造成破坏数据的一致性或完整性，并实现比检查约束更为复杂的完整性约束。

③ 差异化数据处理。评估数据修改前后表的状态，差异化采取相应的处理措施。

根据触发器的代码执行机制不同，DML 触发器可分为两类：After 触发器（后触发）和 Instead of 触发器（替代触发）。

顾名思义，After 触发器是在基本表上执行了插入、修改、删除操作后自动激活的触发器。此类触发器只能定义在表上，而不能定义在视图上。它的主要作用是数据变更之后的核验或检查。

Instead of 触发器之所以称为替代触发，原因在于插入、修改、删除操作是此类触发器的"导火索"，并不实际执行，替代它们执行的是触发器中代码所定义的操作。它可定义在表或视图上。

（2）DDL 触发器

DDL 触发器是当服务器或者数据库中发生以 CREATE、DROP、ALTER 开头的语句事件时被激活使用。使用 DDL 触发器可以防止对数据架构进行某些更改或记录数据中的更改及事件操作。

（3）登录触发器

登录触发器是由登录（LOGON）事件而激活的触发器。登录触发器将在用户身份验证阶段完成之后且用户会话实际建立之前被激发。如果身份验证失败，将不激发登录触发器。

3. 触发器的工作原理

SQL Server 每个触发器自动在内存中创建两个特殊的表：插入表（Inserted 表）和删除表（Deleted 表）。两个表均为只读的逻辑虚表，其表结构与触发器所作用的表的表结构相同。用户无权对其直接修改，触发器工作完成后自动删除这两个表。表 9.16 就显示出针对不同的表操作，Inserted 表和 Deleted 表的存储内容。

表 9.16　Inserted 表和 Deleted 表的存储内容

修改操作记录	Inserted 表	Deleted 表
增加（INSERT）记录	存放新增的记录	—
删除（DELETE）记录	—	存放被删除的记录
修改（UPDATE）记录	存放更新后的记录	存放更新前的记录

从表中可见，Inserted 表临时保存插入或更新后的记录行，可以利用此表检查插入的数据是否满足实际的业务需求。如果满足，接受操作；如果不满足，则向用户报告错误消息，并回滚操作。Deleted 表临时保存删除或更新前的记录行，可以利用此表检查被删除的数据是否满足实际的业务需求。如果满足，接受操作；如果不满足，则向用户报告错误消息，并回滚操作。

9.4.2　创建触发器

SQL Server 2019 提供给用户两种方式创建触发器：使用 CREATE TRIGGER 语句或使用 Management Studio 可视化界面。

1. 创建 DML 触发器

（1）使用 CREATE TRIGGER 语句创建 DML 触发器

使用 CREATE TRIGGER 语句创建 DML 触发器的语法格式如下：

```
CREATE TRIGGER trigger_name
ON { table_name|view }
[WITH ENCRYPTION]
{FOR | AFTER | INSTEAD OF}
{[DELETE] [,] [INSERT] [,] [UPDATE]}
AS
sql_statement [;]
```

各参数的说明如下。

trigger_name：触发器名称。其必须符合标识符命名规则，且不能以#或##开头。

table_name|view：对其执行触发器的表或视图。视图上只能定义 Instead of 触发器，且该视图定义时无 With Check Option 短语。

WITH ENCRYPTION：表示加密触发器定义的 SQL 文本。

FOR|AFTER：触发时机选择，指相关数据操作（DELETE、INSERT、UPDATE）成功执行后触发。

INSTEAD OF：替代触发，触发后执行触发器中的代码而非具体数据操作。

[DELETE][,][INSERT][,][UPDATE]：触发操作，三个操作至少选择一个。

sql_statement：定义触发器需要执行的 SQL 语句。

【例 9.17】使用触发器级联删除，当删除课程表的某一课程信息时，级联删除其成绩信息。

```
CREATE TRIGGER del_c ON course
AFTER DELETE
AS
DELETE FROM SC
WHERE CNO IN
(SELECT CNO FROM deleted)
```

在 course 表上定义了一个名为 del_c 的触发器，触发操作是 DELETE，时机是 AFTER，即在执行删除操作后，触发器执行语句是从 SC 中删除掉课程号在 Deleted 表中的学号。实现了当在课程表 course 中删除某一课程信息时，在 SC 表中的该课程的相关选课记录也被全部删除。

【例 9.18】使用触发器，当更新 SC 表的成绩信息时，要求成绩的取值范围为 0~100。

```
CREATE TRIGGER up_sc ON SC
AFTER UPDATE
AS
 IF ( SELECT Score FROM INSERTED ) NOT BETWEEN 0 AND 100
   BEGIN
     PRINT '成绩取值范围应在 0~100！'
     ROLLBACK TRANSACTION
   END
ELSE
   PRINT '更新成功！'
```

（2）使用 Management Studio 可视化界面创建触发器

用户还可以通过 Management Studio 可视化界面创建触发器。具体步骤如下。

① 打开 Management Studio，在左侧对象资源管理器中依次展开"数据库"→"当前使用数据库"，找到欲创建触发器的表。

② 展开表选项，找到"触发器"选项，右击，在弹出的快捷菜单中选择"新建触发器…"命令。

③ 在右侧工作区域看到该触发器的语句模板，在其中添加相应的内容，单击工具栏上的"执行"按钮即可。

2. 创建 DDL 触发器

使用 CREATE TRIGGER 语句创建 DDL 触发器的语法格式如下：

```
CREATE TRIGGER trigger_name
ON { ALL SERVER | DATABASE }
```

```
WITH ENCRYPTION
{ FOR | AFTER | {event_type | event_group } }
AS
sql_statement[;]
```

其参数和创建 DML 触发器基本一致，不再赘述。需要注意的是，DDL 触发器的 ON 后跟的是服务器或数据库，而非表或视图。

【例 9.19】创建一个 DDL 触发器 No_update，禁止修改和删除当前数据库中的任何表。

```
USE TeachSystem
GO
CREATE TRIGGER No_update
ON DATEBASE
FOR DROP_TABLE, DELETE_TABLE
AS
    PRINT '基础表不能被修改或删除'
ROLLBACK
GO
```

可以看出 DDL 触发器针对的对象要么是服务器，要么是数据库，触发事件的等级较高，通常是数据库对象级别的 DDL 操作。

9.4.3 查看、删除、修改触发器

1. 查看触发器

SQL Server 2019 提供了多种查看触发器相关信息的方法，在此主要介绍两种方法，分别为使用 Management Studio 可视化界面查看触发器和使用系统存储过程查看触发器。

用户通过 Management Studio 可视化界面查看触发器时，具体步骤如下。

（1）打开 Management Studio，在左侧对象资源管理器中依次展开"数据库"→"当前使用数据库"→"表"选项。

（2）在展开的表选项里找到欲查看的触发器所作用的基本表，展开该表，找到"触发器"选项。

（3）展开"触发器"选项，可看到作用于该表的所有触发器，找到要查看的触发器，右击，在弹出的快捷菜单中选择"编写触发器脚本为"→"CREATE 到"→"新查询编辑器窗口"命令即可在右侧工作区域中看到触发器的源代码。

用户还可以通过系统存储过程 sp_help、sp_helptext、sp_helptrigger 查看触发器信息，各系统存储过程查看的触发器信息的侧重点不同。

① sp_help：用于查看触发器的名称、属性、类型和创建时间等一般信息。其语法格式如下：

```
sp_help 'trigger_name'
```

② sp_helptext：用于查看触发器的文本信息。其语法格式如下：

```
sp_helptext 'trigger_name'
```

③ sp_helptrigger：用于查看某表中已创建的所有类型的触发器。其语法格式如下：

```
sp_helptrigger 'table' [,'type']
```

其中，table 是要查看的表名，type 指定要查看的触发器类型，若不指定，则输出建立在指定表上的所有类型的触发器。

【例 9.20】分别使用 3 种系统存储过程，查看 del_c 触发器的不同信息并进行对比。

```
USE student
GO
EXEC sp_help 'del_c'
EXEC sp_helptext 'del_c'
EXEC sp_helptrigger 'course'
GO
```

查看结果如图 9.3 所示。

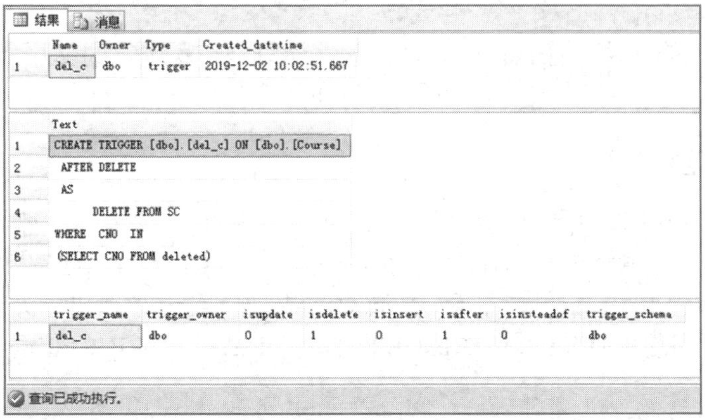

图 9.3　3 种不同系统存储过程查看结果

2. 删除触发器

触发器作为数据库的一个对象，用户可以使用对象资源管理器将其删除。同样，也可以使用 DROP TRIGGER 命令将其删除。注意，如果用户将基本表删除，那么创建在其上的所有触发器将一并被删除。

用户通过 Management Studio 可视化界面删除触发器时，具体步骤如下。

（1）打开 Management Studio，在左侧对象资源管理器中依次展开"数据库"→"当前使用数据库"→"表"选项。

（2）在展开的表选项里找到欲删除触发器所作用的基本表，展开该表，找到"触发器"选项。

（3）展开"触发器"选项，可看到作用于该表的所有触发器，找到要删除的触发器，右击，在弹出的快捷菜单中选择"删除"命令即可。

用户使用 DROP TRIGGER 命令时，其语法格式为：

```
DROP TRIGGER trigger_name
```

3. 修改触发器

用户可以通过 Management Studio 可视化界面修改触发器。具体步骤如下。

（1）打开 Management Studio，在左侧对象资源管理器中依次展开"数据库"→"当前使用数据库"→"表"选项。

（2）在展开的"表"选项里找到欲修改触发器所作用的基本表，展开该表，找到"触发器"选项。

（3）展开"触发器"选项，可看到作用于该表的所有触发器，找到要修改的触发器，右击，在弹出的快捷菜单中选择"修改"命令，可在右侧工作区域看到该触发器源代码。

（4）对触发器的源代码进行修改，修改完成后单击工具栏上"执行"按钮，即可完成对该触发器的修改。

同样，用户还可通过 T-SQL 命令完成对触发器的修改。

修改 DML 触发器的语法格式如下所示：

```
ALTER TRIGGER schema_name.trigger_name
ON ( table | view )
[ WITH ENCRYPTION ]
{ FOR | AFTER | INSTEAD OF }
{ [ DELETE ] [ , ] [ INSERT ] [ , ] [ UPDATE] }
AS  sql_statement [ ; ]
```

修改 DDL 触发器的语法格式如下所示：

```
ALTER TRIGGER trigger_name
ON { ALL SERVER | DATABASE }
```

```
[ WITH ENCRYPTION ]
{ FOR | AFTER } { event_type | event_group } [ ,...n ]
AS  sql_statement  [ ; ]
```

与修改存储过程的语法一样，修改和创建触发器只是在关键字的使用上用 ALTER 代替了 CREATE。其他参数的含义可参考创建触发器语法说明。

9.4.4　禁用和启用触发器

有些情况下，用户只是希望暂停数据库基本表上触发器的使用，但并不删除触发器，该触发器仍然作为对象存在于当前数据库中，但是，当执行任意 INSERT、UPDATE 或 DELETE 语句（在其上对触发器进行了编程）时，该触发器不会被激发。待到某种合适的时机再次启用触发器，可以使之继续工作。这时就可使用 DISABLE TRIGGER 语句和 ENABLE TRIGGER 语句进行设定。其语法格式如下所示：

```
{ENABLE | DISABLE} TRIGGER { [schema_name.] trigger_name [ ,...n ] | ALL }
ON { object_name | DATABASE | ALL SERVER } [ ; ]
```

相关参数说明如下。

schema_name：触发器所属架构的名称。

trigger_name：要启用或禁用的触发器的名称。

ALL：指示启用在 ON 子句作用域中定义的所有触发器。

object_name：在其上创建 DML 触发器的对象名称。

也可以使用如下语句：

```
--禁用触发器
ALTER TABLE tablename DISABLE TRIGGER triggername [ALL]
--启动触发器
ALTER TABLE tablename ENABLE TRIGGER triggername [ALL]
```

用户还可以通过 Management Studio 可视化界面禁用或启用触发器。具体步骤如下。

（1）打开 Management Studio，在左侧对象资源管理器中依次展开"数据库"→"当前使用数据库"→"表"选项。

（2）在展开的"表"选项里找到欲禁用或重启的触发器所作用的基本表，展开该表，找到"触发器"选项。

（3）展开"触发器"选项，可看到作用于该表的所有触发器，找到要禁用或重启的触发器，右击，在弹出的快捷菜单中选择"禁用"或"启用"命令即可。

本章小结

本章主要讲述了 SQL Server 2019 的高级应用。包括使用 T-SQL 语句和命令进行程序设计的编程基础，协调面向集合的数据库管理系统和面向行的程序设计两种不同处理方式的游标，经过预编译后能够通过名称直接重复调用的存储过程，以及通过事件触发执行、用来强化约束和维护数据一致性和完整性的触发器。通过高级应用的使用，用户可以更准确地设计数据库，实现现实世界中更为复杂的逻辑关系。

习题

一、简答题

1. 什么是游标?

2. 触发器的作用是什么?

3. 存储过程的优缺点是什么?

4. 存储过程与触发器的区别是什么?

二、设计题

有学生－课程关系数据库, 各关系表的描述如表 9.17～表 9.19 所示, 用 T-SQL 语句实现下列问题。

表 9.17　Student 表

列名	说明	数据类型	约束
Sno	学号	字符(9)	主键
Sname	姓名	字符(12)	非空
Ssex	性别	字符(2)	
Sage	年龄	短整型	
Sdept	院系	字符(20)	

表 9.18　course 表

Cno	Cname	Teacher
C1	数据结构	李忠
C2	操作系统	赵云
C3	程序设计	张鹏
……	……	……

表 9.19　SC 表

Sno	Cno	Score
201912080	C1	88
201912144	C2	78
201912922	C3	92
……	……	……

(1) 创建触发器, 使删除 Student 表中的某一学生时, SC 表中该学生的相关选课记录同时被删除。

(2) 创建存储过程, 根据用户提供的学号查询该同学所有选修课程的平均分。

参考文献

[1] 张海威，袁晓洁. 数据库系统原理与实践[M]. 北京：中国铁道出版社，2011.

[2] 陈志泊. 数据库原理及应用教程[M]. 4 版. 北京：人民邮电出版社，2017.

[3] 王珊，萨师煊. 数据库系统概论[M]. 5 版. 北京：高等教育出版社，2014.

[4] 何玉洁. 数据库原理及应用教程[M]. 4 版. 北京：机械工业出版社，2017.

[5] 周文刚. SQL Server 2008 数据库应用教程[M]. 北京：科学出版社，2013.

[6] 苗雪兰，刘瑞新，邓宇乔，等. 数据库系统原理及应用教程[M]. 4 版. 北京：机械工业出版社，2017.

[7] 何宗耀，吴孝丽. 数据库原理及应用[M]. 徐州：中国矿业大学出版社，2014.

[8] 张海藩. 软件工程导论[M]. 6 版. 北京：清华大学出版社，2013.

[9] 毋国庆，梁正平，袁梦霆，等. 软件需求工程[M]. 2 版. 北京：机械工业出版社，2016.

[10] 韩万江，姜立新. 软件工程案例教程[M]. 3 版. 北京：机械工业出版社，2017.

[11] 窦万峰. 软件工程方法与实践[M]. 2 版. 北京：机械工业出版社，2012.

[12] 李玲玲. 数据库原理及应用[M]. 北京：电子工业出版社，2020.